计算机公共课系列教材

计算机网络基础实验教程

主　编　李俊娥
副主编　熊建强
参　编　吴黎兵　刘　珺
　　　　陈　萍　王　鹃

图书在版编目(CIP)数据

计算机网络基础实验教程/李俊娥主编.—武汉:武汉大学出版社,2007.4(2016.7重印)
计算机公共课系列教材
ISBN 978-7-307-05496-7

Ⅰ.计… Ⅱ.李… Ⅲ.计算机网络—高等学校—教材 Ⅳ.TP393

中国版本图书馆CIP数据核字(2007)第042925号

责任编辑:林 莉　　责任校对:刘 欣　　版式设计:支 笛

出版发行:**武汉大学出版社** (430072 武昌 珞珈山)
(电子邮件:cbs22@whu.edu.cn 网址:www.wdp.com.cn)
印刷:虎彩印艺股份有限公司
开本:787×1092 1/16　印张:18.25　字数:433千字
版次:2007年4月第1版　2016年7月第2次印刷
ISBN 978-7-307-05496-7/TP·240　定价:28.00元

计算机公共课系列教材

编　委　会

内 容 简 介

本书是作者所著《计算机网络基础》一书的姊妹篇。

全书共有28个实验,按照应用对象分为6个单元:基本实验、局域网配置、网络连接共享与Internet接入、Internet服务配置与应用、Web网页制作、网络管理与计算机安全,其中包含了两个综合设计型实验(实验16和实验26)。每一个实验除给出了实验目的、实验条件、实验内容和实验指导等常规内容外,还给出了预备知识和实验拓展两个内容。预备知识有效补充了实验所需但通常教材上没有的知识;实验拓展则为读者进一步深入学习指出了方向。两个综合设计型实验则根据具体情况给出了实验报告要求。此外,附录给出了Cisco模拟实验平台Boson NetSim软件的使用简介,以帮助读者在不具备实验条件的情况下用模拟器练习相关实验项目。

本书既可以作为本科计算机网络课的配套实验教材,也可以单独用来开设网络技术实验课程和网络应用培训课程;在缺乏实验条件的情况下,阅读本书同样可以学习到实践知识;对广大网络使用者和中小型网络的管理员,本书也是一本实用的参考书。

前　言

学习计算机网络知识,实验是非常重要的环节。本书编写的目的包含了两个方面:一是为学习计算机网络知识的人们提供一本有效的实验指导书,以帮助他们进一步理解和掌握所学理论知识;二是为计算机网络的广大使用者(普通用户和中小型网络管理员)提供一本实用的网络应用操作指导手册。

本书是作者所著《计算机网络基础》一书的姊妹篇,是对前者在网络应用与实践方面的有效补充,但在内容选取上考虑了普适性,并不依赖于原教材,因此也可以和其他同类教材配合使用或单独使用。

本书既可以作为本科计算机网络课的配套实验教材,也可以单独用来开设网络技术实验课程和网络应用培训课程;在缺乏实验条件的情况下,阅读本书同样可以增加实践知识和加深理论知识;对广大网络使用者和中小型网络的管理员,本书也是一本实用的参考书。

- **本书内容与学时建议**

全书共有 28 个实验,按照应用对象分为 6 个单元:

第一单元　基本实验:包含双绞线跳线制作与设备连接、计算机 TCP/IP 网络参数配置、Microsoft 网络文件和打印机共享、常用网络命令等 4 个实验,为整个计算机网络课程的基础实验,要求各类学生必须完成并掌握,以便能顺利完成后继实验。这些实验所涉及的知识也是人们在使用计算机网络时应用最为广泛的知识。建议 4 ~ 6 学时完成。

第二单元　局域网配置:针对组建和管理中小型局域网所需要的知识,设计了 6 个实验,包括二层交换机、三层交换机、路由器的管理与基本配置,虚拟局域网(VLAN)配置,无线局域网配置,DHCP 服务配置等方面的内容。其中,有关交换机、路由器和无线局域网的实验以 Cisco 设备为例给出了指导,DHCP 服务则以 Windows Server 2003 为例给出了指导。建议 8 ~ 10 学时完成。

第三单元　网络连接共享与 Internet 接入:针对接入互联网络所需要的知识设计了 6 个实验。其中,实验 11 ~ 13(Internet 连接共享、网络地址转换(NAT)配置、代理服务的安装与配置)给出了三种共享网络连接的实现方法;实验 14 和实验 15 给出了目前接入 Internet 的两种主要方法(拨号和 ADSL)的操作指导;实验 16 为一个综合型与设计型结合的实验,一方面给出了宽带路由器(一个有用的接入设备)的综合应用指导,另一方面给出了一个应用设计题目,以建立学生对小型网络方案设计与验证的概念。建议 6 ~ 8 学时完成。

第四单元　Internet 服务配置与应用:包括 7 个实验,给出了 DNS、Web、E-mail、FTP 等 Internet 主要服务的服务器配置方法和客户端使用方法的操作指导。为了便于实验,所有服务器都是在 Windows 平台上进行配置的。建议 4 ~ 6 学时完成。

第五单元　Web 网页制作:包括 3 个实验,给出了在 FrontPage 2003 中制作静态网页和 ASP 动态网页的指导,并提供了一个设计型实验(实验 26),以巩固学生所学知识和提高学生的综合应用能力。建议 6 ~ 8 学时完成。

第六单元　网络管理与计算机安全：包括2个实验，一个以CiscoWorks 2000为例给出了网络管理软件的使用指导，另一个以瑞星个人防火墙为例给出了个人防火墙的配置指导。建议3～4学时完成。

上述实验中，除实验16和实验26外（两个综合型实验），其他实验都包括了6个方面的内容，每一个实验除给出了“实验目的”、“实验条件”、“实验内容”和“实验指导”等常规内容外，还给出了“预备知识”和“实验拓展”两个内容。预备知识有效补充了实验所需但通常教材上没有的知识；实验拓展则为读者进一步深入实践指出了方向。两个综合设计型实验则根据具体情况给出了实验报告要求。

此外，附录给出了Cisco模拟实验平台Boson NetSim软件的使用简介，以帮助读者在不具备实验条件的情况下用模拟器练习相关实验项目。

- **实验条件和实验室配置建议**

本书的大部分实验可以在Windows系统上完成，且可以在普通计算机房中实现（需要安装相应的软件），但实验1、实验5～9和实验16需要在专门的网络技术实验室中完成。不过，在没有相应实验条件的情况下，有些实验可以在Cisco模拟实验平台Boson NetSim或Packet Tracer软件中进行模拟。

网络技术实验室的配置建议如下：分组配置实验设备；根据学生规模配置设备组数；部分设备配置1～2套，用于教师演示使用。每一组设备可安排4位学生进行实验。下表是一个拥有10组基本设备的实验室配置建议方案：

序　号	设备名称	主要性能指标	数　量	用　　途
1	二层交换机	可管理，支持802.1Q VLAN	10台	每组1台
2	三层交换机	支持第三层路由和802.1Q VLAN	10台	每组1台
3	路由器	2个10/100M RJ-45以太网端口，2个同/异步串行口	10台	每组1台
4	SOHO宽带路由器		10台	每组1台
5	无线网卡	建议为USB接口	20块	每组2块
6	PC（内置网卡、MODEM）	安装双系统（Windows XP和Windows Server 2003）	20台	每组2台
7	RJ-45压线与测线工具		10套	每组1套
8	无线接入点（AP）	IEEE 802.11a/g	2台	
9	小型电话交换机		1台	支持拨号实验
10	双绞线及水晶头		若干	实验用耗材
11	服务器		2台	用于充当公共服务器
12	网管软件	能配置实验室中的交换机和路由器		
13	普通交换机	24个10/100M RJ-45以太网端口	2台	将实验室内部的布线构成两个局域网，并将其中一个与外网相连
14	实物投影机		1套	教师讲解用

- **实验报告建议**

教师可以根据课程安排要求学生完成实验报告,实验报告内容建议如下:

(1)实验名称;

(2)实验内容(根据实际情况填写);

(3)实验方法与步骤;

(4)实验总结与心得;

(5)所使用的软硬件环境(根据实际情况填写)。

如果是分组实验,要求学生在实验报告上注明同组同学的姓名和学号。各实验的"实验拓展"中的内容,也可以根据实际情况要求学生实验或在实验报告中给出答案。

本书由李俊娥主编,熊建强副主编,吴黎兵、刘珺、陈萍、王鹃等老师参编,具体分工为:实验1~4由刘珺编写,实验5~8、实验27和附录由吴黎兵编写,实验9~13、实验17由李俊娥编写,实验14、实验15、实验18~20由熊建强编写,实验21~23、实验28由王鹃编写,实验24~26由陈萍编写,实验16由吴黎兵和李俊娥共同编写,全书由李俊娥统稿。

在本书的编写和出版过程中,得到了武汉大学教务部、武汉大学计算中心、武汉大学计算机学院和武汉大学出版社的大力支持,在此向所有关心和支持本书的人们表示最真诚的感谢!

由于作者水平所限,书中缺点和不足之处在所难免,真诚地希望读者给予批评指正。

作　者

2007年1月于武昌珞珈山

联系作者:jeli@whu.edu.cn(李俊娥)。欢迎您提出宝贵意见。

目　录

第一单元 基本实验

实验1　双绞线跳线制作与设备连接

一、实验目的

了解双绞线的特性与应用场合，熟悉 EIA/TIA 568B 和 EIA/TIA568A 两种接口标准（简称 T568B 和 T568A）；掌握双绞线平行跳线和交叉跳线的制作方法，能够使用简单的网线测试仪测试网线的连通性；掌握计算机与计算机之间、计算机与交换机（集线器）之间、交换机（集线器）与交换机（集线器）之间的双绞线跳线连接方法。

二、实验条件

（1）约 2 米长的超 5 类非屏蔽双绞线 3 根（长度也可根据需要自定）；
（2）RJ-45 网线接头（又称水晶头）若干；
（3）网线制作工具一套，其中包括 RJ-45 压线/剥线钳、斜口钳等；
（4）网线测试仪一台（可与其他实验小组共用）；
（5）PC 机两台（系统环境：安装 Windows XP 或 Windows 2003）；
（6）以太网交换机或集线器两台。

三、实验内容

（1）双绞线跳线制作。
① 制作 2 条平行线（又称直通线）；
② 制作 1 条交叉线（又称级连线）；
③ 双绞线跳线连通性测试。
（2）计算机及网络设备的跳线连接。
① 用交叉线连接两台 PC 机；
② 用平行线将两台 PC 机通过交换机（或集线器）连接起来；
③ 交换机与交换机之间的跳线连接。

四、预备知识

RJ-45 连接器又叫 RJ-45 接头，俗称“水晶头”。双绞线（Twisted Pair）是目前局域网内使用最广泛的传输介质，双绞线的两端都需要按一定的线序压接 RJ-45 接头，以便插在网卡或交换机等网络设备的 RJ-45 接口上进行网络通信。在网络组建过程中，双绞线的接线质量会影响网络的整体性能。双绞线在各种设备之间也应按规范连接。

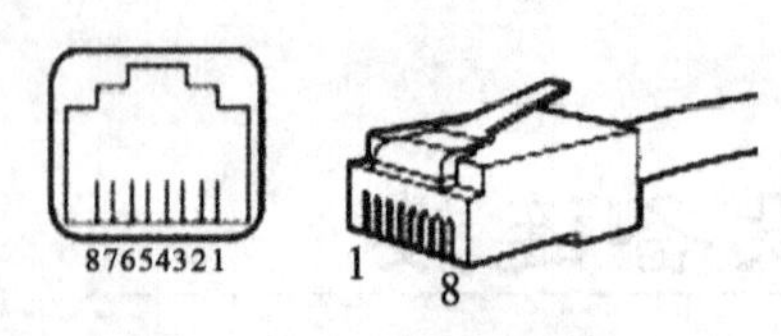

图 1.1 RJ-45 接头引脚编号

国际电气工业协会/电信工业协会(EIA/TIA)接线标准规定双绞线与 RJ-45 接头连接时通过 4 根导线通信,其中两条用于发送数据,两条用于接收数据。RJ-45 接头引脚顺序如图 1.1 所示。RJ-45 接头引脚功能定义如表 1.1 所示。对应的 RJ-45 接口制作标准有两种:EIA/TIA 568B 和 EIA/TIA 568A。其中,EIA/TIA 568B 线序标准为:白橙/橙/白绿/蓝/白蓝/绿/白棕/棕。T 568A 标准是将 T 568B标准的 1 和 3、2 和 6 位置对调,线序为:白绿/绿/白橙/蓝/白蓝/橙/白棕/棕。

表 1.1 **RJ-45 接头引脚功能定义**

引 脚	信号定义	作 用	引 脚	信号定义	作 用
1	Tx +	传送数据(+)	5	–	未使用
2	Tx –	传送数据(–)	6	Rx –	接收数据(–)
3	Rx +	接收数据(+)	7	–	未使用
4	–	未使用	8	–	未使用

双绞线跳线主要分为平行线和交叉线两种类型。平行线又称直通线,制作时双绞线两端接头使用相同的标准(如都使用 T 568B);交叉线又称级连线,制作时双绞线一端使用 T568B 标准,另一端使用 T 568A 标准。

平行线主要用于以下连接:计算机到交换机(或集线器);交换机到路由器。

交叉线主要用于以下连接:交换机(或集线器)到交换机(或集线器);路由器到路由器;计算机到计算机;路由器到计算机。

不严格地说,可以认为:同一层或跨层的设备相连用交叉线,相邻层的设备相连用平行线。严格地说,应该是:如果两个端口的类型相同,就使用交叉线;如果两个端口类型不同,则使用平行线。比如一台交换机用 UPLINK 端口和另一台交换机的普通端口相连时,虽然是同种设备,但是所用端口类型不同,要使用平行线。

另外还有一种双绞线两端线序完全相反的接法,即反转电缆。反转线用途比较特殊,主要用于控制台(Console 口)连接,例如通过终端配置交换机(参见实验 5)。

需要指出的是,双绞线的接线标准并非随意规定,而是为了尽量保持导线接头的布局对称,使内部导线之间的干扰相互抵消而降至最低,同时也尽量消除了来自外界的干扰信号。因此,我们平时制作网络线时,如果不按照标准制作,虽然有时线路也能接通,但由于线路内部各导线对之间的干扰不能有效消除,从而导致信号传送出错率升高,最终影响网络整体性能。使用按标准规范制作的双绞线跳线,不仅能保证网络正常运行,也为后期的网络维护工作带来便利。

网线测试仪(Link Tester)可用来测试网线的通断,当测试仪指示灯正常闪烁时,表示网线制作成功,否则需要重新制作这根网线。另外,高级的网线测试仪不仅可以测试网线的连通性,还可以给出接线图、长度、传输时延、时延差、衰减、衰减串扰比(ACR)、远端衰减串扰比、特性阻抗、DC 环路电阻、回波损耗(RL)等网线技术参数。

图1.2所示为RJ-45压线钳、斜口钳、网线测试仪。

图1.2　RJ-45压线钳、斜口钳和网线测试仪

五、实验指导

1. 双绞线平行跳线制作与连通测试

(1)剪裁适当长度的双绞线,用剥线钳(或其他工具)将双绞线一端的外层保护壳剥下约1.5厘米(太长接头容易松动,太短接头的金属刀口不能与芯线完全接触),注意不要伤到里面的芯线。将4对芯线呈扇形分开,按照T 568B接口标准从左至右整理线序并拢直,使8根芯线平行排列,整理完毕用斜口钳将芯线顶端剪齐。

(2)将水晶头有弹片的一侧朝下,然后将排好线序的双绞线水平插入水晶头的线槽中,注意导线顶端应插到底,以免压线时水晶头上的金属刀口与导线接触不良。确认导线的线序正确且到位后,将水晶头放入压线钳的RJ-45夹槽中,再用力压紧,使水晶头紧夹在双绞线上。至此,网线一端的水晶头就压制好了(另外,市场上还有一种RJ-45接头的保护套,可以防止接头在拉扯时造成接触不良,使用时需要在压接RJ-45接头之前就预先将保护套串在双绞线上)。图1.3给出了制作的好的接头与差的接头之间的比较。

(3)重复步骤(1)和(2),按照T 568B接口标准制作双绞线的另一端接头。

(4)使用简单的网线测试仪来测试制作的跳线是否连通,如图1.4所示。将网线两端的水晶头分别插入主测试仪和远程测试端的RJ-45端口,打开测试仪电源,如果两组指示灯都是绿灯且从1到8逐个顺序闪亮,证明网线制作成功。若出现任何一个灯为红灯或黄灯,都证明存在断路或者接触不良现象,此时最好先对两端水晶头再用压线钳压一次再测,若不成功,只好先剪掉一端重做一个水晶头,再次测试,如果故障消失,则不必重做另一端水晶头,否则将另一端水晶头也剪掉重做,直到测试全为绿色指示灯依次闪亮为止。

(5)重复步骤(1)~(4),再制作1条平行跳线。

2. 双绞线交叉跳线制作与连通测试

(1)重复双绞线平行跳线制作步骤(1)和(2),按照T 568B接口标准制作双绞线一端接头。

(2)按照T 568A接口标准,即按线序白绿/绿/白橙/蓝/白蓝/橙/白棕/棕来制作双绞线的另一端接头。

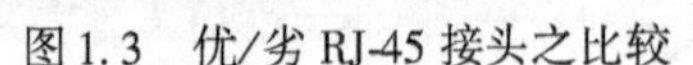

图 1.3　优/劣 RJ-45 接头之比较

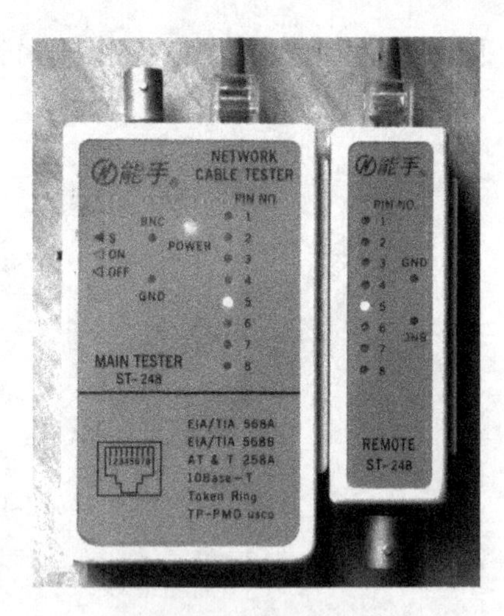

图 1.4　网线测试

(3)使用网线测试仪测试交叉跳线,测试仪可以自动识别平行线和交叉线。将交叉跳线两端的水晶头分别插入主测试仪和远程测试端的 RJ-45 端口,主测试仪的指示灯应该是绿灯且从 1 到 8 逐个顺序闪亮,而远程测试端的指示灯则应该按照 3、6、1、4、5、2、7、8 的顺序逐个闪亮。如果是这样,说明交叉跳线连通性没有问题,否则需要重做网线。

3. 计算机及网络设备的跳线连接

假设本实验使用的两台 PC 机的 TCP/IP 参数已事先配置。如未配置,请参考实验 2 将两台计算机配置为静态 IP 地址。注意两台 PC 机的 IP 地址要在同一个网段内,例如:计算机 A 的 IP 地址为 192. 168. 1. 2、子网掩码为 255. 255. 255. 0,计算机 B 的 IP 地址为 192. 168. 1. 3、子网掩码为 255. 255. 255. 0。

(1)用交叉线连接两台 PC 机

首先用网线测试仪测试确认交叉跳线的连通性,然后将交叉线两端的 RJ-45 接头分别插入两台 PC 机背面网卡的 RJ-45 插槽,听到"咔"的一声,即表示 RJ-45 接头已经插好了。注意观察网卡指示灯,通常网卡亮绿灯表示线路连接正常,此时一个简单的双机网络就接好了。

使用 ping 命令(参见实验 4)测试两台 PC 机之间的网络连通性:在计算机 A 上点击"开始"→"运行",输入"cmd"命令后敲回车,进入命令提示符状态,输入ping 192. 168. 1. 3命令后敲回车,若返回"Reply from 192. 168. 1. 3…"则表示机器 A 与机器 B 的网络是通的。

(2)用平行线将两台 PC 机通过一台交换机(或集线器)连接起来

首先用网线测试仪测试确认两根平行跳线的连通性。

将平行线的一端插在计算机 A 主机箱后部网卡的 RJ-45 插槽,另一端插入交换机的普通 RJ-45 接口。

用同样的方式将计算机 B 与交换机相连接。

网线连接后(在计算机开机的情况下),观察计算机网卡的指示灯和交换机对应端口的指示灯是否闪亮,网络通信正常时指示灯的颜色一般为绿色。

使用 ping 命令测试两台 PC 机之间的网络连通性。

(3)交换机与交换机之间的跳线连接

首先用网线测试仪测试确认跳线的连通性,然后将交叉线两端分别插入两台交换机的普

通 RJ-45 接口。用平行线将计算机 A 连接到其中一台交换机的普通 RJ-45 接口,再用另一根平行线将计算机 B 连接到另外一台交换机的普通 RJ-45 接口。

打开计算机与交换机的电源,观察交换机端口指示灯、网卡指示灯是否闪亮。

使用 ping 命令测试两台 PC 机之间的网络连通性。

如果实验室的交换机具有 UPLINK 级连端口,试着将两台交换机之间的交叉线换成一条平行线。平行线一端插入一台交换机的 UPLINK 端口,另一端插入另外一台交换机的普通 RJ-45 接口。再观察两台 PC 机之间的网络连通性。

六、实验拓展

(1)制作双绞线跳线时,为什么一定要按照 EIA/TIA 568B 和 EIA/TIA 568A 接口标准压接 RJ-45 接头?

(2)用网线测试仪来测试平行线和交叉线时,测试仪指示灯的闪亮次序有什么不同?为什么?

(3)什么环境下使用平行线?什么环境下使用交叉线?

实验2 计算机TCP/IP网络参数配置

一、实验目的

了解TCP/IP协议的工作原理;掌握在Windows XP(或Windows 2003)环境下加载TCP/IP通信协议的方法;掌握TCP/IP网络参数(IP地址、掩码、默认网关、DNS)的配置。

二、实验条件

(1)PC机一台或两台(系统环境:安装Windows XP或Windows 2003);
(2)平行双绞线跳线两根和局域网接口两个;
(3)Internet环境(可选)。

三、实验内容

(1)Windows XP环境下加载TCP/IP通信协议。
① 安装网络适配器及驱动程序;
② 安装TCP/IP协议。
(2)配置TCP/IP网络参数(IP地址、子网掩码、默认网关和DNS服务器地址)。

四、预备知识

计算机通信协议是指计算机网络中的各种通信设备(如计算机、交换机和路由器等)之间进行通信所必须遵守的共同的约定和通信规则。

TCP/IP是目前世界上应用最为广泛的协议,也是Internet事实上的通信协议标准。TCP/IP可以实现不同操作系统、不同硬件体系结构的异种网络之间的互连。计算机要与Internet连接必须采用TCP/IP协议。简单的对等网(Peer to Peer Network)也可采用TCP/IP协议进行网络通信。

基本的TCP/IP网络参数包括IP地址、子网掩码、默认网关以及DNS服务器地址等。

- IP地址是标识TCP/IP主机的惟一的32位(bit)地址。
- 子网掩码用来测试IP地址是在本地网络还是远程网络。
- 默认网关是指与远程网络互连的路由器的端口IP地址。如果没有规定默认网关,则通信仅局限于局域网络内部。
- DNS服务器用来实现域名地址与IP地址之间的解析。如果没有设置DNS服务器,就只能使用IP地址的方式访问网络。

在 Windows 环境下配置了 TCP/IP 网络参数后，可以通过 ipconfig 命令查看详细的参数信息，也可以通过 ping、nslookup 等命令进行 TCP/IP 网络故障诊断和排除。上述命令的使用参见实验 4。

五、实验指导

1. Windows XP 环境下加载 TCP/IP 通信协议

(1)安装网络适配器及驱动程序

首先确认 PC 机是否已安装网络适配器(网卡)及其驱动程序。如果已安装，直接进入步骤(2)。

安装网卡时，先用双手触摸其他的金属物释放静电，以免烧坏主板及网卡。

关闭计算机电源，打开主机箱，卸下插槽对应的防尘片，将 PCI 网卡垂直插入主板上的白色 PCI 插槽中，然后用螺钉固定网卡，将主机箱机壳安装好。

接下来打开主机电源，Windows 操作系统启动时将自动完成网卡硬件的检测和驱动程序的安装，并创建相应的局域网连接。这时，网卡的安装过程就顺利完成了。

如果使用的不是“即插即用(PnP)”型网卡，或者操作系统没有检测到网卡的驱动程序，则单击“控制面板”中的“添加/删除硬件”，按照“添加/删除硬件向导”的提示进行安装，这里不再详述。

网卡安装完毕，检查网卡是否正确安装，选择“控制面板”→“系统”→“硬件”→“设备管理器”，在“设备管理器”窗口中点击“网络适配器”小图标前面的“+”号。如果网卡安装正确，则给出网卡正确的型号；如果网卡安装不正确，则网卡图标上出现一个黄色的感叹号，需要重新进行安装。

(2)安装 TCP/IP 协议

选择“控制面板”中的“网络连接”，打开“网络连接”窗口，如图 2.1 所示。选中“本地连接”图标，点击鼠标右键，选择“属性”命令，调出“本地连接　属性”窗口，如图 2.2 所示。该窗口给出已安装的网卡类型和本地连接使用的各个网络组件。

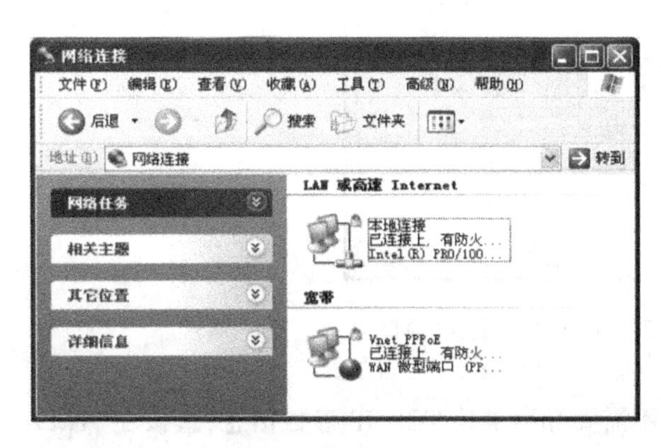

图 2.1　“网络连接”窗口

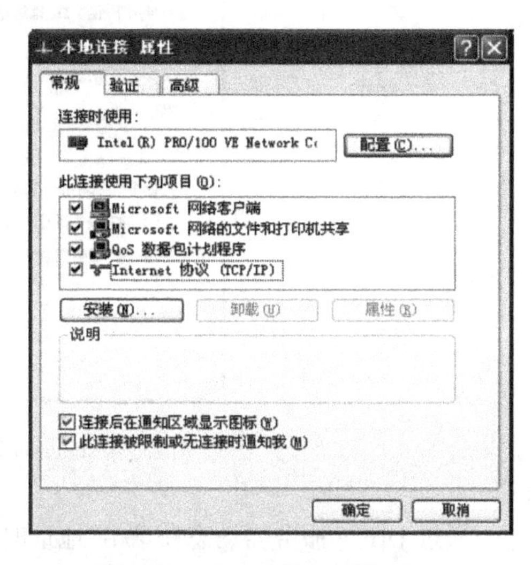

图 2.2　“本地连接　属性”窗口

观察“Internet 协议(TCP/IP)”组件是否默认已安装,图 2.2 为已经安装。如果没有则点击“安装”按钮,在弹出的“选择网络组件类型”窗口选择“协议”,点击“添加”按钮,选择 TCP/IP 协议,点击“确定”进行安装。

2. 配置 TCP/IP 网络参数

本实验中两台 PC 机的 TCP/IP 参数分配如下(可以根据实际情况使用别的参数):

计算机 A:

IP 地址:192.168.1.*(*具体数字由实验室老师根据各实验小组进行分配)

子网掩码:255.255.255.0

默认网关:192.168.1.1

DNS 服务器:202.114.64.2(根据本地域名服务器的 IP 地址而定)

计算机 B:

IP 地址:192.168.1.*(*具体数字由实验室老师根据各实验小组进行分配)

子网掩码:255.255.255.0

默认网关:192.168.1.1

DNS 服务器:202.114.64.2(根据本地域名服务器的 IP 地址而定)

选中图 2.2 窗口中的“Internet 协议(TCP/IP)”组件,点击其右下方“属性”按钮,弹出“Internet 协议(TCP/IP)　属性”窗口。

在“Internet 协议(TCP/IP)　属性”窗口中选中“使用下面的 IP 地址”和“使用下面的 DNS 服务器地址”,分别输入两台计算机对应的 IP 地址、子网掩码、默认网关地址、主域名服务器地址,如图 2.3 所示,然后单击“确定”按钮。

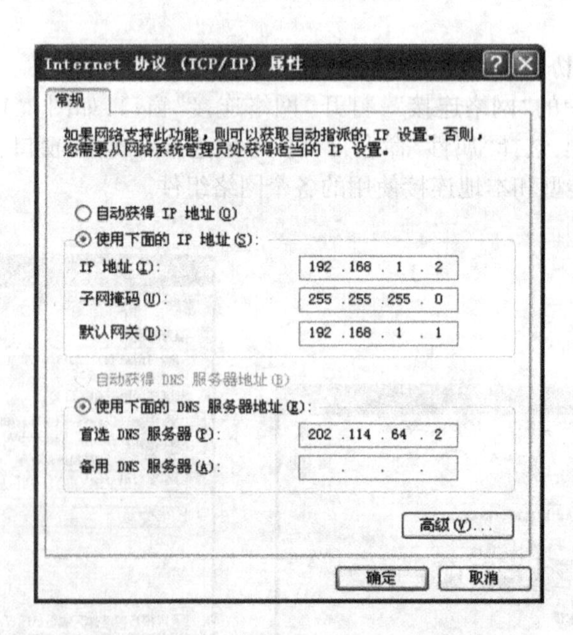

图 2.3　“Internet 协议(TCP/IP)　属性”窗口

通过 DHCP 服务器动态获取 IP 地址时,不需要知道上述 TCP/IP 参数信息,直接在“TCP/IP 属性”窗口中选中“自动获得 IP 地址”和“自动获得 DNS 服务器地址”,然后单击“确定”就

可以了。有关DHCP服务参考实验10。

将两台计算机分别接入局域网接口,上网访问武汉大学WEB网站(http://www.whu.edu.cn)和其他Internet服务测试网络连通性。

六、实验拓展

(1)一台计算机,只安装网卡及其驱动程序,没有配置TCP/IP网络参数,能否上网?

(2)上网时,能不能随意填写IP地址和子网掩码?为什么?

(3)在配置TCP/IP参数时,没有配置网关地址,能否访问外部网站?能否访问同一网段内的其他IP地址?为什么?

(4)在配置TCP/IP参数时,没有配置DNS服务器地址,会出现什么结果?

(5)如果实验时两台计算机配置了一样的IP地址,接入局域网后会出现什么情况?

(6)在Windows XP或Windows 2003环境下,配置了TCP/IP参数后,是否需要重启计算机使参数生效?

实验3 Microsoft 网络文件和打印机共享

一、实验目的

掌握共享网络组件的安装,计算机名、工作组的设置;掌握 Windows 环境下如何在局域网中设置网络资源(包括文件夹、磁盘、光驱、打印机等)的共享,以及如何使用网络中设置为共享的网络资源;了解并能够解决使用"网上邻居"访问时可能遇到的各类问题。

二、实验条件

(1)接入局域网的 PC 机两台(系统环境:安装 Windows XP 或 Windows 2003);
(2)打印机及其驱动程序一套(可选)。

三、实验内容

(1)安装"Microsoft 网络的文件和打印机共享"及"Microsoft 网络客户端";
(2)设置 PC 机的工作组和计算机名;
(3)使用网上邻居查找同一工作组内的计算机;
(4)设置和使用共享文件夹;
(5)设置和使用共享磁盘;
(6)设置和使用共享光驱;
(7)设置和使用共享打印机。

四、预备知识

计算机网络连接的目的之一就是实现资源共享。实现资源共享的方法有多种,在 Windows 系统中,"Microsoft 网络的文件和打印机共享"是一种简单易用且应用非常广泛的方法。

在局域网内进行资源共享的计算机,首先要在网络连接属性中安装"Microsoft 网络客户端"以及"Microsoft 网络的文件和打印机共享"网络组件。

- "Microsoft 网络的文件和打印机共享"组件允许网络上的其他计算机通过 Microsoft 网络访问本地计算机中已经设置为共享的资源,包括文件夹、磁盘、光驱、打印机等。
- "Microsoft 网络客户端"允许本地计算机访问其他计算机上设置为共享的资源。

Windows 网络使用计算机名称以及计算机归属的工作组来标识网络中的计算机。计算机标识通过"系统属性"中的"计算机名"选项卡进行设置。

工作组的字符数不超过15个字符，但是不能包含以下符号：;：" < > * + = \|?,。网络中的工作组名一般由网络系统管理员确定。计算机名一般不超过15个字符，并且不能和工作组名相同。同一个工作组中不能有同名的计算机。

更改计算机的名称和成员关系可能会影响到计算机对网络资源的访问。

可对共享文件夹或驱动器应用下列类型的访问权限。

- "读取"权限：允许查看文件名和子文件夹名、遍历子文件夹、查看文件中的数据以及运行程序文件。
- "更改"权限：除具有所有的"读取"权限外，还允许如下操作：添加文件和子文件夹、更改文件中的数据、删除子文件夹和文件。
- "完全控制"权限：除允许全部读取及更改权限外，还具有更改权限和取得所有权（仅对NTFS文件和文件夹而言）。

如果选择了资源管理器的"工具"→"文件夹选项"→"查看"选项卡→"高级设置"中的"使用简单文件共享"方式，可对共享文件夹或驱动器设置为"在网络上共享这个文件夹"以及是否"允许网络用户更改我的文件。"

"共享"选项不可用于Documents and Settings、Program Files和Windows系统文件夹。此外，不能共享其他用户配置文件（例如桌面设置、永久网络连接、应用程序设置）中的文件夹。

需要注意的是，当共享文件或文件夹时，计算机的安全性与未共享时相比将会有所下降。即应意识到网络上其他用户可能能够读取、复制或更改共享文件夹中的文件，因此应定期监视计算机中的共享资源，不需要共享时应及时取消共享。

当计算机的资源设置成共享后，其他计算机可以通过"网上邻居"进行访问。对于磁盘或者光驱，还可以通过"映射网络驱动器"的方式进行访问。要使用网络上共享的打印机，需要先在本地机上添加网络打印机。

计算机上安装的第三方防火墙软件以及Windows自带的防火墙软件可能会影响到网络共享操作，这时需要关闭防火墙，或者是通过"启动网络安装向导"进行相应的设置。例如，两台物理连接正常的计算机A和B，相互使用ping命令探测对方的IP地址，如果计算机A可以ping通B（证明两台机器确实是连通的），而B却ping不通A，那么很有可能是计算机A上的防火墙禁止了外界ping入。

另外，Windows XP系统在安装TCP/IP协议时默认启动了TCP/IP的NETBIOS（NETBT）和"Windows Internet命名服务"（WINS），该项服务保证了安装Windows XP/2000/2003的计算机通过名称与Windows早期版本的计算机通信能够正常进行。如果在Windows XP计算机的"高级TCP/IP设置"中选择"禁用TCP/IP的NETBIOS"，则该计算机与Windows早期版本（如Windows98）计算机之间不能正常访问。例如，一台安装了Windows XP的计算机在"网上邻居"中只能看到同一工作组中的一部分计算机，而另一部分不可见。

对工作组中的Windows XP计算机的所有网络访问默认都使用Guest（来宾）账户。如果在"控制面板"/"用户账户"中禁用Guest账户，将没有人能用来宾账户直接登录到该计算机，但是仍然可以使用来宾账户进行远程访问和资源共享。

禁止Guest（来宾）账号从网络上访问计算机，将会导致网上邻居无法访问到该计算机。如果上面的设置都正确，却仍然不能从网上邻居访问某台计算机，就要考虑是不是这个原因了。处理方式如下：双击"控制面板"中的"管理工具"图标，在弹出窗口中双击"本地安全策略"打开"本地安全设置"窗口，选择"本地策略"下的"用户权利指派"，右键点击查看策略"拒绝从网络访问这台计算机”的属性,如果该策略中有 Guest 账号,选中该账号并删除。

也可以在“开始”→“运行”里输入“gpedit. msc”,在弹出的组策略管理器中选择“计算机配置”→“Windows 设置”→“安全设置”→“本地策略”→“用户权利指派”,然后从“拒绝从网络访问这台计算机”策略中删除 Guest 账号。

五、实验指导

假设本实验所使用的所有 PC 机事先已全部接入局域网中并分配了同一网段的不同 IP 地址,有关 IP 地址配置方式参见实验 2。

1. 安装“Microsoft 网络的文件和打印机共享”及“Microsoft 网络客户端”

(1)打开“本地连接　属性”窗口

单击“开始”→“设置”下的“网络连接”,也可以双击控制面板中的“网络连接”图标,如图 3.1 所示。在弹出的“网络连接”窗口中选中“本地连接”图标,点击鼠标右键,选择“属性”,弹出“本地连接　属性”窗口(参见图 3.2)。

(2)安装“Microsoft 网络的文件和打印机共享”

观察图 3.2 中“本地连接　属性”窗口的“此连接使用下列项目”列表中是否有“Microsoft 网络的文件和打印机共享”组件,如果没有(或者是安装后又卸载了),则点击“安装”按钮,在“选择网络组件类型”窗口中选择“服务”,然后点击“添加”按钮,在弹出的“选择网络服务”窗口中选择“Microsoft 网络的文件和打印机共享”,然后点击“确定”按钮,此时计算机可能提示重新启动计算机以使设置生效(暂时不重启机器,等设置完下一步的工作组和计算机名后,再重启计算机以节省设置时间)。

返回“本地连接　属性”窗口,在使用项目中出现“Microsoft 网络的文件和打印机共享”组件,该组件默认为选中。

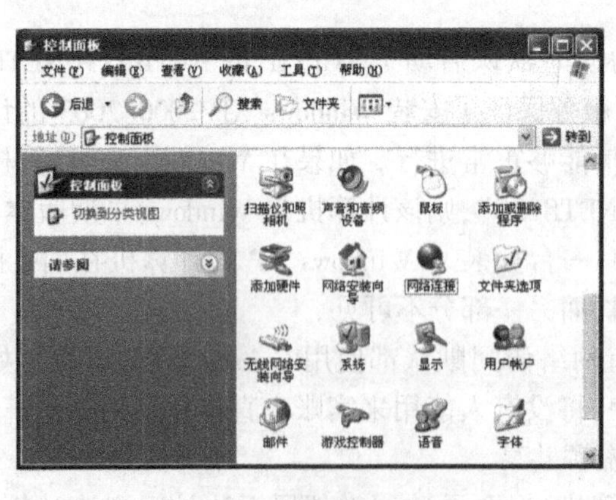

图 3.1　控制面板

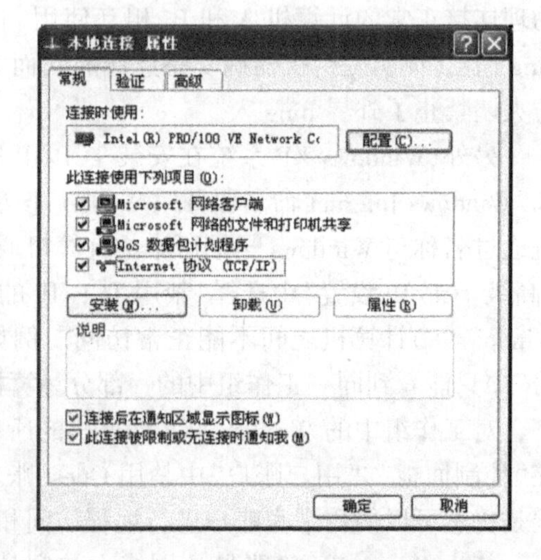

图 3.2　“本地连接　属性”窗口

(3)安装“Microsoft 网络客户端”

观察图 3.2 中“本地连接　属性”窗口中是否已有“Microsoft 网络客户端”组件,没有则点

击“安装”按钮，在“选择网络组件类型”窗口中选择“客户端”，然后点击“添加”按钮，在弹出的“选择网络客户端”窗口中选择“Microsoft 网络客户端”，然后点击“确定”按钮，此时计算机可能提示重新启动计算机以使设置生效(暂时不重启)。

返回“本地连接　属性”窗口，使用项目中出现“Microsoft 网络客户端”组件，该组件默认为选中。

(4)添加完上述组件后，点击“本地连接　属性”窗口的“确定”按钮

2. 设置 PC 机的工作组和计算机名

(1)双击“控制面板”中的“系统”图标，打开“系统属性”窗口，如图 3.3 所示。

(2)点击“计算机名”选项卡，选择下方的“更改”按钮，重新标识计算机，在弹出的“计算机名称更改”窗口中，依次填入相应的计算机名(如 pc02、pc03，实验时由指导老师具体指定各台 PC 机的计算机名)和隶属于的工作组(如 NETLAB)，如图 3.4 所示。点击“确定”返回“系统属性”窗口，在计算机描述栏输入该计算机有关的描述信息(如编号 02 的 pc)。

(3)设置完毕后，重新启动计算机使以上设置生效。

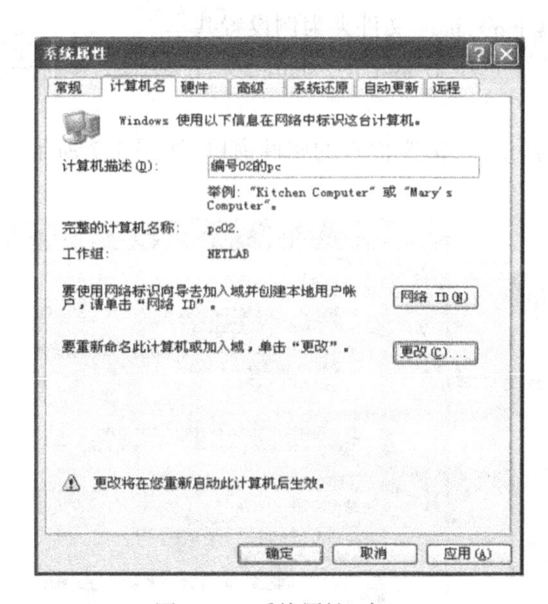

图 3.3　“系统属性”窗口

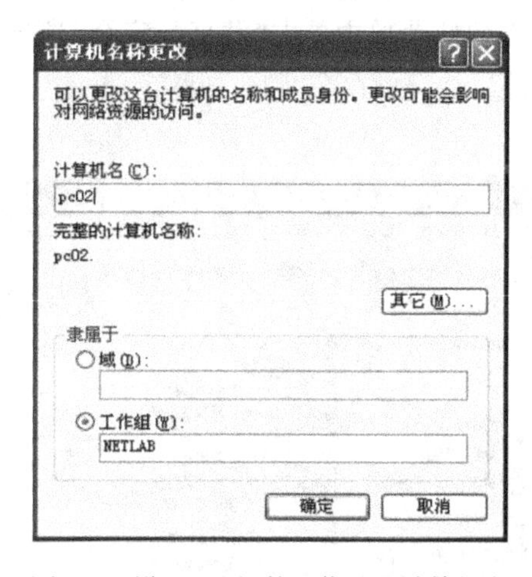

图 3.4　设置 PC 机的工作组和计算机名

3. 使用网上邻居查找同一工作组内的计算机

计算机重启后，双击桌面上的“网上邻居”图标，点击左侧窗格“网络任务”中的“查看工作组计算机”，等待片刻，右侧窗格中将显示与该计算机在同一个工作组(如 NETLAB)内的所有计算机的图标，如图 3.5 所示。

4. 设置和使用共享文件夹

(1)设置共享文件夹

设置共享文件夹前，首先应明确共享哪些文件夹，以及对应的共享权限。

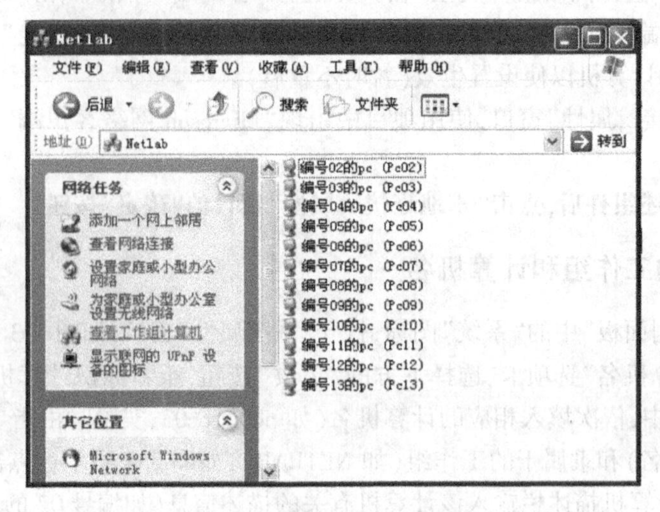

图 3.5 “网上邻居”显示同一工作组中的计算机

此处,以名称为 pc02 的计算机中的 D 盘下的 share 文件夹为例设置共享。

在“我的电脑”或“Windows 资源管理器”中选中 D 盘下的“share”文件夹图标,鼠标右击,弹出快捷菜单,如图 3.6 所示。

在快捷菜单中单击“共享与安全”选项,弹出 share 文件夹的属性窗口,如图 3.7 所示。

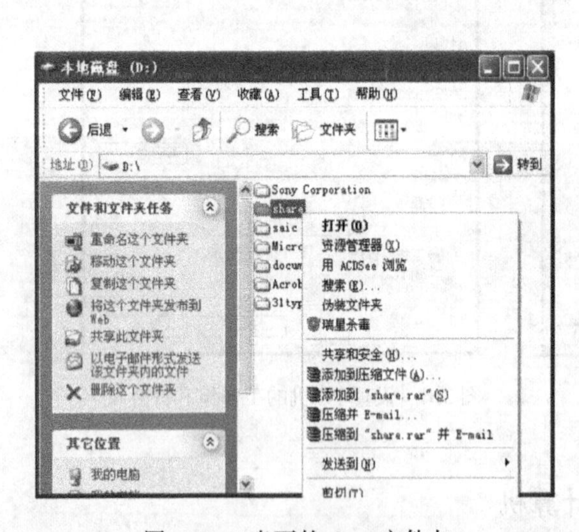

图 3.6 D 盘下的 share 文件夹

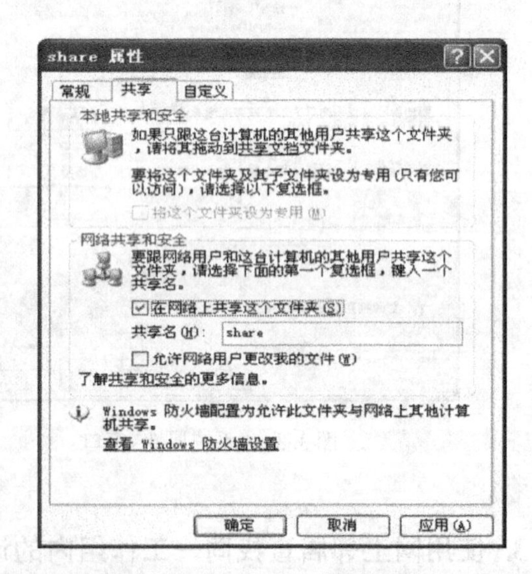

图 3.7 share 文件夹的属性窗口

选择“网络共享与安全”中的“在网络上共享这个文件夹”选项,如果想改变这个文件夹在网络上的共享名,则在“共享名”输入框中重新输入一个名称(不改变本地该文件夹名)。此处选择不允许网络用户进行更改操作(实验时再试一下选中“允许网络用户更改我的文件”的情况)。点击属性窗口的“确定”按钮。

这时,share 文件夹图标下方增加了一个托起的小手,表示该文件夹已设为共享。如图 3.8 所示。

(2)使用共享文件夹

一台计算机的文件夹设置为共享后,其他计算机就可以通过网上邻居等方式访问该文件夹。这里,我们通过名称为"pc03"的计算机来访问"pc02"中的"share"共享文件夹。

打开"pc03"计算机的网上邻居图标,查看工作组计算机,如图 3.5 所示。在右侧窗格双击"pc02"计算机图标,弹出窗口如图 3.9 所示,可在该窗口看到"share"共享文件夹图标。

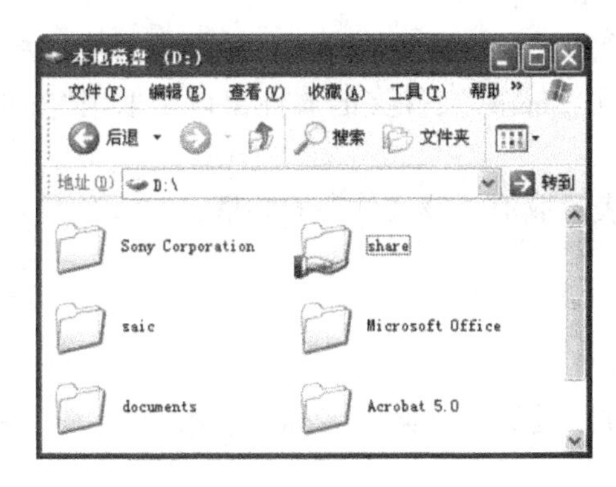

图 3.8　pc02 中 share 文件夹设置为共享

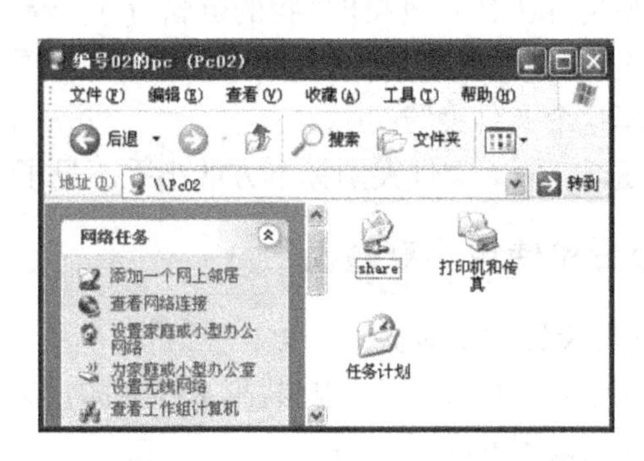

图 3.9　从 pc03 的网上邻居访问 pc02

提示:也可以从"pc03"计算机的"运行"窗口输入"\\pc02"回车,或者从"pc03"计算机的资源管理器的地址栏输入"\\pc02"回车,进入图 3.9 所示的窗口。

双击"share"共享文件夹,进入该文件夹,如图 3.10 所示。

对"share"共享文件夹进行如下操作:

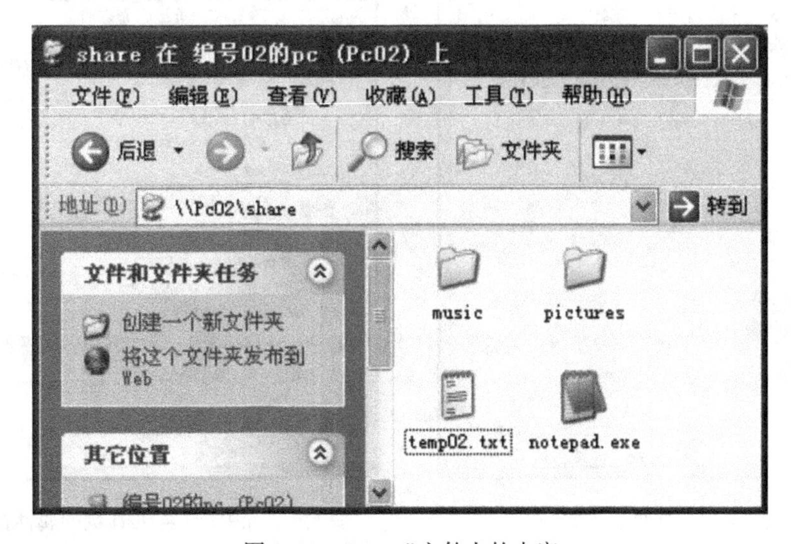

图 3.10　"share"文件夹的内容

- 双击查看 temp02. txt 文本文件的内容。
- 试着修改 temp02. txt 的内容,可以保存修改吗?
- 双击运行 notepad. exe 记事本应用程序。
- 浏览"share"中的子文件夹 pictures 和 music,分别复制一个图片文件(*. jpg)和一个音乐文件(*. mp3)到本地D盘下的temp目录。

- 试着删除"share"文件夹中的一个文件或子文件夹,结果如何?

将"pc02"计算机的共享设置为"允许网络用户更改我的文件"的情况,再使用"pc03"计算机重复对"share"共享文件夹的上述操作,将两次结果进行比较。

(3)取消共享文件夹

取消"pc02"计算机中的"share"文件夹共享,操作如下:

使用"pc02"计算机的"我的电脑"(或"资源管理器")找到D盘下的share文件夹图标,鼠标右击,选择快捷菜单中的"共享与安全"选项,在"share"文件夹的属性窗口中取消"在网络上共享这个文件夹"选项。

这时,share文件夹图标下方的小手不见了,表示取消了该文件夹的共享。

5. 设置和使用共享磁盘

(1)设置共享磁盘

共享磁盘的设置方法与共享文件夹的设置方法类似。下面以名称为pc02的计算机中的D盘为例设置共享。

在"我的电脑"或"Windows资源管理器"中选中D盘图标,鼠标右击,选择快捷菜单中的"共享与安全"选项,弹出D盘属性窗口,如图3.11所示。

此时,D盘属性窗口的"共享"选项卡提示共享存在风险,点击"如果您知道风险,您还要共享驱动器的根目录,请单击此处",进入图3.12所示的窗口界面。

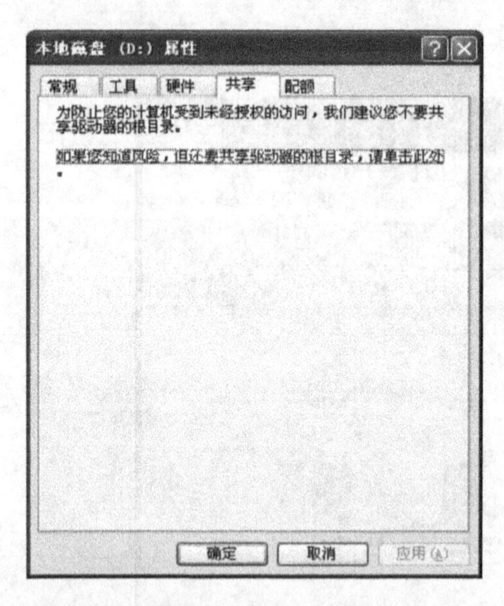

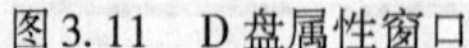

图3.11 D盘属性窗口

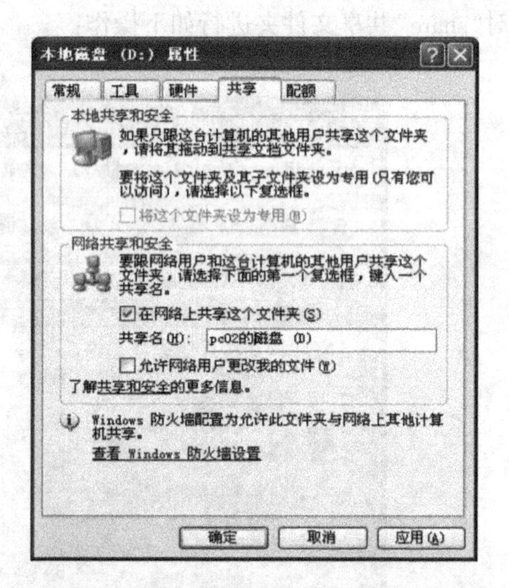

图3.12 pc02计算机D盘的属性窗口

选择"网络共享与安全"中的"在网络上共享这个文件夹"选项,在"共享名"输入框中输入"pc02的磁盘(D)"(可不输入)。此处选择不允许网络用户进行更改操作。点击属性窗口的"确定"按钮。

这时,"本地磁盘(D:)"图标下方增加了一个托起的小手,表示D盘已设为共享。如图3.13所示。

(2) 使用共享磁盘

一台计算机的磁盘设置为共享后，其他计算机可以通过“网上邻居”访问该磁盘，也可以通过“映射网络驱动器”的方式访问该磁盘。

这里，我们通过名称为“pc03”的计算机来访问“pc02”中的 D 盘。

- 通过“网上邻居”访问磁盘

从“pc03”计算机的网上邻居中双击“pc02”计算机图标，弹出窗口如图 3.14 所示，该窗口显示了“pc02”计算机设置为共享的磁盘以及文件夹。双击“pc02 的磁盘(D)”图标，进入“pc02”的 D 盘。

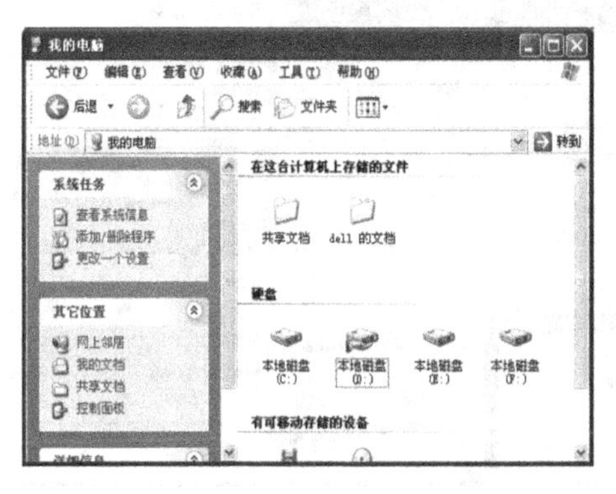

图 3.13　pc02 的 D 盘设为共享

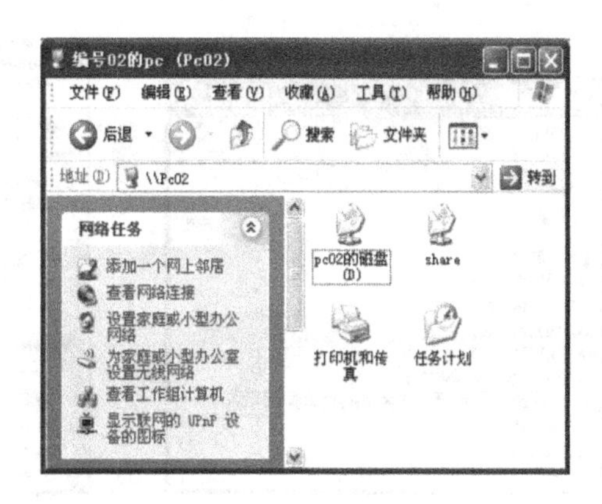

图 3.14　从 pc03 的网上邻居访问 pc02

使用共享磁盘的操作与使用共享文件夹的操作类似，实验时，试着对 D 盘下的内容进行查看、复制、运行、修改、删除等操作（操作权限取决于 pc02 对 D 盘所设置的共享方式）。

- 通过“映射网络驱动器”的方式访问磁盘

右击“pc03”计算机的“我的电脑”图标，如图 3.15 所示。选择“映射网络驱动器(N)...”选项，弹出“映射网络驱动器”窗口，如图 3.16 所示。选择一个可用的驱动器号“H:”，在文件夹输入框输入“\\Pc02\pc02 的磁盘(D)”（也可以通过右侧的“浏览”按钮进行查找），点击“完成”按钮。

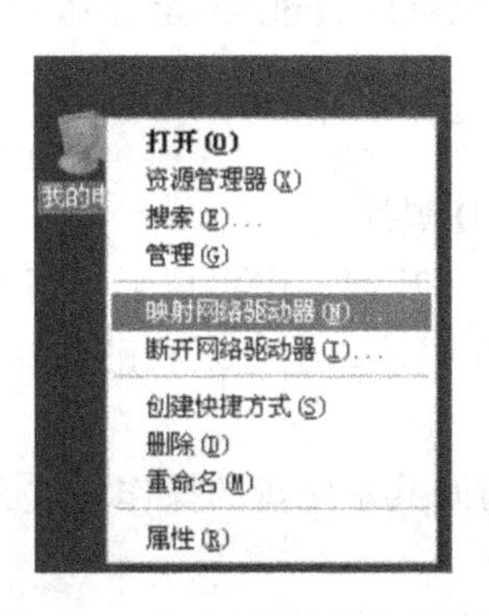

图 3.15　右击“我的电脑”图标

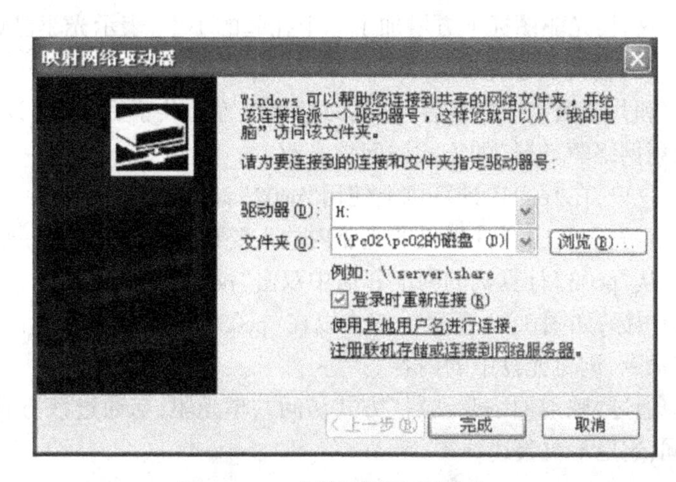

图 3.16　“映射网络驱动器”窗口

打开“我的电脑”图标，这时增加了一个网络驱动器 H:，如图 3.17 所示。

这样就将“pc02”计算机的 D 盘映射成了“pc03”计算机的 H 盘，“pc03”计算机可以像使用本地磁盘一样使用“pc02”计算机的 D 盘了（权限依然受共享限制）。

(3) 取消共享磁盘

取消“pc02”计算机中的 D 盘共享。

从“pc02”计算机的“我的电脑”中右击 D 盘图标，选择快捷菜单中的“共享与安全”选项，在 D 盘的属性窗口中取消“在网络上共享这个文件夹”选项。

这时，D 盘图标下方的小手不见了，表示取消了该磁盘的共享。

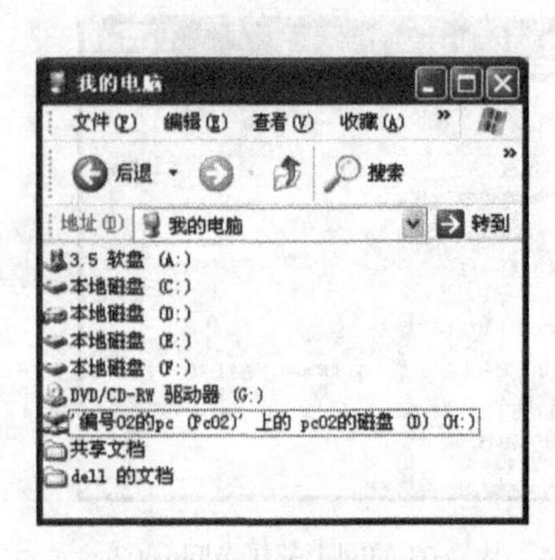

图 3.17　增加网络驱动器 H:

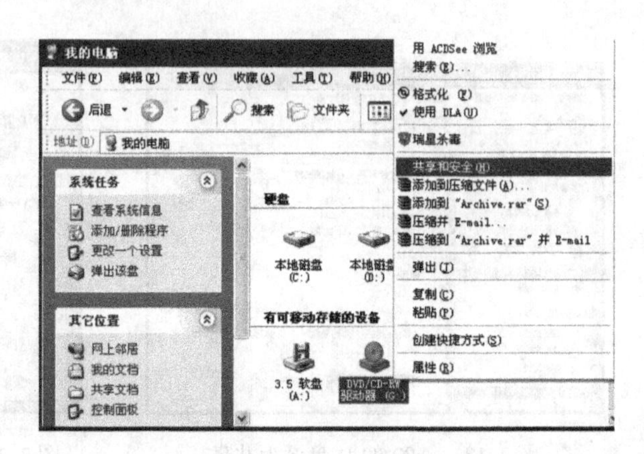

图 3.18　光驱（G:）的快捷菜单

6. 设置和使用共享光驱

(1) 设置共享光驱

设置“pc02”计算机的光驱为共享。

在“我的电脑”中鼠标右击光驱（G:）的图标，如图 3.18 所示。选择快捷菜单中的“共享与安全”选项，弹出光驱（G:）的属性窗口，如图 3.19 所示。

选中“在网络上共享这个文件夹”选项，点击属性窗口的“确定”按钮。

这时，光驱图标下方增加了一个托起的小手，表示光驱已设为共享。如图 3.20 所示。

(2) 使用共享光驱

和共享磁盘一样，当计算机的光驱设置为共享后，其他计算机可以通过“网上邻居”或者“映射网络驱动器”的方式访问该光驱。

这里，在“pc03”计算机上使用“pc02”计算机的光驱。

首先在“pc02”计算机的光驱内放入要访问的光盘（如一张 CD 唱片）。

从“pc03”计算机的网上邻居中双击“pc02”计算机图标，在“pc02”窗口中出现了共享光驱 G 的图标，如图 3.21 所示。双击以在“pc03”计算机上播放该 CD 唱片。也可以右键选择“打开”命令，浏览光盘中的内容。

通过“映射网络驱动器”方式访问共享光驱，与通过该方式访问共享磁盘的操作方式大致相同，这里不再赘述。

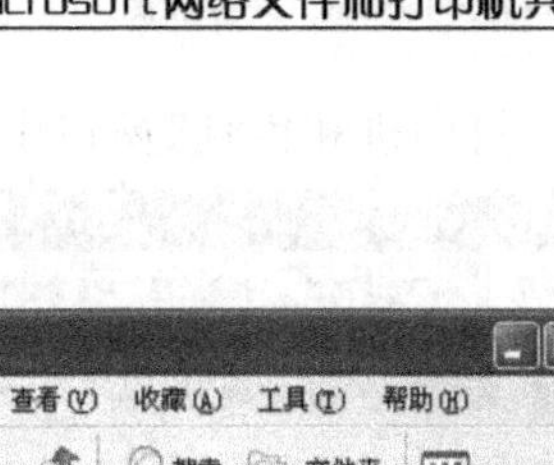

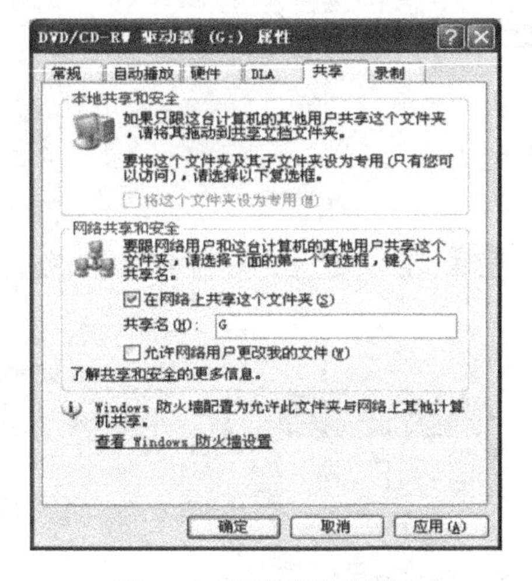

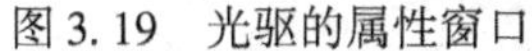

图 3.19　光驱的属性窗口

图 3.20　pc02 的光驱设为共享

(3) 取消共享光驱

取消“pc02”计算机中的光驱共享。

从“pc02”计算机的“我的电脑”中右击光驱图标，选择快捷菜单中的“共享与安全”选项，在光驱的属性窗口中取消“在网络上共享这个文件夹”选项。

这时，光驱图标下方的小手不见了，表示取消了该光驱的共享。

7. 设置和使用共享打印机

(1) 设置共享打印机

事先在“pc02”计算机上连接和安装好一台打印机，下面将其设置为共享。

选择“pc02”计算机的“开始”→“设置”→“打印机和传真”，弹出“打印机和传真”窗口，右击已安装的打印机的图标，如图 3.22 所示。

图 3.21　从 pc03 访问 pc02

图 3.22　“打印机和传真”窗口

选择快捷菜单中的“共享”选项，在打印机属性窗口的“共享”选项卡中，选择“共享这台打印机”，在共享名处填入打印机的型号（如 hp LaserJet 1010），如图 3.23 所示，然后点击“确定”。

此时,“打印机和传真”窗口中的打印机图标变为共享图标,如图 3.24 所示。

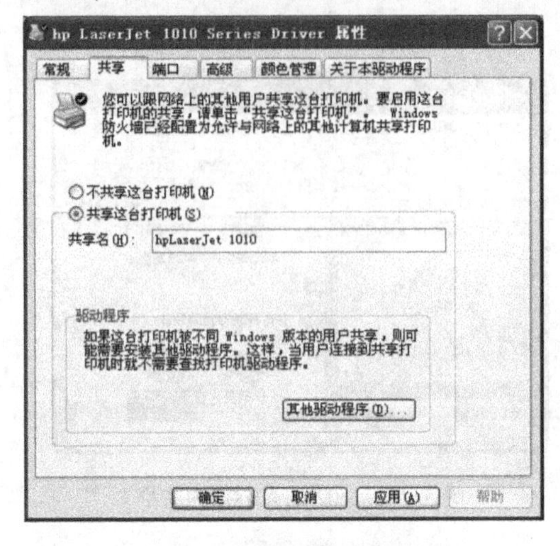

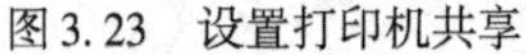
图 3.23　设置打印机共享

图 3.24　打印机设置为共享

(2)使用共享打印机

在“pc03”计算机上使用“pc02”计算机连接的打印机。

选择“pc03”计算机的“开始”→“设置”→“打印机和传真”,弹出“打印机和传真”窗口,观察是否出现已共享的网络打印机图标。如果没有该图标,按照下列步骤进行添加。

点击“打印机和传真”窗口左侧“打印机任务”栏的“添加打印机”命令,弹出“添加打印机向导”对话框,如图 3.25 所示,点击“下一步”。选择“网络打印机或连接到其他计算机的打印机”,如图 3.26 所示,点击“下一步”。

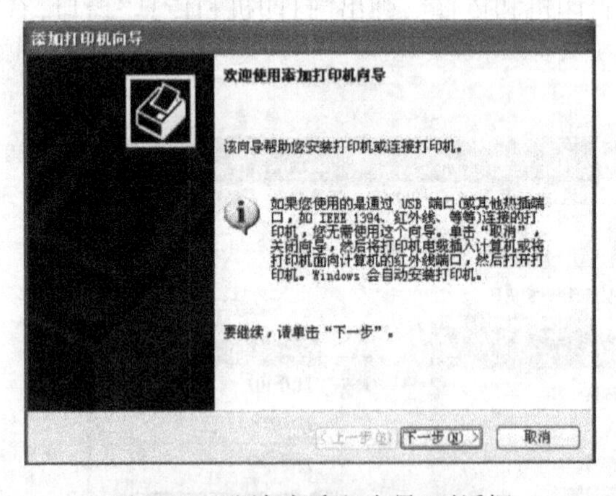

图 3.25　“添加打印机向导”对话框

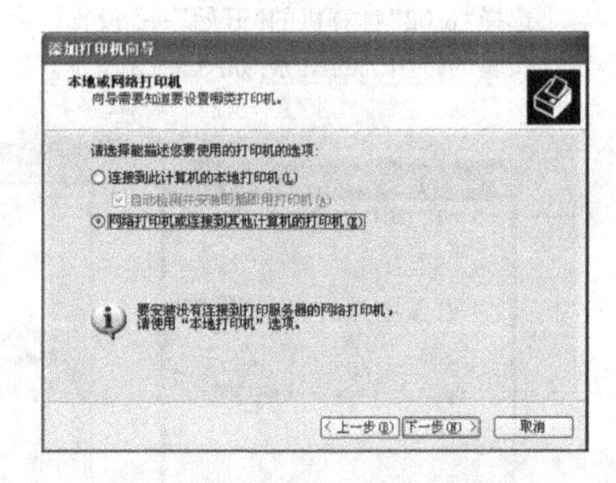

图 3.26　“添加打印机向导”对话框

在指定打印机窗口选择“浏览打印机”,如图 3.27 所示,点击“下一步”。在浏览打印机窗口选择“\\pc02\hp LaserJet 1010...”,如图 3.28 所示,点击“下一步”。将这台打印机设置为默认打印机,如图 3.29 所示,再点击“下一步”,在弹出窗口中点击“完成”。

这时,“pc03”计算机的“打印机和传真”窗口如图 3.30 所示。图中,下方有默认(√)标记的打印机图标为新安装的网络打印机图标。

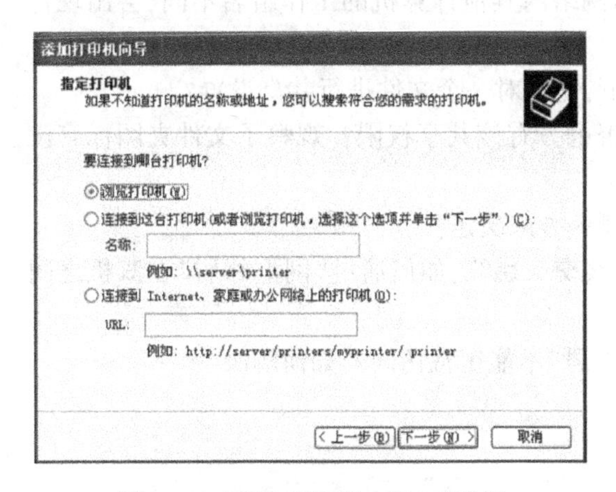

图 3.27　"添加打印机向导"对话框

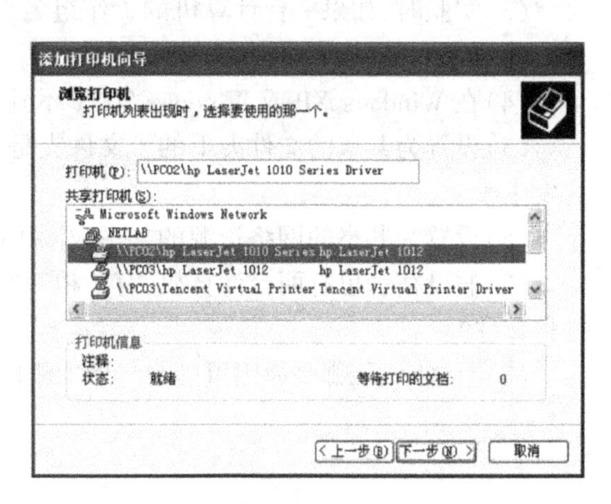

图 3.28　"添加打印机向导"对话框

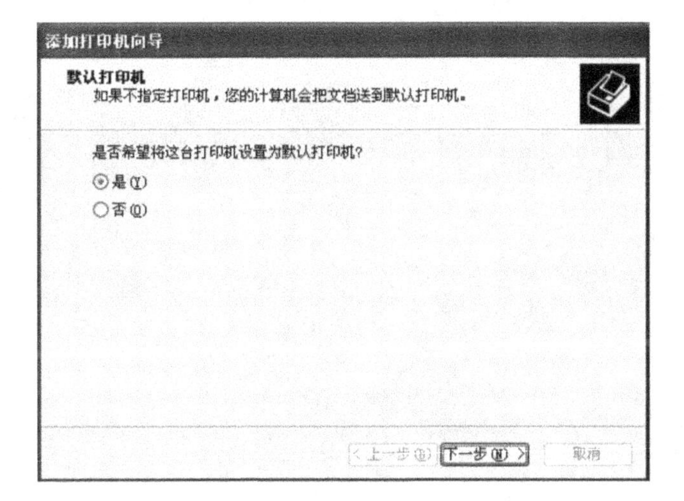

图 3.29　设置为默认打印机

图 3.30　pc03 上的网络打印机

实验时，在"pc03"计算机上通过共享的网络打印机打印一张 A4 的图片。

(3)取消共享打印机

取消"pc02"计算机的打印机共享。

在"pc02"计算机的"打印机和传真"窗口中右击共享打印机图标，选择快捷菜单中的"共享"选项，在打印机属性窗口的"共享"选项卡中，选择"不共享这台打印机"，然后点击"确定"。

这时，打印机图标下方的小手不见了，表示取消了该打印机的共享。

六、实验拓展

(1)计算机不安装"Microsoft 网络客户端"以及"Microsoft 网络的文件和打印机共享"网络组件，能否使用"网上邻居"共享资源？

(2)实验时，如果两台计算机填写了相同的计算机名，会出现什么情况？

(3)实验时,如果一台计算机的工作组名与网络内其他计算机的工作组名不同,会出现什么情况?

(4)在 Windows XP 或 Windows 2003 环境下,能否对一个文件进行共享设置?

(5)设置为共享的文件夹下的子文件夹是否也具有该共享权限?观察子文件夹图标有没有发生改变。

(6)设置为共享的网络资源的共享权限由哪一方来决定?

(7)假设宿舍里有两台计算机,有一根双绞线交叉跳线,如何通过“网上邻居”在双机之间拷贝文件?

(8)总结一下,哪些原因可能会导致“网上邻居”不能正常访问?如何解决?

实验4　常用网络命令

一、实验目的

了解Windows提供的常用的网络命令，理解各网络命令使用的网络协议和工作原理；熟练掌握ping和ipconfig命令的使用方法；学会查看和修改计算机的ARP缓存表；能够使用各种网络命令测试与查看网络状态，并通过网络命令检测和排除简单的网络故障。

二、实验条件

接入Internet的PC机一台（系统环境：安装Windows XP或Windows 2003）。

三、实验内容

（1）使用ping命令测试网络的连通性；
（2）使用ipconfig命令查看计算机的TCP/IP配置；
（3）使用arp命令查看和修改本地计算机上的ARP高速缓存；
（4）使用route命令显示和修改路由表；
（5）使用tracert命令跟踪路由；
（6）使用netstat命令显示统计信息；
（7）使用net命令进行网络配置。

四、预备知识

能够熟练使用各种网络命令进行网络分析是每个网络管理人员的基本技能，它不仅是日常网络维护的常用方式，同时也是深入理解各种网络协议的手段。对于普通网络用户，掌握这些命令也会使得在使用网络时感到得心应手。

Windows提供了一组用来测试与查看网络状态的网络命令，如Ping、IPconfig、arp、route、tracert、netstat、net等。

通常在Windows中的“开始”→“程序”→“附件”→“命令提示符”窗口中输入和运行这些命令程序，也可以在“开始”→“运行”窗口输入“cmd”命令直接进入“命令提示符”窗口运行。

1. ping命令

ping是一种最常用的网络测试命令，ping命令利用ICMP（Internet Control Message Protocol，Internet 控制报文协议）的回应（echo）请求/应答报文来测试端到端的连通性。ICMP 协议工作在 TCP/IP 协议的 IP 层，它允许主机或路由器报告差错情况和提供有关异常情况的报告。ping 命令首先向特定目的主机发送一定数量的 ICMP echo 请求，然后通过 ICMP echo 应答的接收情况和往返次数来验证网络的连通性。

命令的基本格式：

ping 目的主机的域名或 IP 地址 [-命令参数]

缺省情况下，ping 命令向目的主机发送 4 个大小为 32 字节的 ICMP 回应请求，然后显示接收到每个回应应答报文所需要的时间。

常用 ping 命令参数及用途如下：

- -t：ping 命令不断地向目的主机发送 ICMP 回应请求报文，直到用户按 Ctrl + Break 或 Ctrl + C 中断。用 Ctrl + Break 中断时，显示统计信息后将继续向目的主机发送 ICMP 回应请求报文，而用 Ctrl + C 中断时则在显示统计信息后退出 ping 程序。
- -n count：由 count 指定要发送的回应请求报文的数目。默认值为 4。
- -w timeout：指定超时间隔，单位为毫秒。默认值为1 000毫秒。
- -l size：由 size 指定要发送的回应请求报文的长度。默认长度为 32 字节，最大值是 65 527字节。

由于 ping 命令可以自定义发送数据报的大小及无休止地高速发送，因此它也可以作为 DDoS（拒绝服务攻击）的工具，例如许多大型网站就是被黑客利用数百台可以高速接入互联网的电脑连续发送大量 ping 数据报而导致瘫痪的。

为避免恶意的探测和攻击，有时计算机上安装的防火墙软件会启动 IP 规则中的“禁止 ping 入”规则，这将导致 ping 命令连接超时而失败，但并不意味着和目的主机的网络连接出现问题。例如，有时我们使用 ping 命令无法 ping 通 Internet 上的某个 WEB 网站，但却可以通过浏览器浏览该网站，如网站 www. whu. edu. cn。

2. ipconfig 命令

发现和解决 TCP/IP 网络问题时，首先可以使用 ipconfig 命令检查有问题计算机的网卡的 TCP/IP 配置。

常用的命令格式如下：

- ipconfig：显示计算机各网卡的 IP 地址、子网掩码和默认网关。
- ipconfig/all：显示更加详细的配置信息，除 IP 地址、子网掩码和默认网关，还包括网卡的 mac 地址、主机名、节点类型、是否启用 IP 路由、DHCP 服务器地址、DNS 服务器地址、动态获得 IP 地址的时间及有效期限等。
- ipconfig/renew：刷新所有网卡的配置信息。如果计算机启用 DHCP 并使用 DHCP 服务器获得配置，使用 ipconfig/renew 命令使网卡立刻连接到 DHCP 服务器，更新现有配置或者获得新配置，也可以使用 ipconfig/release 命令立即释放主机当前的 DHCP 配置。

3. arp 命令

arp 命令使用 ARP（Address Resolution Protocol，地址解析协议）查看和修改本地计算机上的 ARP 高速缓存（IP-MAC 地址映射表）中的表项。该命令对解决硬件地址解析问题非常有用。

ARP 协议工作在 TCP/IP 模型的 IP 层,ARP 协议的基本功能就是通过目标主机的 IP 地址,查询目标主机的 MAC 地址,以保证通信的顺利进行。每台安装 TCP/IP 协议的计算机里都有一个 ARP 高速缓存,ARP 缓存中包含一个或多个表,它们用于存储 IP 地址及其经过解析的物理地址。计算机上安装的每一个网络适配器都有自己单独的表,目的是为了减少网络上重复的 ARP 广播请求。

ARP 缓存具有自动更新 MAC 地址的功能,并采取老化机制,即在一段时间内如果表中的某一行没有被使用,该行将会被删除,以减少缓存表的长度,加快查询速度。因此,当 ARP 高速缓存中表项很少或根本没有时,只是因为计算机长时间没有进行网络通信了。

常用的 arp 命令格式及用途如下:

- arp -a 或 arp -g:查看高速缓存中的所有表项。
- arp -s IP 地址 MAC 地址:向 ARP 缓存中手工输入一个静态表项。

在出现硬件地址错误时,例如由于系统的某些原因,导致 ARP 缓存中主机的 MAC 地址不能正常自动更新,可以使用 arp 命令手工配置正确的硬件物理地址来解决该问题。

另外,使用 arp -s 命令对缺省网关和本地服务器等常用主机设置静态的网卡物理/IP 地址对应项,有助于减少网络上的信息量。

4. route 命令

网络上的每台主机都配有自己的路由表。使用 route 命令可以显示、手工添加和修改主机 IP 路由表中的项目。

常用的 route 命令格式及用途如下:

- route print:用于显示主机路由表中的当前表项。
- route add:手工添加一条静态路由表项。
- route delete:从路由表中删除一条路由表项。

更多的 route 命令格式及参数可在命令提示符状态直接输入"route"敲回车查看帮助。

例如,要显示 IP 路由表中以 10. 开始的路由,命令如下:

route print 10. *

添加目标网络地址为 192. 168. 8. 0,子网掩码为 255. 255. 255. 0,下一跳路由地址为 192. 168. 1. 1 的路由表项,命令如下:

route add 192. 168. 8. 0 mask 255. 255. 255. 0 192. 168. 5. 1

删除该路由表项,命令如下:

route delete 192. 168. 8. 0

要将目标网络地址为 10. 41. 0. 0,子网掩码为 255. 255. 0. 0 的路由的下一跳路由地址由 10. 27. 0. 1 更改为 10. 27. 0. 25,命令如下:

route change 10. 41. 0. 0 mask 255. 255. 0. 0 10. 27. 0. 25

5. tracert 命令

路由跟踪命令 tracert 用来跟踪数据报从本地机到达目标主机所经过的路径,并显示到达每个中间路由器的时间,实现网络路由状态的实时探测(注:在 Cisco 路由器中使用 trace 命令格式)。如果与一台远程主机网络连接时出现问题,使用 tracert 命令可以帮助确定网络故障的位置。

常用的 tracert 命令格式如下：

tracert 目标主机的域名或 IP 地址　[-d]

如果使用-d 选项，tracert 命令则不进行名称解析以更快地显示路由。

和 ping 命令类似，tracert 的工作原理也是利用 ICMP 协议的回应请求/应答报文来进行测试，通过向目标主机发送 TTL(Time-To-Live，生存时间)值连续递增的 ICMP 回应请求报文来显示到达目标主机经过的所有中间路由器的 IP 地址清单以及到达时间。如果数据报不能传递到目标，tracert 命令将显示成功转发数据报的最后一个路由器。

当数据报从源计算机经过多个网关传送到目标主机时，tracert 命令可以用来跟踪数据报使用的路由，但不能保证或认为数据报总遵循这个路径。

与 ping 命令相比，tracert 所获得的信息要详细得多，但 tracert 命令执行的等待时间较长，每个路由器大约要等待十几秒钟。

6. netstat 命令

当网络中没有安装网管软件，但要对网络的整体使用状况作个详细的了解时，可以使用 netstat 协议统计命令。Netstat 可以显示活动的 TCP 连接、计算机侦听的端口、以太网统计信息、IP 路由表、IPv4 统计信息(对于 IP、ICMP、TCP 和 UDP 协议)以及 IPv6 统计信息(对于 IPv6、ICMPv6、通过 IPv6 的 TCP 以及通过 IPv6 的 UDP 协议)。用户也可以选择特定的协议并查看其具体信息。

命令格式如下：

netstat　[-命令参数]

有关命令参数说明如下：

- -r：显示本机路由表的内容。
- -a：以(主机名：端口)形式显示所有连接和监听端口。
- -n：以(IP 地址：端口)形式显示所有连接状态。
- -p proto：显示 proto 指定的协议的连接。proto 可以是下列协议之一：TCP、UDP、TCPv6 或 UDPv6。
- -s：按协议显示统计数据。默认显示 IP、IPv6、ICMP、ICMPv6、TCP、TCPv6、UDP 和 UDPv6 协议的全部统计信息。加-p 选项用于显示指定协议的统计数据。
- interval：重新显示选定统计信息的时间间隔(以秒计)。

此外，如果命令结果在一屏内无法完全显示，可以在命令行后面加上“|more”分屏观看。

7. net 命令

net 是一个功能强大同时也很重要的网络命令。net 命令有很多子命令(参数)，它管理着计算机的绝大部分管理级操作和用户级操作，包括管理本地和远程用户组数据库、管理共享资源、管理本地服务、进行网络配置等实用操作，即可以查看和设置管理网络环境、服务、用户、登录等信息内容。正是由于 net 命令的功能太强大了，它也常常被黑客用做入侵攻击的一种有效手段。

在命令提示符下键入“net/?”，可以查看所有可用的 net 命令的列表。在命令提示符下键入“net help [command]”，可以在命令行获得相应的 net(子)命令的语法帮助。

常用的子命令及用途如下：

(1) net view

用于显示一个计算机上共享资源的列表。当不带选项使用本命令时,表示显示当前域或网络上的计算机上的列表。

简单的命令格式:net view [\\computername|/domain[:domainname]]

命令参数说明:

- \\computername:指用户希望浏览其共享资源的计算机。
- /domain[:domainname]:指定用户希望浏览有效的计算机所在的域。如果省略了域名,就会显示局域网络上的所有域。

例如:

net view \\pc02　　　　　查看 pc02 计算机的共享资源列表。

net view /domain:abc　　　查看 abc 域中的机器列表。

(2) net use

用于将计算机与共享的资源相连接,或者切断计算机与共享资源的连接。当不带选项使用本命令时,表示显示计算机的连接信息。

简单的命令格式:

net use [devicename|*][\\computername\sharename][...][/delete]

命令参数说明:

- Devicename:指定一个名字以便与资源相连接,或者指定要切断的设备。有两种类型的设备名:磁盘驱动器(D:至 Z:)和打印机(LPT1:至 LPT3:)。输入一个星号来代替一个指定的设备名可以分配下一个可用设备名。
- \\computername:指提供共享资源的计算机的名字。
- \sharename:指共享资源的网络名字。

net use 命令更为详细的参数信息可键入"net help use"命令查看。

例如:

net use h:\\pc02\share　　表示将计算机 pc02 上的共享名为 share 的目录映射为本地主机的 H 盘。

net use h:\\pc02\share/delete　　表示断开该连接。

(3) net send

用于向网络的其他用户、计算机或通信名发送消息。

简单的命令格式:net send {name|*|/domain[:name]|/users}　message

命令参数说明:

- name:要接收发送消息的用户名、计算机名或通信名。
- *:将消息发送到组中所有名称。
- /domain[:name]:将消息发送到计算机域中的所有名称。
- /users:将消息发送到与服务器连接的所有用户。
- message:作为消息发送的文本。

例如:

net send/users server will shutdown in 15 minutes.

该命令给所有连接到服务器的用户发送服务器关机提示消息。

此外,net user 子命令用来添加或更改用户账号或显示用户账号信息,net start 和 net stop

子命令用来启动(或显示)和终止远程主机上的服务等。限于篇幅,这里不再对 net 的其他子命令一一详述。

五、实验指导

假定本次实验所用 PC 机的 IP 地址为 192. 168. 1. 2(实验时,也可由指导老师指定相应的网段及 IP 地址),子网掩码为 255. 255. 255. 0,默认网关为 192. 168. 1. 1。

首先进入 Windows 下的命令提示符状态(运行 cmd)。

1. 使用 ping 命令测试网络的连通性

使用 ping 命令作如下测试:

(1) ping 127. 0. 0. 1

ping 回送地址,这个 ping 命令被送到本地计算机的 IP 软件,检查本地计算机上 TCP/IP 的安装以及配置是否正确。

(2) ping 192. 168. 1. 2

ping 本地计算机的 IP 地址,检查计算机是否正确地添加到网络。如果命令失败,表示本地配置存在问题,或者是网络上的另一台计算机配置了相同的 IP 地址(断开网线再执行该命令可排除这种情况)。

(3) ping 192. 168. 1. 3

ping 同一网段内的另一台计算机的 IP 地址,检查与同网段的其他主机的连通性。如果命令失败,检查子网掩码设置是否正确、网线有无问题。

(4) ping 192. 168. 1. 1

ping 默认网关(gateway)的 IP 地址,检查计算机的网关参数是否正确设置以及网关是否正常工作。如果应答正确,表示网关路由器正在运行并能够作出应答。

(5) ping 192. 168. 10. 2

ping 不在同一网段的另一台计算机的 IP 地址,检查是否成功地使用了缺省网关。

(6) ping www. sina. com

使用 ping 命令测试与 www. sina. cn 的连通性,同时检查域名解析是否正常。实验时,多 ping 几个知名的网站地址。注意观察每次应答的时间延迟、平均时间延迟以及丢包率等信息,判断当前网络的连接状态。

(7) 如何向 IP 地址 192. 168. 1. 3 发送 17 个大小为1 450字节的 ICMP 数据报,写出命令的格式并实验之。

2. 使用 ipconfig 命令查看计算机的 TCP/IP 配置

在命令提示符状态分别输入 ipconfig、ipconfig/all 命令格式,查看并记录当前计算机的基本 TCP/IP 参数设置,观察两次命令所显示的内容有什么不同。

3. 使用 arp 命令显示和修改本地计算机上的 ARP 高速缓存

(1) 在实验机上输入 arp -a(或 arp -g)命令显示当前计算机的 ARP 缓存,如图 4. 1 所示。该图表示 192. 168. 1. 3 的 IP 对应的 MAC 地址是 00-0d-60-fc-7e-08,其中 Type 项为 dy-

namic 表示该行是自动动态添加的。

图4.1说明实验机192.168.1.2与本地主机192.168.1.3进行了通信。做该实验时，试着多ping几台本地的计算机，再输入arp　-a命令观察ARP缓存中的表项有没有自动添加。

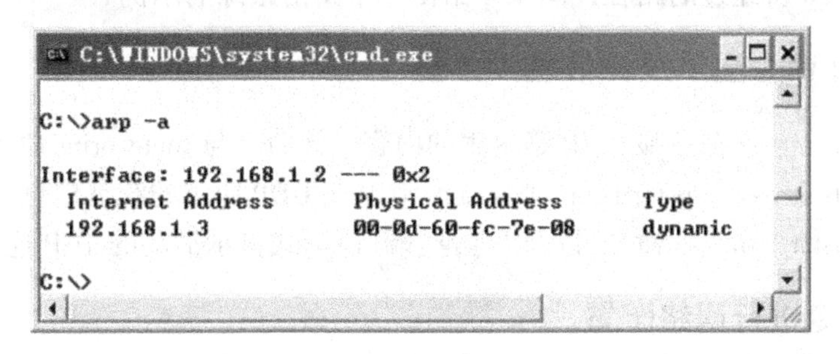

图4.1　主机的arp缓存表

(2)执行arp　-d命令，再次用arp　-a命令显示如图4.2所示，"No ARP Entries Found"表示实验机的ARP缓存被清空。

(3)在实验机上输入ping 192.168.1.3命令(使两台主机进行通信)，再输入arp　-a命令显示ARP缓存，结果应如图4.1所示。这说明实验机重新又把192.168.1.3主机的MAC地址加入到ARP缓存中了。

(4)用步骤(2)清空ARP缓存，然后输入arp　-s　192.168.1.3 00-0d-60-fc-7e-32命令手工加入一个错误的ARP缓存表项。用arp　-a命令显示如图4.3所示，其中Type项为static表示该行是手工添加的。

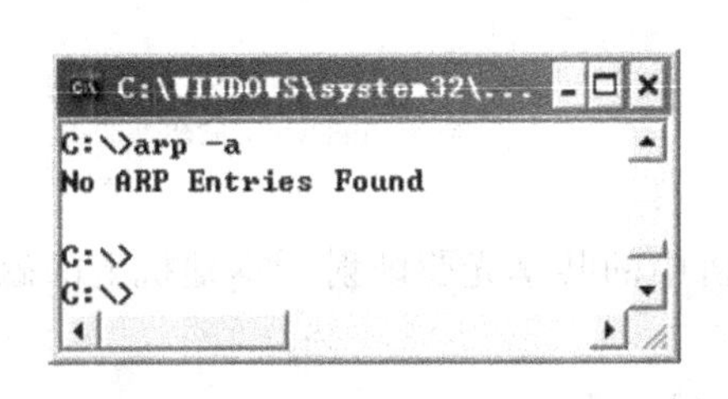

图4.2　arp缓存表为空

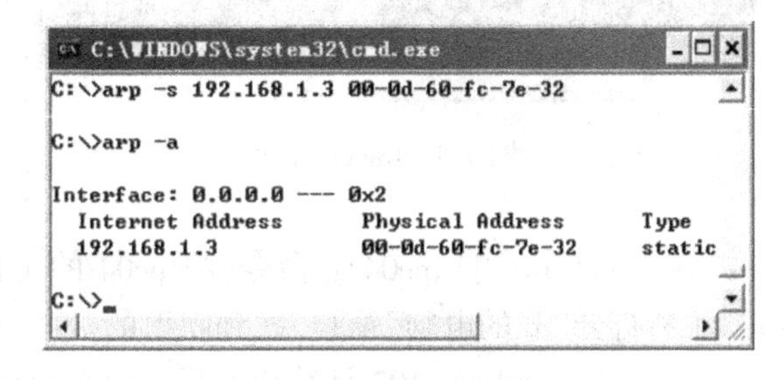

图4.3　手工加入了一条arp表项

(5)输入ping 192.168.1.3命令(使两台主机再次进行通信)，输入arp　-a命令显示ARP缓存，结果应如图4.1所示。这说明arp具有自动更新MAC地址的功能。

4. 使用route命令显示和修改路由表

(1)输入route print命令显示当前主机的路由表。

(2)使用route add 192.168.8.0 mask 255.255.255.0 192.168.5.1命令添加一条静态路由(实验时可由指导老师指定一条可用的静态路由)。然后使用route print 192.168 * 命令查看以192.168开头的路由表项，观察有没有刚才手工添加的静态路由。

(3)使用route delete 192.168.8.0命令删除该路由。

5. 使用 tracert 命令跟踪路由

在实验机上输入 tracert www.cernet.edu.cn 命令,跟踪数据报从本地机到达 www.cernet.edu.cn 所经过的路径。图 4.4 给出一个路由跟踪的示例。

6. 使用 netstat 命令显示统计信息

(1)输入 netstat -r 命令显示 IP 路由表的内容。该命令与 route print 命令等价。

(2)输入 netstat -s -p tcp|udp 命令显示 TCP 或 UDP 协议的统计信息。

(3)输入 netstat -n -o 命令,以(IP 地址:端口)形式显示活动的 TCP 连接和进程 ID。

7. 使用 net 命令进行网络配置

(1)将计算机名为 pc02 的主机中的 share 目录以及光驱等设置成共享,然后在实验机上输入 net view\\pc02 查看 pc02 计算机的共享资源列表,如图 4.5 所示。

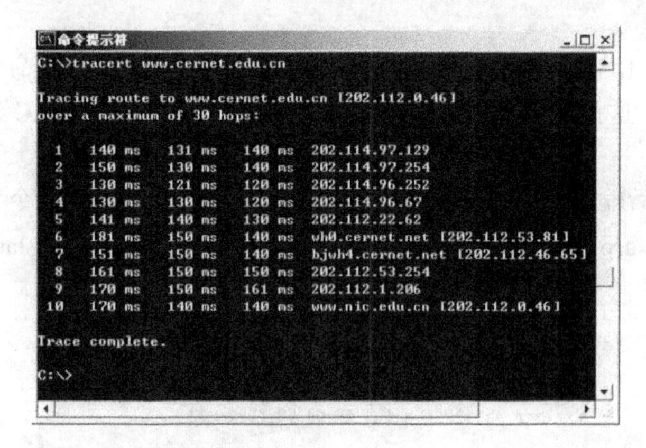

图 4.4 tracert 命令

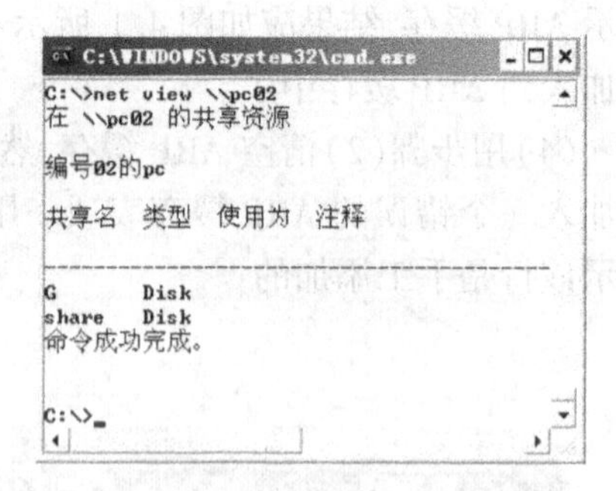

图 4.5 net view 命令

(2)输入 net use s:\\pc04\g 命令,将 pc04 的主机中的共享光驱映射为本地机上的磁盘(S:)。然后打开"我的电脑"窗口,找到映射的磁盘(S:)。

(3)使用 net send 向 pc02 计算机发送一个会议通知消息。

在实验机上输入 net send pc02 Meeting changed to 4: 00 P. M. Same place. 命令后回车,提示消息将被送到 pc02,如图 4.6 所示。在 pc02 计算机上弹出信使服务的消息窗口,如图 4.7 所示。

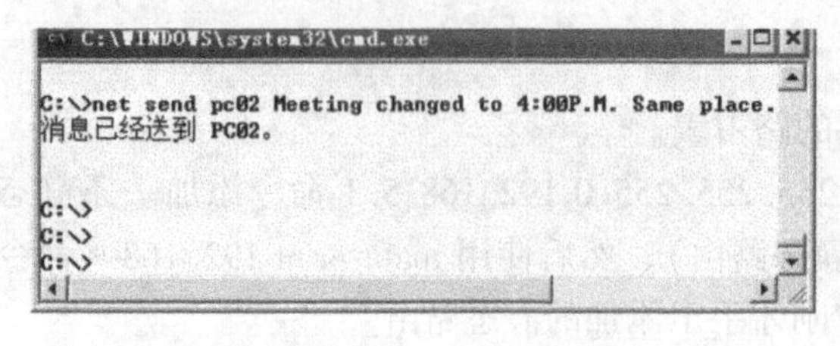

图 4.6 发送一条消息到 pc02

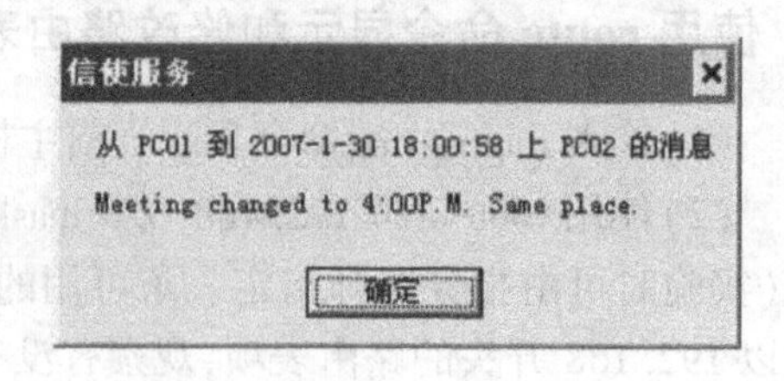

图 4.7 pc02 上收到的消息

需要说明的是,步骤(3)能够成功发送的前提是计算机必须启动信使(Messenger)服务。启动信使服务可以通过 net start messenger 命令实现,也可以选择"控制面板"→"管理工具"→"服务",在"服务"项找到名称为"Messenger"的服务,并启动之。

六、实验拓展

(1)如果局域网内有两台主机 A 和 B,其中主机 A 可以 ping 通主机 B,而主机 B 却无法 ping 通主机 A,试分析这可能是什么原因造成的。

(2)使用 ping 命令时,每个回应应答报文中的 TTL 值代表什么意思?

(3)向 www. baidu. com 发送 6 个大小为 64 字节的 ICMP 数据报,指定超时间隔为 2 秒。写出命令的格式并实验之。

(4)能不能用 arp 命令查看远程主机的 MAC 地址?为什么?

(5)试着用 net send 命令同时向本地的多台计算机 pc03、pc05、pc08 发送一条问候消息。写出命令的格式并实践之。

(6)如果一台计算机不能正常上网访问,试着用 ping、tracert、ipconfig 命令分析可能出现的网络问题。

第二单元　局域网配置

实验5　二层交换机的管理与基本配置

一、实验目的

了解二层交换机工作原理；掌握二层交换机的基本配置方法和相关配置命令；学会利用二层交换机构建小型局域网。

二、实验条件

(1)二层交换机一台(本实验以 Cisco Catalyst 2950 系列交换机为例)；
(2)PC 机两台(系统环境:Windows 系列操作系统)；
(3)Console 口配置电缆线一根。

三、实验内容

(1)通过超级终端与交换机建立连接。
(2)配置交换机的基本参数。
设置交换机的名称、特权用户的密码、虚拟终端的连接数及密码、Console 连接密码。
(3)配置二层交换机端口。
① 对单个端口进行配置:工作速率、双工模式、端口描述；
② 多端口成组配置。
(4)监控及维护二层交换机端口。
① 关闭和打开端口；
② 监控端口和控制器的状态。

四、预备知识

交换机是 1993 年以来开发的一系列新型网络设备,它将传统网络的“共享”媒体技术发展成为交换式的“独享”媒体技术,大大地提高了网络的带宽。

1. 交换机概述

图 5.1、图 5.2 所示为两台交换机的实物图,外形类似于集线器。

图 5.1　千兆以太网的主干交换机　　　　图 5.2　普通交换机

交换机一般处于各网段的汇集点,作用是在任意两个网段之间提供虚拟连接,就像这两个网段之间是直接连接在一起一样,其功能类似于立交桥,在两两的连接之间建立一条专用的通道。它将过去的"共享"信道方式改为"独占"信道方式,缩小了冲突域,从而在整体上提高了网络的数据交换性能,并且可以采用 MAC 地址绑定、虚拟局域网、端口保护等技术为网络提供一定的安全保障。

类似于传统的桥接器,交换机提供了许多网络互联功能。交换机能经济地将网络分成小的冲突网域,为每个工作站提供更高的带宽;协议的透明性使得交换机在软件配置简单的情况下直接安装在多协议网络中;交换机使用现有的电缆和工作站网卡,不必作高层的硬件升级;交换机对工作站是透明的,这样管理开销低廉,简化了网络节点的增加、移动和网络变化的操作。

利用专门设计的集成电路,可使交换机以线路速率在所有的端口并行转发信息,提供比传统桥接器高得多的操作性能。如理论上单个以太网端口对含有 64 个八进制数的数据包可提供14 880bps的传输速率。这意味着一台具有 12 个端口、支持 6 道并行数据流的"线路速率"以太网交换机必须提供89 280bps的总体吞吐率(6 道信息流 * 14 880bps/道信息流)。专用集成电路技术使得交换机在更多端口的情况下以上述性能运行,其端口造价低于传统型桥接器。

2. 以太网交换机的分类

根据应用规模,以太网交换机可分为企业级交换机、部门级交换机和工作组交换机。

- 企业级交换机:属于高端交换机,它采用模块化结构,可作为网络骨干来构建高速局域网。
- 部门级交换机:面向部门的以太网交换机,可以是固定配置,也可以是模块化配置,一般有光纤接口。它具有较为突出的智能型特点。
- 工作组交换机:是传统集线器的理想替代产品,一般为固定配置,配有一定数目的 100 BaseT 以太网口。

根据 OSI 参考模型的分层结构,交换机可分为二层交换机和三层交换机。二层交换机是指工作在 OSI 参考模型的第二层(数据链路层)上的交换机,主要功能包括物理编址、错误校验、帧的封装与解封、流量控制等。三层交换机是指具有第三层路由功能的交换机,一般支持静态路由和一些简单的动态路由协议,通过三层交换机可连接多个不同的 IP 网络(参见实验 6)。

3. 二层交换机的工作原理

二层交换机指二层以太网交换机,是数据链路层的设备,它能够读取数据包中的 MAC 地址信息并根据 MAC 地址来进行交换。交换机内部有一个地址表,这个地址表标明了 MAC 地址和交换机端口的对应关系。当交换机从某个端口收到一个数据包,首先读取包头中的源 MAC 地址,这样就知道源 MAC 地址的机器是连在哪个端口上的,再去读取包头中的目的 MAC

地址,并在地址表中查找相应的端口,如果表中有与这个目的 MAC 地址对应的端口,则把数据包直接复制到这个端口上,如果在表中找不到相应的端口,则把数据包广播到所有端口上,当目的机器对源机器回应时,交换机又可以学习到目的 MAC 地址与哪个端口对应,在下次传送数据时就不再需要对所有端口进行广播了。二层交换机就是这样建立和维护自己的地址表的。由于二层交换机一般具有很宽的交换总线带宽,所以可以同时为很多端口进行数据交换。如果二层交换机有 N 个端口,每个端口的带宽是 M,而它的交换机总线带宽超过 N × M,那么该交换机就可以实现线速交换。二层交换机对广播包是不作限制的,即会把广播包复制到所有端口上。

二层交换机一般都含有专门用于处理数据包转发的 ASIC(Application Specific Integrated Circuit)芯片,因此转发速度可以非常快。

五、实验指导

1. 登录二层交换机

(1)搭建配置交换机环境

按照如图 5.3 所示的拓扑图连接二层交换机和 PC 机,其中 PC 机的串口与二层交换机的 Console 口通过配置口电缆线连接。注意连接时的接口类型、线缆类型,尽量避免带电插拔电缆。

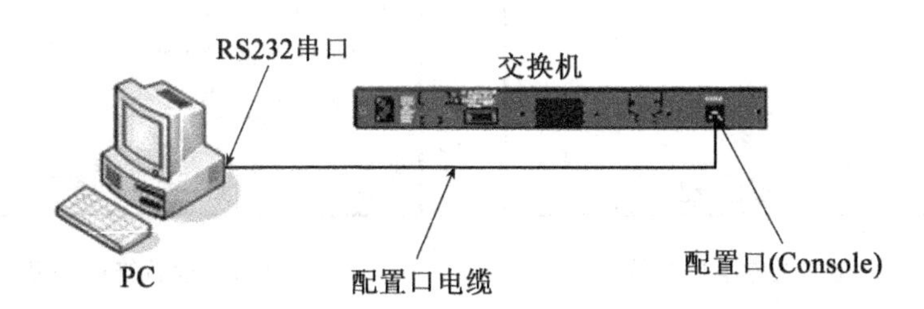

图 5.3　通过 Console 口配置二层交换机

(2)与交换机建立连接

① 打开配置终端,新建连接。

使用 PC 机对二层交换机进行配置,需要在其上运行终端仿真程序(如/Windows 2000/XP/2003 的"超级终端"),建立新的连接,如图 5.4 所示。在"名称"文本框中键入新连接的名称。

② 设置终端参数。

选择连接端口:如图 5.5 所示,在"连接时使用"一栏中选择连接的串口(注意选择的串口应该与配置电缆实际连接的串口一致)。

设置串口参数:在串口的属性对话框中设置波特率为9 600,数据位为 8,奇偶校验为无,停止位为 1,数据流控制为无,如图 5.6 所示。单击"还原为默认值"按钮可以直接设置为上列数值。

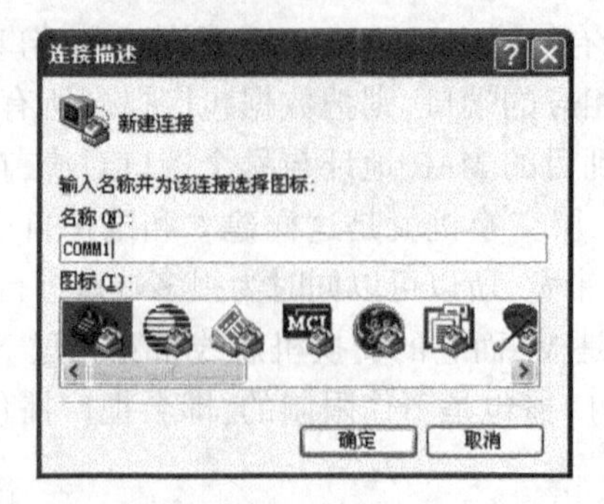

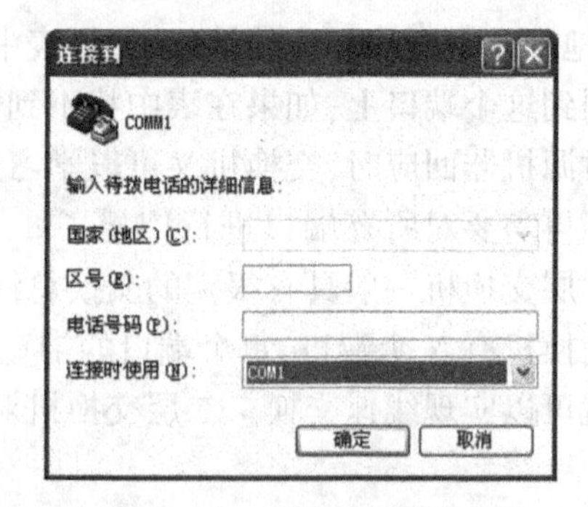

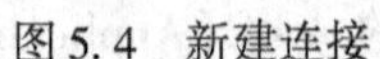
图 5.4　新建连接

图 5.5　选择连接端口

配置超级终端属性:在超级终端中选择"属性/设置"项,打开如图 5.7 所示的属性设置窗口,选择终端仿真类型为 VT100 或自动检测,点击"确定"按钮,返回超级终端窗口。

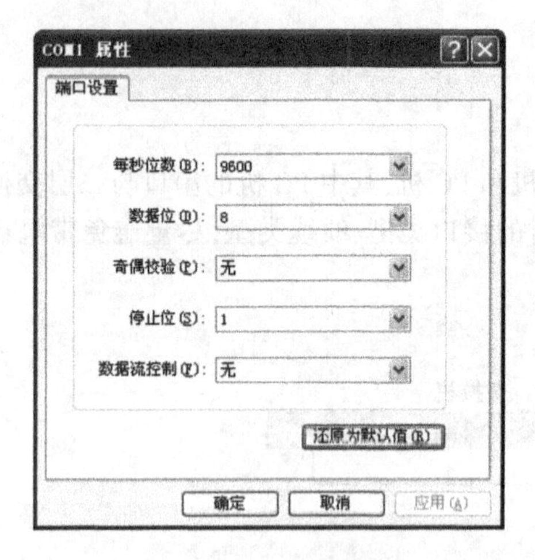

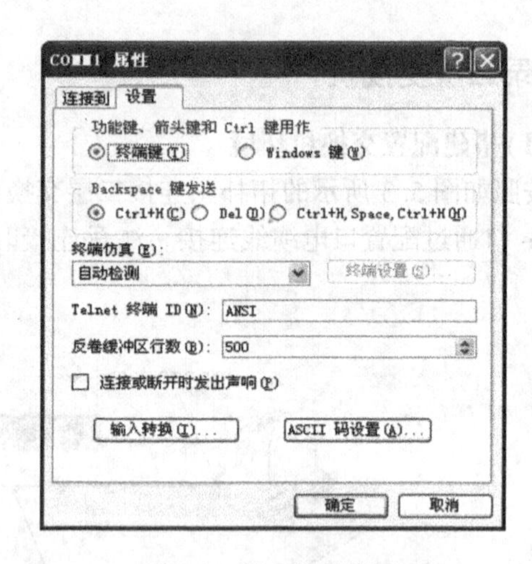

图 5.6　设置串口参数

图 5.7　设置终端类型

③建立连接并登录。

启动二层交换机,交换机启动的初始信息会显示在刚设置好的 PC 机的超级终端软件界面上,如图 5.8 所示。当出现"Press RETURN to get started!"提示时,键入回车,将出现"Switch >"提示符,键入"enable"并回车后,出现"Switch#"提示符,表示进入特权模式,即可通过输入相关命令开始配置交换机。

2. 二层交换机基本配置

(1)进入全局配置模式:

Switch# configure terminal

(2)设置交换机的名称:

Switch(config)# hostname Switch2950

Switch2950(config)#

(3)设置特权用户的密码:

Switch2950(config)# enable secret cisco

```
Cisco Internetwork Operating System Software
IOS (tm) C2950 Software (C2950-I6Q4L2-M), Version 12.1(22)EA4, RELEASE
SOFTWARE(fc1)
Copyright (c) 1986-2005 by cisco Systems, Inc.
Compiled Wed 18-May-05 22:31 by jharirba
Image text-base: 0x80010000, data-base: 0x80562000

Cisco WS-C2950-24 (RC32300) processor (revision C0) with 21039K bytes
Processor board ID FHK0610Z0WC
Running Standard Image
24 FastEthernet/IEEE 802.3 interface(s)

32K bytes of flash-simulated non-volatile configuration memory.
Base ethernet MAC Address: 0003.E423.776B
Motherboard assembly number: 73-5781-09
Power supply part number: 34-0965-01
Motherboard serial number: FOC061004SZ
Power supply serial number: DAB0609127D
Model revision number: C0
Motherboard revision number: A0
Model number: WS-C2950-24
System serial number: FHK0610Z0WC

Press RETURN to get started!
```

图5.8　交换机启动信息

(4)设置虚拟终端的连接数及密码：

Switch2950(config)# line vty 04

Switch2950(config)# password cisco

Switch2950(config)# login

(5)设置 Console 连接密码：

Switch2950(config)# line console 0

Switch2950(config)# password switch

Switch2950(config)# login

(6)查看当前运行配置信息。

以上设置完成后，可以在特权模式下，使用命令 show running-config 查看当前运行配置信息，如图5.9所示。

(7)保存配置。

若希望所作的配置在每次启动时生效，要对该配置进行保存：

Switch(config)# copy running-config startup-config

3. 二层交换机端口配置

(1)进入和退出端口配置视图。

在配置交换机端口前需要先切换到相应的端口配置视图(以快速以太网端口1为例)：

Switch# configure terminal

Switch(config)# interface FastEthernet0/1

配置完成后，用如下的命令可退出端口配置视图：

Switch(config-if)# end

(2)配置端口速率。

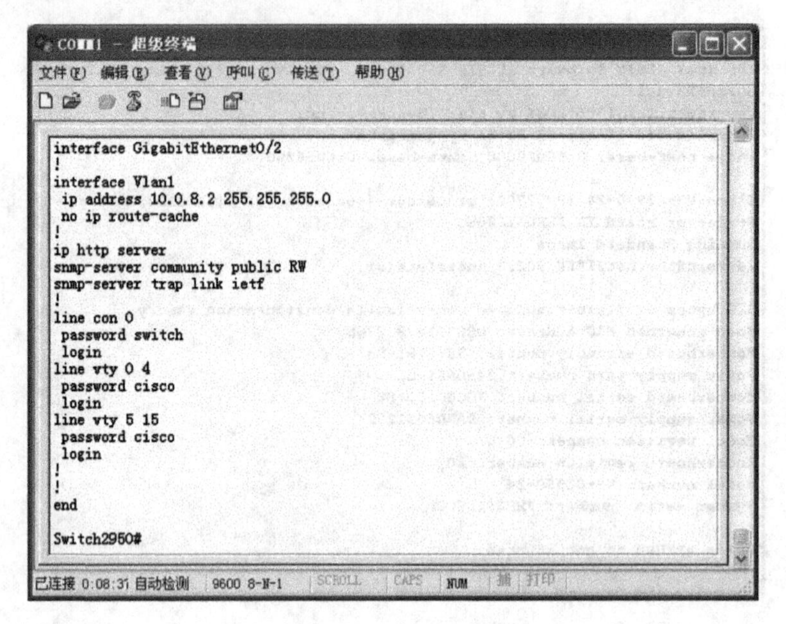

图 5.9 当前运行配置

命令：speed {10|100|1000|auto|nonegotiate}，其中 1000 只工作在千兆口，GBIC 模块只工作在 1000 Mbps 下，nonegotiate 只能在这些 GBIC 上用。

例如，现要将端口速率设置为 100Mbps：Switch(config-if)#speed 100

(3)配置双工模式。

命令：duplex {auto|full|half}

例如，将端口配置为全双工模式：Switch(config-if)#duplex full

(4)配置端口描述。

命令：description string，其中 string 最多 240 个字符。

例如，将端口描述设置为“the first port”：Switch(config-if)#description the first port

(5)多端口成组配置。

若有多个端口配置相同，可以一次性地对多个端口进行配置，只需在切换端口配置视图时指明多个端口的范围就可以切换到多端口成组配置视图。

例如，若要对快速以太网端口 2，3，…，8 进行相同的配置，则可以输入：

Switch(config)#interface range Fastethernet0/2-8

其余的配置与单个端口配置方法相同。

4. 监控及维护二层交换机端口

(1)关闭和打开端口。

可以手动关闭或打开端口，在进入相应端口配置视图后，要启动该端口，需输入：

Switch(config-if)#no shutdown

反之，若要关闭端口，则输入：

Switch(config-if)#shutdown

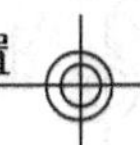

(2)监控端口和控制器的状态。

在二层交换机运行过程中可以随时监控端口和控制器的各种状态。利用以下命令来查看各种状态信息(下列命令都要在退出端口配置视图后使用):

① 显示所有端口或某一端口的状态和配置:show interfaces [interface-id],如图5.10所示。

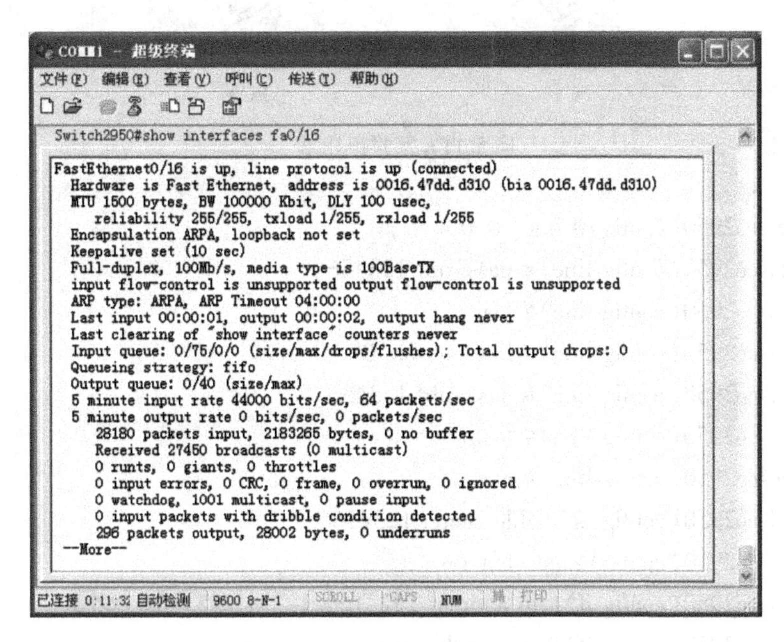

图5.10　查看端口状态和配置

② 显示多端口的状态或错误-关闭的状态:show interfaces interface-id status [err-disabled]。

③ 显示二层端口的状态:show interfaces [interface-id] switchport,可以用来决定此端口是否为二层或三层口。

④ 显示端口描述:show interfaces [interface-id] description。

⑤ 显示当前配置中的端口配置情况:show running-config interface [interface-id]。

⑥ 显示软硬件信息:show version。

用组内设备验证上述监控命令,并做好实验记录。

5. 利用交换机构建小型局域网

(1)搭建实验环境。

按照如图5.11所示的拓扑结构连接二层交换机和PC机,其中PC1机的串口与二层交换机的Console口通过配置口电缆连接。

(2)通过Console口对交换机进行配置,配置清单如下:

```
Switch2950# conf t
Enter configuration commands, one per line. End with CNTL/Z.
Switch2950(config)# hostname cisco2950
```

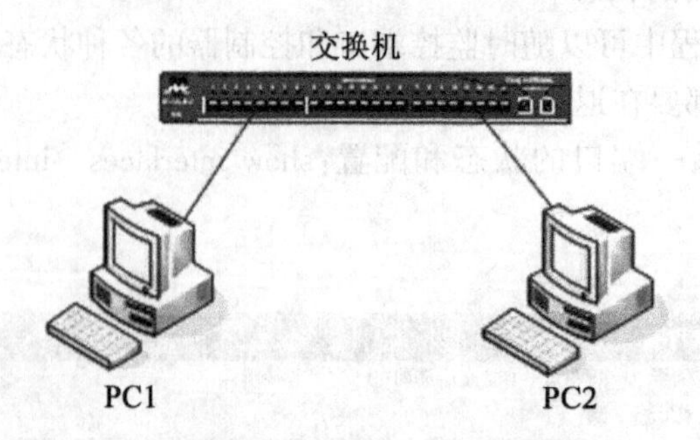

图 5.11　实验拓扑图

```
cisco2950(config)# line vty 0 4
cisco2950(config-line)# password 123456
cisco2950(config-line)# login
cisco2950(config-line)# line console 0
cisco2950(config-line)# password 123456
cisco2950(config-line)# login
cisco2950(config-line)# exit
cisco2950(config)# enable secret 123456
cisco2950(config)# int vlan 1
cisco2950(config-if)# ip address 192.168.1.254 255.255.255.0
cisco2950(config-if)# no shutdown
cisco2950(config-if)#end
```

(3)设置 PC 机的 IP 地址和子网掩码。

PC1:IP = 192.168.1.1,子网掩码 = 255.255.255.0;

PC2:IP = 192.168.1.2,子网掩码 = 255.255.255.0。

(4)测试 PC 机间的网络是否连通。

(5)将 PC2 所连接的端口(假设为 Fa0/22)关闭,然后观察交换机 LED 灯的变化。

(6)通过 Ping 命令,测试主机 PC1、PC2 的连通性,并记录测试结果:

主机 PC1、PC2 之间______(能/不能)互相通信。

(7)将 PC1 所连接的端口(假设为 Fa0/5)速率设置为 10Mbps,然后查看端口信息:

```
Switch(config)# interface fa0/5
Switch(config-if)# speed 10
Switch(config-if)# end
Switch# show interface fa0/5
```

六、实验拓展

在不同命令状态下,使用交换机的帮助系统,看看二层交换机上都有些什么命令,尝试理解其功能。

实验6　三层交换机的管理与基本配置

一、实验目的

了解三层交换机的功能及工作原理;掌握三层交换机的基本配置方法和相关配置命令。

二、实验条件

(1)三层交换机一台(本实验指导中以Cisco 3560系列交换机为例);
(2)PC机两台(系统环境:Windows系列操作系统);
(3)Console口配置电缆线一根、网线两根。

三、实验内容

(1)搭建实验拓扑环境。
连接设备、设置主机IP地址和子网掩码、测试主机之间的连通性。
(2)配置三层交换机端口。
① 配置端口的速率、工作模式、端口描述等属性;
② 配置端口为三层交换端口。

四、预备知识

1. 三层交换机

三层交换机是带有第三层路由功能的交换机,它将第三层路由功能和交换功能有机地结合起来,而不是简单地把路由器设备的硬件及软件简单地叠加在局域网交换机上。

从硬件上看,第二层交换机的接口模块都是通过高速背板/总线(速率可高达几十Gbit/s)交换数据的,在第三层交换机中,与路由器有关的第三层路由硬件模块也插接在高速背板/总线上,这种方式使得路由模块可以与需要路由的其他模块间高速地交换数据,从而突破了传统的外接路由器接口速率的限制。在软件方面,第三层交换机也有重大的举措,它将传统的基于软件的路由器软件进行了界定,其做法是:

- 对于数据包的转发,如IP/IPX包的转发,这些规律的过程通过硬件得以高速实现。
- 对于第三层路由软件,如路由信息的更新、路由表维护、路由计算、路由的确定等功能,用优化、高效的软件实现。

2. 二层交换机、三层交换机和路由器的适用场合

二层交换机主要用在小型局域网中，机器数量在二三十台以下，这样的网络环境下，广播包影响不大，二层交换机的快速交换功能、多个接入端口和低廉价格为小型网络用户提供了很完善的解决方案。在这种小型网络中根本没必要引入路由功能从而增加管理的难度和费用，所以没有必要使用路由器，当然也没有必要使用三层交换机。

三层交换机是为IP层设计的，接口类型简单，拥有很强的二层包处理能力，所以适用于大型局域网。为了减小广播风暴的危害，必须把大型局域网按功能或地域等因素划成一个一个的小型局域网，也就是一个一个的小网段，这样必然导致不同网段间存在大量的互访，单纯使用二层交换机无法实现网间的互访，而单纯使用路由器则由于端口数量有限，路由速度较慢，限制了网络的规模和访问速度，所以在这种环境下，由二层交换技术和路由技术有机结合而成的三层交换机就最为适合。

路由器端口类型多，支持的三层协议多，路由能力强，所以适合于大型网络之间的互连。虽然不少三层交换机甚至二层交换机都有异质网络的互连端口，但一般大型网络的互连端口不多，互连设备的主要功能不在于在端口之间进行快速交换，而是要选择最佳路径，进行负载均衡、链路备份和与其他网络进行路由信息交换，所有这些都是路由器才能完成的功能。在这种情况下，不可能使用二层交换机，但是否使用三层交换机，则视具体情况而定。影响的因素主要有网络流量、响应速度要求和投资预算等。三层交换机的最重要目的是加快大型局域网内部的数据交换，糅合进去的路由功能也是为这目的服务的，所以它的路由功能没有同一档次的专业路由器强。在网络流量很大的情况下，如果三层交换机既做网内的交换，又做网间的路由，必然会大大加重它的负担，影响响应速度。在网络流量很大但又要求响应速度很高的情况下，由三层交换机做网内的交换，而路由器专门负责网间(特别是异构网络之间)的路由工作，可以充分发挥不同设备的优势。

五、实验指导

1. 搭建实验拓扑环境

(1)按照如图6.1所示的拓扑搭建实验环境，PC1和PC2主机分别通过网线连接到三层交换机的快速以太网口Fa0/1和Fa0/2。主机PC1的串口与三层交换机的Console口通过配置口电缆线连接。

(2)在主机PC1和主机PC2上分别设置以下IP地址和子网掩码：

PC1:IP=192.168.1.2　子网掩码=255.255.255.0

PC2:IP=192.168.2.2　子网掩码=255.255.255.0

(3)在主机PC1或主机PC2上互相发出ping命令，测试主机PC1、PC2的连通性，并记录测试结果：

主机PC1、PC2之间________(能/不能)互相通信；

请说明理由：____。

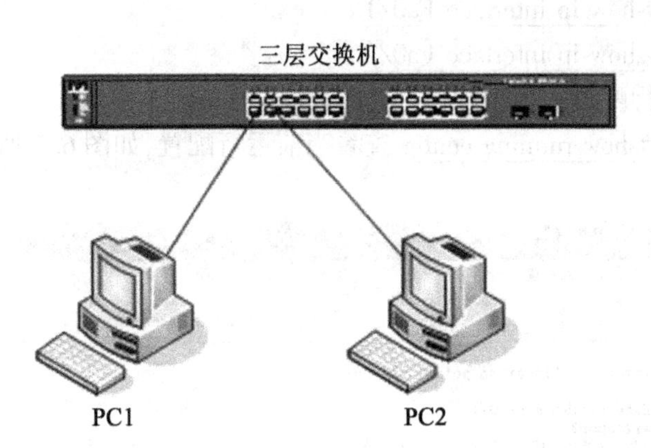

图 6.1　三层交换机实验拓扑图

2. 配置三层交换机端口

(1)按照实验 5 中登录交换机的方法,从主机 PC1 登录三层交换机。

(2)按照实验 5 中配置二层交换机端口的方法,可以配置三层交换机的端口速率、工作模式、端口描述等属性。

(3)为了使主机 PC1 和主机 PC2 能够互相通信,需要将它们所在的端口(Fa0/1 和 Fa0/2)配置为支持三层交换的端口,并设置相应 IP 地址:

```
Switch > enable
Switch# configure terminal
Switch(config)# interface Fa0/1
Switch(config-if)# no switchport
Switch(config-if)# ip address 192. 168. 1. 1 255. 255. 255. 0
Switch(config-if)# no shutdown
Switch(config-if)# exit
```

按照上述相同方法配置 Fa0/2 端口的 IP 地址为 192. 168. 2. 1/24,请将命令填入横线处:

Switch(config)# ____________________

Switch(config-if)# ____________________

Switch(config-if)# ____________________

Switch(config-if)# ____________________

Switch(config-if)# ____________________

(4)再次测试主机 PC1 和主机 PC2 是否可以互相通信,并记录测试结果:

主机 PC1、PC2 之间________(能/不能)互相通信;

请说明理由:____。

(5)分别设置两台主机的默认网关为:______________和______________。

(6)再次测试主机 PC1 和主机 PC2 是否可以互相通信,并记录测试结果:

主机 PC1、PC2 之间____________(能/不能)互相通信;

请说明理由:____。

(7)查看 Fa0/1 和 Fa0/2 端口的 IP 地址:

Switch#show ip interface Fa0/1

Switch#show ip interface Fa0/2

(8)查看当前运行配置:

使用命令 Switch#show running-config 查看当前运行配置,如图 6.2 所示。

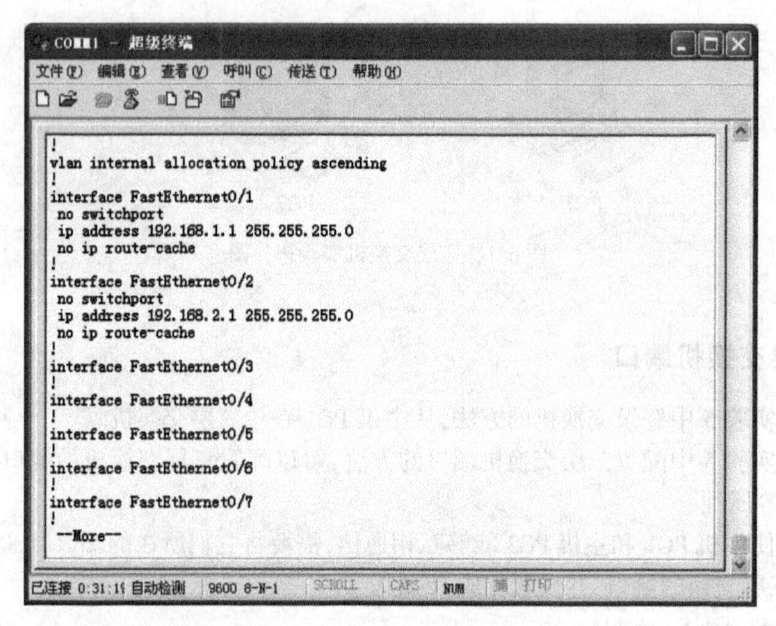

图 6.2 查看当前运行配置

(9)启用三层交换机的路由功能:

Switch# configure terminal

Enter configuration commands, one per line. End with CNTL/Z.

Switch(config)# ip routing

(10)再次测试主机 PC1 和主机 PC2 是否可以互相通信,并记录测试结果:

主机 PC1、PC2 之间________(能/不能)互相通信;

请说明理由:____。

六、实验拓展

可能的话,自行设计实验,比较三层交换机和二层交换机功能的异同。

实验 7 虚拟局域网(VLAN)配置

一、实验目的

了解虚拟局域网(VLAN)的功能及工作原理;掌握虚拟局域网的基本配置方法和相关配置命令;掌握单交换机和多交换机的 VLAN 配置方法;掌握利用三层交换机实现 VLAN 间通信的方法。

二、实验条件

(1)支持 VLAN 的二层交换机和三层交换机各一台(本实验指导以 Cisco Catalyst 2950 和 3560 系列交换机为例);

(2)PC 机四台(系统环境:Windows 系列操作系统);

(3)Console 口配置电缆线 1 ~ 2 根(可选),双绞线跳线 5 根(其中 1 根为交叉线)。

三、实验内容

(1)VLAN 配置基本命令:生成、修改和删除 VLAN。

(2)单交换机上的 VLAN 配置:创建 VLAN、按端口划分 VLAN。

(3)多交换机间的 VLAN 配置:跨交换机按端口划分 VLAN、配置 VLAN Trunks。

(4)基于三层交换机的 VLAN 间通信:为 VLAN 设置 IP 地址、启用交换机的三层路由功能。

四、预备知识

1. VLAN 概述

VLAN 是英文 Virtual Local Area Network 的缩写,即虚拟局域网。VLAN 技术建立在局域网交换机的基础之上,是局域交换网的灵魂。是否具有 VLAN 功能是衡量局域网交换机的一项重要指标。

IEEE 于 1999 年颁布了用以标准化 VLAN 实现方案的 802.1Q 协议标准草案。VLAN 技术的出现,使得管理员可以根据实际应用需求,把同一物理局域网内的不同用户逻辑地划分成不同的广播域,每一个 VLAN 都包含一组有着相同需求的计算机工作站,与物理上形成的 LAN 有着相同的属性。由于它是从逻辑上划分而不是从物理上划分的,所以同一个 VLAN 内的各个工作站没有限制在同一个物理范围内,即这些工作站可以位于不同的物理网段。一个VLAN内部的广播和单播流量都不会转发到其他VLAN中,从而有助于控制流量、减少设备投资、简化网络管理、提高网络的安全性。

VLAN可以跨越多个交换机。假设A交换机和B交换机都含有VLAN A和VLAN B的成员。这种设计引入了新的问题,必须把来自一台交换机上的某个VLAN中的广播帧、组播帧和未知目标MAC地址的帧转发到另一台交换机的相同的VLAN中。解决方案已在IEEE802.1Q和Cisco的ISL协议中实现。802.1Q标准和Cisco的ISL协议定义了一种方法,使得交换机B知道接收的帧是属于VLAN A还是VLAN B。当帧离开交换机A时,一个特殊的帧头被添加到帧里,称做VLAN标记。VLAN标记中含有这个帧所属的VLAN ID。因为两台交换机都被配制成能够识别VLAN A和VLAN B,所以可以在互联的路径上交换数据帧。接收端的交换机通过查看VLAN标记就知道这个帧应当发往哪个VLAN。

2. VLAN的特点

在交换网络中应用VLAN技术后,广播域可以是由一组任意选定的工作站组成的虚拟网段,工作组的划分突破了地理位置的限制,可以完全根据管理功能来划分。这种基于工作流的分组模式,大大提高了网络规划和重组的管理功能。在同一个VLAN中的工作站,不论它们实际与哪个交换机连接,它们之间的通信就好像在独立的交换机上一样。同一个VLAN中的广播只有VLAN中的成员才能听到,而不会传输到其他的VLAN中去,这样可以很好地控制广播风暴的产生。同时,若没有路由的话,不同VLAN之间不能相互通信,这样增加了企业网络中不同部门之间的安全性。网络管理员可以通过配置VLAN之间的路由来全面管理企业内部不同管理单元之间的信息互访。如果交换机是根据用户工作站的MAC地址来划分VLAN的,则用户还可以自由地在企业网络中移动办公,不论在何处接入交换网络,用户都可以与VLAN内其他用户自如通信。

VLAN除了能将网络划分为多个广播域,从而有效地控制广播风暴和针对VLAN进行安全控制外,还使得网络的拓扑结构变得灵活多变,增加了网络的可管理性。

3. VLAN的划分方法

VLAN在交换机上的实现方法可以大致划分为六类:

(1)基于端口划分VLAN

这是最常应用的一种VLAN划分方法,目前支持VLAN协议的交换机都提供这种VLAN配置方法。这种方法是根据以太网交换机的交换端口来划分的,即将交换机上的物理端口分成若干个组,每个组构成一个虚拟网,相当于一个独立的交换机。VLAN之间需要互访时,可通过路由器转发。

这种方法的优点是定义VLAN成员时比较简单,只要将每一个端口加入相应的VLAN组即可,适合于任何大小的网络;缺点是如果某用户离开了原来的端口,而到了一个新的交换机的某个端口,必须重新配置。

(2)基于MAC地址划分VLAN

这是根据每个主机的MAC地址来划分VLAN的方法,即对每个MAC地址都配置其属于哪个组,VLAN交换机跟踪属于VLAN的MAC地址。这种方式的VLAN允许网络用户从一个物理位置移动到另一个物理位置时,仍然保留其所属VLAN的成员身份。

这种方法的缺点是:初始化时,必须对所有的用户进行配置,当网络规模较大时管理工作量非常大,因此这种方法只适用于小型局域网。此外,这种方法也会导致交换机的执行效率降低,因为在每一个交换机端口都可能存在很多个 VLAN 组的成员,处理工作量较大。另外,如果用户更换了网卡,VLAN 就必须重新配置。

(3)基于网络层协议划分 VLAN

VLAN 按网络层协议来划分,可分为 IP、IPX、DECnet、AppleTalk、Banyan 等 VLAN 网络。这种按网络层协议组成的 VLAN,可使广播域跨越多个 VLAN 交换机。这种方法对于希望针对具体应用和服务来组织用户的网络管理员来说是非常具有吸引力的。

这种方法的优点是用户的物理位置改变不需要重新配置所属 VLAN,而且可以根据协议类型来划分 VLAN,更重要的是这种方法不需要附加的帧标签来识别 VLAN,从而可以减少网络的通信量。这种方法的缺点是效率低,因为检查每一个数据包的网络层地址需要消耗交换机的处理时间,并且这种 VLAN 只能在第三层交换机上实现。

(4)根据 IP 组播划分 VLAN

IP 组播实际上也是一种 VLAN 的定义,即认为一个 IP 组播组就是一个 VLAN。这种划分的方法将 VLAN 扩大到了广域网,因此这种方法具有更大的灵活性,而且也很容易通过路由器进行扩展,主要适合于不在同一地理范围的局域网用户组成一个 VLAN。不适合局域网,主要是效率不高。

(5)按策略划分 VLAN

基于策略组成的 VLAN 能实现多种分配方法,包括 VLAN 交换机端口、MAC 地址、IP 地址、网络层协议等。网络管理人员可根据自己的管理模式和本单位的需求来决定选择哪种类型的 VLAN。

(6)按用户定义、非用户授权划分 VLAN

基于用户定义、非用户授权来划分 VLAN,是指为了适应特别的 VLAN 网络,根据具体的网络用户的特别要求来定义和设计 VLAN,而且可以让非 VLAN 群体用户访问 VLAN,但是需要提供用户密码,在得到 VLAN 管理的认证后才可以加入一个 VLAN。

五、实验指导

1. VLAN 配置基本命令

(1)生成、修改 VLAN

Switch > enable

Switch# configure terminal

Switch(config)# vlan 10　进入 vlan 配置状态,输入新的 VLAN 号表示创建,已有 VLAN 号表示修改

Switch(config-vlan)# name testvlan　输入 VLAN 名,如果没有配置 VLAN 名,缺省的名字是 VLAN 号前面用 0 填满的 4 位数,如 VLAN0004 是 VLAN4 的缺省名字

Switch(config-vlan)# end

Switch# show vlan 10　查看 VLAN 配置信息

另外,也可直接在 enable 状态下进行 VLAN 配置:

Switch# vlan database　进入 VLAN 配置状态

Switch(vlan)# vlan 10 name testvlan　加入 VLAN 号及 VLAN 名

Switch(vlan)# exit

(2)删除 VLAN

Switch > enable

Switch# configure terminal

Switch(config)# no vlan 10　删除 VLAN

Switch(config-vlan)# end

注意:当删除一个 VLAN 时,原来属于此 VLAN 的端口将处于非激活的状态,直到将其分配给某一 VLAN。

2. 单交换机上的 VLAN 配置

(1)按照如图 7.1 所示的拓扑结构搭建实验环境,PC1、PC2、PC3、PC4 主机分别通过网线连接到交换机(Cisco Catalyst 2950)的快速以太网口 Fa0/1、Fa0/2、Fa0/5 和 Fa0/6。主机 PC1 的串口与交换机的 Console 口通过配置电缆线连接,如果交换机已配置管理 IP,也可以直接通过网线以 Telnet 方式进行管理。

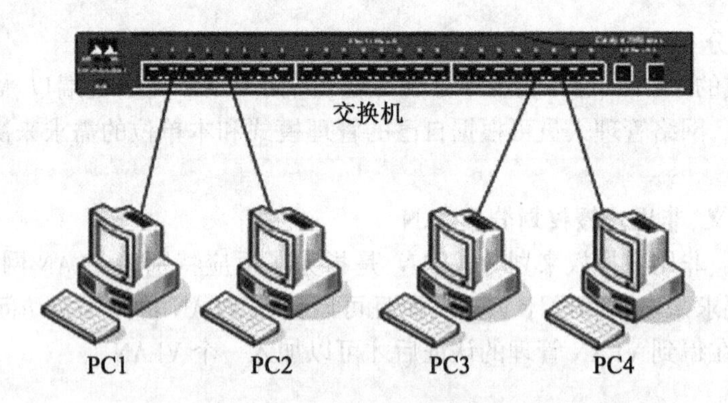

图 7.1　单交换机上的 VLAN 配置实验拓扑图

(2)在主机 PC1、PC2、PC3 和 PC4 上分别设置以下 IP 地址和子网掩码:

PC1:IP = 192.168.1.1　子网掩码 = 255.255.255.0

PC2:IP = 192.168.1.2　子网掩码 = 255.255.255.0

PC3:IP = 192.168.1.3　子网掩码 = 255.255.255.0

PC4:IP = 192.168.1.4　子网掩码 = 255.255.255.0

(3)通过 ping 命令,测试主机 PC1、PC2、PC3、PC4 的连通性,并记录测试结果:

主机 PC1、PC2 之间________(能/不能)互相通信;主机 PC1、PC3 之间________(能/不能)互相通信;主机 PC1、PC4 之间________(能/不能)互相通信;主机 PC2、PC3 之间________(能/不能)互相通信;主机 PC2、PC4 之间________(能/不能)互相通信;主机 PC3、PC4 之间________(能/不能)互相通信。

请说明理由:____。

(4)以下要求将主机 PC1、PC2 所在端口划入 VLAN2,主机 PC3、PC4 所在端口划入 VLAN3。

(5)从主机 PC1 登录交换机(超级终端或 Telnet 方式)。

(6)按照前面介绍的方法分别创建 VLAN2 和 VLAN3。

(7)首先将主机 PC1 所在的交换机的 Fa0/1 端口划入 VLAN2:

Switch > enable

Switch# configure terminal

Switch(config)# interface FastEthernet0/1

Switch(config-if)# switchport mode access　定义二层端口

Switch(config-if)# switchport access vlan 2　把端口分配给 VLAN2

Switch(config-if)# exit

(8)按照上述类似的方法,将主机 PC2 所在的 Fa0/2 端口划入 VLAN2:

Switch(config)# ________________

Switch(config-if)# ________________

Switch(config-if)# ________________

Switch(config-if)# ________________

(9)采用多端口成组配置方法,将主机 PC3 所在端口和主机 PC4 所在端口划入 VLAN 3:

Switch(config)# ________________

Switch(config-if)# ________________

Switch(config-if)# ________________

Switch(config-if)# ________________

(10)查看交换机中的 VLAN 信息:

Switch# show vlan　显示的 VLAN 信息如图 7.2 所示。

```
Switch#show vlan

VLAN Name                             Status    Ports
---- -------------------------------- --------- -------------------------------
1    default                          active    Fa0/3, Fa0/4, Fa0/7, Fa0/8
                                                Fa0/9, Fa0/10, Fa0/11, Fa0/12
                                                Fa0/13, Fa0/14, Fa0/15, Fa0/16
                                                Fa0/17, Fa0/18, Fa0/19, Fa0/20
                                                Fa0/21, Fa0/22, Fa0/23, Fa0/24
                                                Gig1/1, Gig1/2
2    salesman                         active    Fa0/1, Fa0/2
3    manager                          active    Fa0/5, Fa0/6
1002 fddi-default                     active
1003 token-ring-default               active
1004 fddinet-default                  active
1005 trnet-default                    active

VLAN Type  SAID       MTU   Parent RingNo BridgeNo Stp  BrdgMode Trans1 Trans2
---- ----- ---------- ----- ------ ------ -------- ---- -------- ------ ------
1    enet  100001     1500  -      -      -        -    -        0      0
2    enet  100002     1500  -      -      -        -    -        0      0
3    enet  100003     1500  -      -      -        -    -        0      0
1002 enet  101002     1500  -      -      -        -    -        0      0
 --More--
```

图 7.2　查看 VLAN 信息

(11)通过 ping 命令,测试主机 PC1、PC2、PC3、PC4 的连通性,并记录测试结果:

主机 PC1、PC2 之间________(能/不能)互相通信;主机 PC1、PC3 之间________(能/不

能)互相通信;主机 PC1、PC4 之间________(能/不能)互相通信;主机 PC2、PC3 之间________(能/不能)互相通信;主机 PC2、PC4 之间________(能/不能)互相通信;主机 PC3、PC4 之间________(能/不能)互相通信;

请说明理由:____。

(12)查看主机 PC1、PC2、PC3、PC4 连接交换机的端口所在的 VLAN 号:

Switch# show running-config interface Fa0/1

Switch# ______________________________

Switch# ______________________________

Switch# ______________________________

3. 多交换机间的 VLAN 配置

(1)按照如图 7.3 所示的拓扑结构搭建实验环境,PC1、PC2 主机通过网线分别连接到交换机 A(Cisco Catalyst 2950)的快速以太网口 Fa0/10、Fa0/12 上,PC3、PC4 主机通过网线分别连接到交换机 B(Cisco Catalyst 3560)的快速以太网口 Fa0/5 和 Fa0/6 上。交换机 A 的 Fa0/20 端口与交换机 B 的 Fa0/1 端口通过网线相连。主机 PC1、PC3 的串口分别与两个交换机的 Console 口通过配置口电缆线连接,如果交换机已配置管理 IP,也可以直接通过网线以 Telnet 方式进行管理。

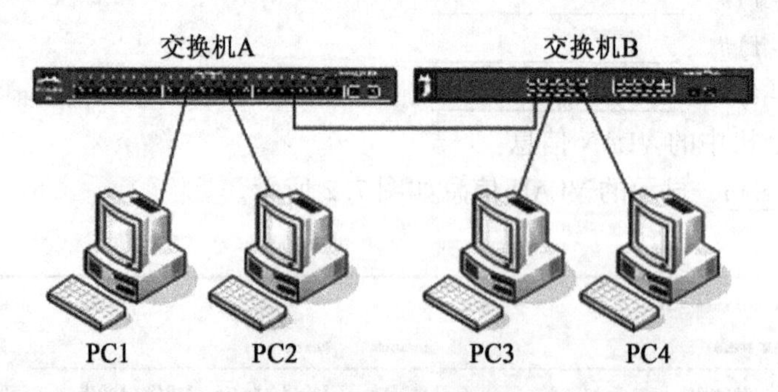

图 7.3　多交换机间的 VLAN 配置实验拓扑图

(2)在主机 PC1、PC2、PC3 和 PC4 上分别设置以下 IP 地址和子网掩码:

PC1:IP = 192.168.1.1　子网掩码 = 255.255.255.0

PC2:IP = 192.168.2.1　子网掩码 = 255.255.255.0

PC3:IP = 192.168.1.2　子网掩码 = 255.255.255.0

PC4:IP = 192.168.2.2　子网掩码 = 255.255.255.0

(3)通过 ping 命令,测试主机 PC1、PC2、PC3、PC4 的连通性,并记录测试结果:

主机 PC1、PC2 之间________(能/不能)互相通信;主机 PC1、PC3 之间________(能/不能)互相通信;主机 PC1、PC4 之间________(能/不能)互相通信;主机 PC2、PC3 之间________(能/不能)互相通信;主机 PC2、PC4 之间________(能/不能)互相通信;主机 PC3、PC4 之间________(能/不能)互相通信。

请说明理由:____

____。

(4)按照前面介绍的方法分别在两台交换机上进行以下设置:将主机 PC1、PC3 所在端口划入 VLAN2,主机 PC2、PC4 所在端口划入 VLAN 3。

(5)通过 ping 命令,测试主机 PC1、PC2、PC3、PC4 的连通性,并记录测试结果:

主机 PC1、PC2 之间________(能/不能)互相通信;主机 PC1、PC3 之间________(能/不能)互相通信;主机 PC1、PC4 之间________(能/不能)互相通信;主机 PC2、PC3 之间________(能/不能)互相通信;主机 PC2、PC4 之间________(能/不能)互相通信;主机 PC3、PC4 之间________(能/不能)互相通信。

请说明理由:____

____。

(6)在 Cisco Catalyst 2950 上配置 VLAN Trunks:

Switch > enable

Switch# configure terminal

Switch(config)# interface Fa0/20

Switch(config-if)# switchport mode trunk

Switch(config-if)# end

(7)按照上述类似的方法,在 Cisco Catalyst 3560 上配置 VLAN Trunks:

Switch >________

Switch#________________

Switch(config)#________________

Switch(config-if)#switchport trunk encapsulation dot1q 配置 trunk 封装 802.1Q

Switch(config-if)#________________

Switch(config-if)#________

(8)通过 ping 命令,测试主机 PC1、PC2、PC3、PC4 的连通性,并记录测试结果:

主机 PC1、PC2 之间________(能/不能)互相通信;主机 PC1、PC3 之间________(能/不能)互相通信;主机 PC1、PC4 之间________(能/不能)互相通信;主机 PC2、PC3 之间________(能/不能)互相通信;主机 PC2、PC4 之间________(能/不能)互相通信;主机 PC3、PC4 之间________(能/不能)互相通信。

请说明理由:____

____。

(9)互换主机 PC3 和主机 PC4 的接入端口。

(10)通过 ping 命令,测试主机 PC1、PC2、PC3、PC4 的连通性,并记录测试结果:

主机 PC1、PC2 之间________(能/不能)互相通信;主机 PC1、PC3 之间________(能/不能)________互相通信;主机 PC1、PC4 之间________(能/不能)互相通信;主机 PC2、PC3 之间________(能/不能)互相通信;主机 PC2、PC4 之间________(能/不能)互相通信;主机 PC3、PC4 之间________(能/不能)互相通信。

请说明理由:____

____。

4. 基于三层交换机的 VLAN 间通信

(1)按照如图 7.4 所示的拓扑结构构建实验环境，PC1、PC2、PC3、PC4 主机分别通过网线连接到交换机(Cisco Catalyst 3560)的快速以太网口 Fa0/1、Fa0/6、Fa0/18 和 Fa0/20。主机 PC1 的串口与三层交换机的 Console 口通过配置电缆线连接，如果交换机已配置管理 IP，也可以直接通过网线以 Telnet 方式进行管理。

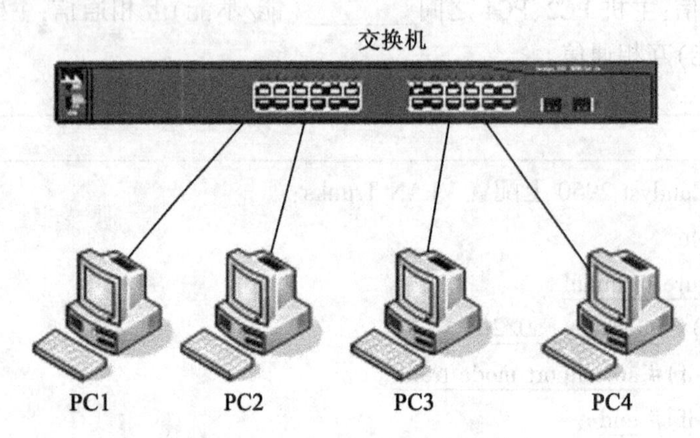

图 7.4　VLAN 间通信实验拓扑图

(2)在 3560 交换机上新建两个 VLAN：

Switch > enable

Switch# vlan database

Switch(vlan)# vlan 2 name student

Switch(vlan)# vlan 3 name teacher

Switch(vlan)# exit

(3)将 Fa0/1 ~ Fa0/6 端口划入 VLAN 2，Fa0/16 ~ Fa0/20 端口划入 VLAN 3，如图 7.5 所示。

```
Switch(config)#exit
Switch#conf t
Enter configuration commands, one per line.  End with CNTL/Z.
Switch(config)#int range fa0/1 - 6
Switch(config-if-range)#switch mode access
Switch(config-if-range)#switch access vlan 2
Switch(config-if-range)#int range fa0/16 - 20
Switch(config-if-range)#switch mode access
Switch(config-if-range)#switch access vlan 3
Switch(config-if-range)#exit
Switch(config)#
Switch(config)#
```

图 7.5　将端口划入 VLAN

(4)在主机 PC1、PC2、PC3 和 PC4 上分别设置以下 IP 地址和子网掩码：

PC1：IP = 192.168.1.11　　子网掩码 = 255.255.255.0

PC2：IP = 192.168.1.22　　子网掩码 = 255.255.255.0

PC3：IP = 10.10.10.33　子网掩码 = 255.255.255.0

PC4：IP = 10.10.10.44　子网掩码 = 255.255.255.0

（5）通过 ping 命令，测试主机 PC1、PC2、PC3、PC4 的连通性，并记录测试结果：

主机 PC1、PC2 之间________（能/不能）互相通信；主机 PC1、PC3 之间________（能/不能）互相通信；主机 PC2、PC3 之间________（能/不能）互相通信；主机 PC3、PC4 之间________（能/不能）互相通信。

请说明理由：____

____。

（6）为 VLAN 设置 IP 地址。

在三层交换机中，可以给每个 VLAN 设置 IP 地址，这是二层交换机所不具备的功能，二层交换机一般只能有一个管理 IP 生效，如图 7.6 所示。

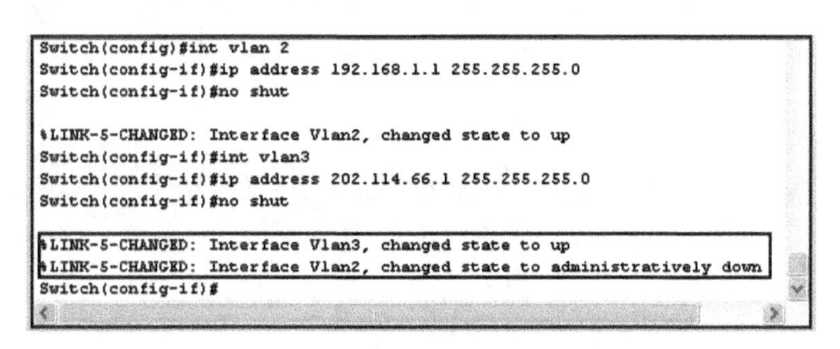

图 7.6　二层交换机中配置 IP 地址

下面的命令在三层交换机中分别为 VLAN 2 和 VLAN 3 设置 IP 地址：

Switch# configure terminal

Switch# interface vlan 2

Switch(config-if)# ip address 192.168.1.1 255.255.255.0

Switch(config-if)# no shutdown

Switch(config-if)# exit

Switch(config)# interface vlan 3

Switch(config-if)# ip address 10.10.10.1 255.255.255.0

Switch(config-if)# no shutdown

Switch(config-if)# end

（7）激活三层交换机的路由功能：

Switch# configure terminal

Switch(config)# ip routing

（8）保存配置：

Switch# copy running-config startup-config

也可使用命令 Switch# write memory

（9）通过 ping 命令，测试主机 PC1、PC2、PC3、PC4 的连通性，并记录测试结果：

主机 PC1、PC2 之间________（能/不能）互相通信；主机 PC1、PC3 之间________（能/不能）互相通信；主机 PC2、PC3 之间________（能/不能）互相通信；主机 PC3、PC4 之间________

(能/不能)互相通信。

请说明理由:____。

六、实验拓展

可能的话,请尝试配置基于 IP 子网的 VLAN,画出实验拓扑图,记录实验步骤与结果,并与基于端口的 VLAN 进行比较。

实验 8 路由器的管理与基本配置

一、实验目的

认识路由器外观指示灯、接口类型，了解路由器的基本配置方法和相关的配置命令，掌握路由器中提供的网络连通性测试命令；掌握用路由器连接两个子网的配置方法，了解路由器的静态路由的配置方法和相关配置命令，掌握路由器中 RIP 协议配置方法，理解路由器互联网络的原理。

二、实验条件

(1)路由器两台(本实验指导以 Cisco 2811 路由器为例)；
(2)以太网三层交换机一台(本实验指导以 Cisco Catalyst 3560 交换机为例)；
(3)PC 机三台；
(4)平行双绞线跳线三条，交叉双绞线跳线两条，Console 口配置电缆线一根。

三、实验内容

(1)认识路由器和路由器的基本配置。
① 了解路由器的指示灯、接口类型及功能，并按照指定的实验拓扑图，正确连接网络设备；
② 配置路由器接口的 IP 地址和子网掩码，并用两台计算机测试配置结果；
③ 路由器常用配置命令练习。
(2)网络互联与路由配置。
① 按照指定的实验拓扑图，正确连接网络设备，并配置接口的 IP 地址和子网掩码；
② 配置静态路由和缺省路由，并用计算机测试配置结果；
③ 配置 RIP 动态路由，并用计算机测试配置结果。

四、预备知识

1. 路由概述

路由器工作在 OSI 模型中的第三层，即网络层。路由器可方便地连接不同类型的物理网络，只要网络层运行的是 IP 协议，通过路由器就可互连起来。

路由器有多个端口,用于连接不同的物理网络和 IP 子网。每个端口的 IP 地址的网络号要与所连接的 IP 子网的网络号相同。不同的端口为不同的网络号,对应不同的 IP 子网。

(1)寻径和转发

路由功能包括两项基本内容:寻径和转发。

寻径即判定到达目的地的最佳路径,由路由选择算法来实现。为了判定最佳路径,路由选择算法必须启动并维护包含路由信息的路由表,其中路由信息因所用的路由选择算法不同而不同。路由选择算法将收集到的不同信息填入路由表中,根据路由表可将目的网络与下一站(Next Hop)的关系告诉路由器。路由器间互通信息进行路由更新,以使路由表正确反映网络的拓扑变化,并由路由器根据量度来决定最佳路径。这就是路由选择协议(Routing Protocol)。常用的路由选择协议如路由信息协议(RIP)、开放最短路径优先协议(OSPF)和边界网关协议(BGP)等。

转发即沿寻找好的最佳路径传送信息分组。路由器首先在路由表中查找,判明是否知道如何将分组发送到下一个站点(路由器或主机),如果路由器不知道如何发送分组,通常将该分组丢弃;否则就根据路由表的相应表项将分组发送到下一个站点;如果目的网络直接与路由器相连,路由器就把分组直接送到相应的端口上。

(2)静态路由和动态路由

典型的路由选择方式有两种:静态路由和动态路由。

静态路由是在路由器中设置的固定的路由表。除非网络管理员干预,否则静态路由不会发生变化。由于静态路由不能对网络的改变做出反映,一般用于网络规模不大、拓扑结构固定的网络中。静态路由的优点是简单、高效、可靠。在所有的路由中,静态路由优先级最高。当动态路由与静态路由发生冲突时,以静态路由为准。

动态路由是网络中的路由器之间相互通信,传递路由信息,利用收到的路由信息更新路由表的过程。它能实时地适应网络结构的变化。如果路由更新信息表明发生了网络变化,路由选择软件就会重新计算路由,并发出新的路由更新信息。这些信息通过各个网络,引起各路由器重新启动其路由算法,并更新各自的路由表以动态地反映网络拓扑变化。动态路由适用于网络规模大、网络拓扑复杂的网络。当然,各种动态路由协议会不同程度地占用网络带宽和路由器的 CPU 资源。

静态路由和动态路由有各自的特点和适用范围,因此在网络中动态路由通常作为静态路由的补充。当一个分组在路由器中进行寻径时,路由器首先查找静态路由,如果查到则根据相应的静态路由转发分组;否则再查找动态路由。

根据是否在一个自治域内部使用,动态路由协议分为内部网关协议(IGP)和外部网关协议(EGP)。自治域指一个具有统一管理机构、统一路由策略的网络。自治域内部采用的路由选择协议称为内部网关协议,常用的有 RIP、OSPF;外部网关协议主要用于多个自治域之间的路由选择,常用的是 BGP 和 BGP-4。

2. 路由器的配置方式

一般来说,可以用以下五种方式来配置路由器(配置终端与路由器的连接方式如图 8.1 所示):

- Console 口接终端或运行终端仿真软件的微机;
- AUX 口接 MODEM,通过电话线与远方的终端或运行终端仿真软件的微机相连;

- 通过 Ethernet 上的 TFTP 服务器;
- 通过 Ethernet 上的 TELNET 程序;
- 通过 Ethernet 上的 SNMP 网管工作站。

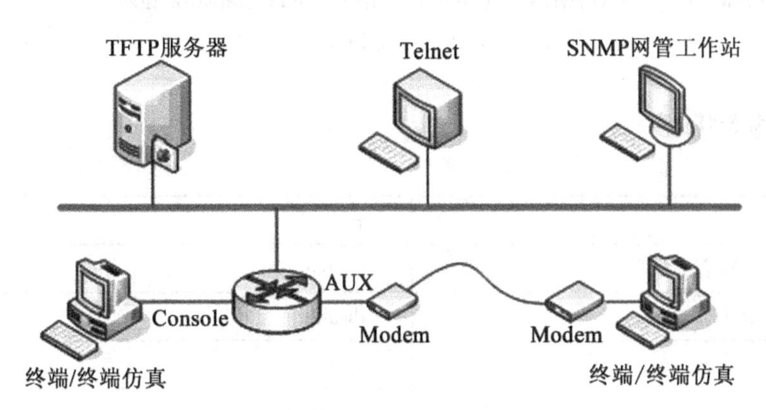

图 8.1 管理路由器的方式

需要指出的是,有些路由器(例如思科公司路由器)的初始配置必须通过第一种方式(Console)进行,且终端的硬件设置如下:波特率为9 600,数据位为 8,停止位为 1,奇偶校验为无。

3. Cisco IOS 的命令状态

Cisco IOS 是 Cisco 路由器上运行的操作系统,存在不同的命令状态,各命令状态下可以执行的命令不同。

(1) router >

路由器处于用户命令状态,这时用户可以查看路由器的连接状态和路由表等重要信息,并能访问其他网络和主机,但是不能更改路由器的设置。

(2) router#

在 router > 提示符下键入 enable,路由器进入特权命令状态 router#,这时不但可以执行所有的普通用户命令,还可以对路由器进行配置。

(3) router(config)#

在 router#提示符下键入 configure terminal,出现提示符 router(config)#,此时路由器处于全局设置状态,这时可以配置路由器的全局参数。

(4) router(config-if)#或 router(config-line)#或 router(config-subif)#

路由器处于局部设置状态,这时可以配置路由器某个局部的参数。

(5) >

路由器处于 RXBOOT 状态,在开机后 60 秒内按 Ctrl + Break 可进入此状态,这时路由器不能完成正常的功能,只能进行软件升级和手工引导。

4. 常用 Cisco IOS 命令

(1) 帮助

在 Cisco IOS 操作系统中,无论任何状态和位置,都可以键入"?"得到系统的帮助。例如:

Cisco2811#configure?

```
memory              Configure from NV memory
network             Configure from a TFTP network host
overwrite-network   Overwrite NV memory from TFTP network host
terminal            Configure from the terminal
<cr>
```

(2)改变命令状态

任务	命令
进入特权命令状态	enable
退出特权命令状态	disable
进入设置对话状态	setup
进入全局设置状态	config terminal
退出全局设置状态	end
进入接口设置状态	interface type slot/number
进入子接口设置状态	interface type number. subinterface
进入线路设置状态	line type slot/number
进入路由设置状态	router protocol
退出局部设置状态	exit

(3)显示命令

任务	命令
查看版本及引导信息	show version
查看运行设置	show running-config
查看启动设置	show startup-config
显示接口信息	show interface type slot/number
显示路由信息	show ip route
查看缓冲区统计信息	show buffers
查看 ARP 缓存表	show arp
查看 CDP 邻居信息	show cdp neighbors
查看虚拟终端连接信息	show users
查看命令历史记录	show history

(4)拷贝命令

Cisco2811#copy *source destination*

我们用一个示意图描述复制命令的用法,该命令主要用于 IOS 及配置文件的备份和升级,

如图 8.2 所示。

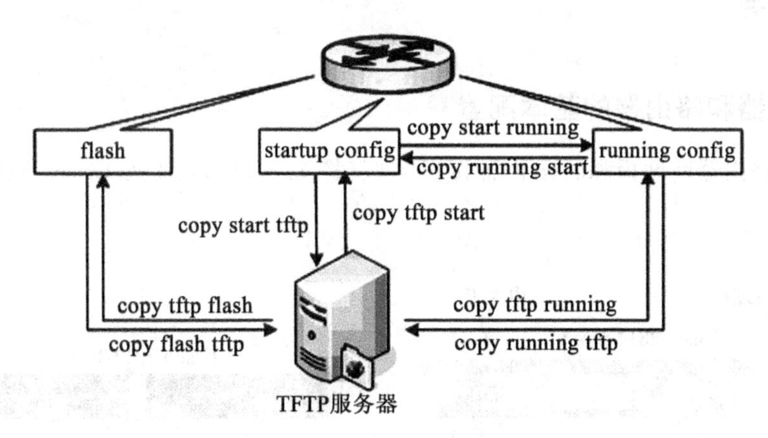

图 8.2　复制命令用法示意图

(5)网络命令

任务	命令
登录远程主机	telnet hostname|IP address
目标主机 ICMP 探测	ping hostname|IP address
路由跟踪	traceroute hostname|IP address

(6)基本设置命令

任务	命令
进入全局配置模式	configure terminal
设置访问用户及密码	username username password password
设置特权密码	enable secret password
设置路由器名	hostname name
设置静态路由	ip route destination subnet-mask next-hop
启动 IP 路由	ip routing
启动 IPX 路由	ipx routing
进入接口设置模式	interface type slot/number
设置 IP 地址	ip address address subnet-mask
设置 IPX 网络	ipx network network
激活端口	no shutdown
物理或虚拟线路设置	line type number
启动登录进程	login [local|tacacs server]
设置登录密码	password password
重启路由器	reload

五、实验指导

1. 认识路由器和路由器的基本配置

(1)认识路由器前面板和后面板各接口类型(图 8.3 和图 8.4 为 Cisco 2811 路由器外观图)。

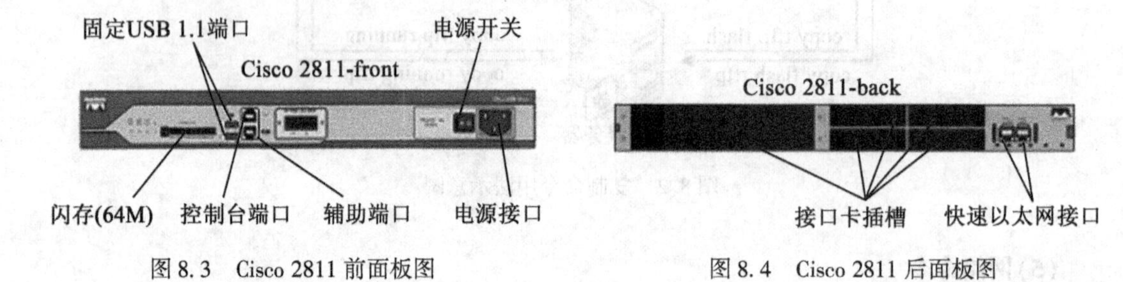

图 8.3　Cisco 2811 前面板图　　　　图 8.4　Cisco 2811 后面板图

(2)按照如图 8.5 所示的实验拓扑图连接路由器和 PC 机,其中 PC1 的串口与路由器 A 的 Console 口通过配置口电缆线连接。注意连接时的接口类型、线缆类型,尽量避免带电插拔电缆。

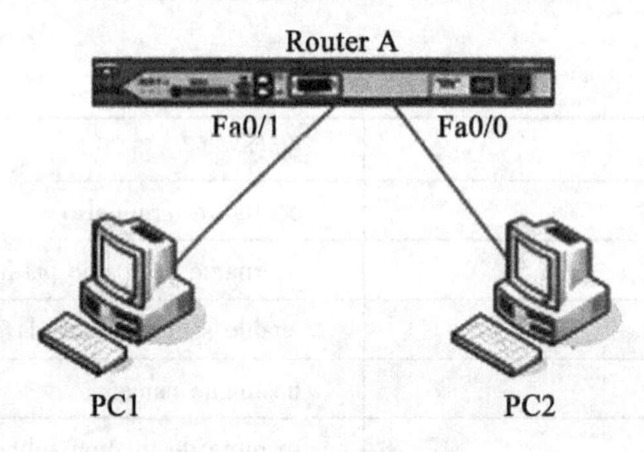

图 8.5　实验拓扑图(一)

网络设备的接口 IP 地址规划如下:

Router A:Fa0/0 = 202.114.65.1/24　Fa0/1 = 192.168.1.1/24

PC1:IP = 192.168.1.2/24　　网关 = 192.168.1.1

PC2:IP = 202.114.65.33/24　　网关 = 202.114.65.1

(3)分别设置两台主机的 IP 地址、子网掩码和网关。

(4)在主机 PC1 或主机 PC2 上发出 ping 命令,测试两台主机间的连通性,并记录测试结果:

主机 PC1、PC2 之间________(能/不能)互相通信;

请说明理由:____。

(5)通过主机 PC1 的超级终端与路由器 A 的 Console 口连接。

(6)启动路由器,在 PC1 的超级终端界面上观察路由器的启动过程。如果路由器启动配置文件不存在或丢失,则会进入 Setup 程序,如图 8.6 所示。

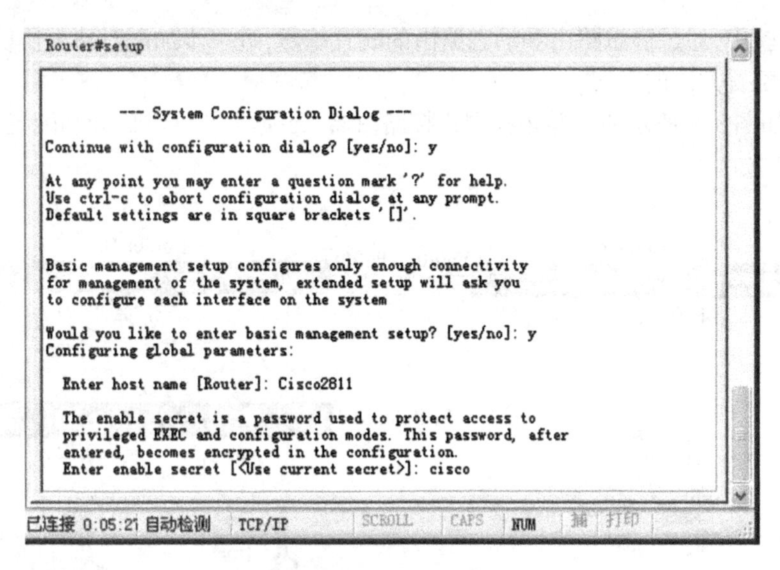

图 8.6　Setup 程序

(7)配置路由器 A 的 Fa0/0 和 Fa0/1 快速以太网接口的 IP 地址和子网掩码:

Router#configure terminal

Router(config)#int fa0/0

Router(config-if)# ip address 202.114.65.1 255.255.255.0

Router(config-if)# no shutdown

Router(config-if)# int fa0/1

Router(config-if)# ip address 192.168.1.1 255.255.255.0

Router(config-if)# no shutdown

(8) 查看路由器 A 的路由表:

Router# show ip route

显示结果如图 8.7 所示。

```
Router#show ip route
Codes: C - connected, S - static, I - IGRP, R - RIP, M - mobile, B - BGP
       D - EIGRP, EX - EIGRP external, O - OSPF, IA - OSPF inter area
       N1 - OSPF NSSA external type 1, N2 - OSPF NSSA external type 2
       E1 - OSPF external type 1, E2 - OSPF external type 2, E - EGP
       i - IS-IS, L1 - IS-IS level-1, L2 - IS-IS level-2, ia - IS-IS inter
       * - candidate default, U - per-user static route, o - ODR
       P - periodic downloaded static route

Gateway of last resort is not set

C    192.168.1.0/24 is directly connected, FastEthernet0/1
C    202.114.65.0/24 is directly connected, FastEthernet0/0
Router#
```

图 8.7　路由器 A 的路由表

(9)测试主机间的网络连通性,主机 PC1、PC2 之间________(能/不能)互相通信。

2. 网络互联与路由配置

下面的实验中,通过静态路由和动态路由的配置练习,进一步加深对路由协议及网络互连的基本原理和配置方法的理解。

(1)按照如图 8.8 所示的实验拓扑图连接路由器、交换机和 PC 机,分别配置路由器和 PC 机的接口 IP 参数。

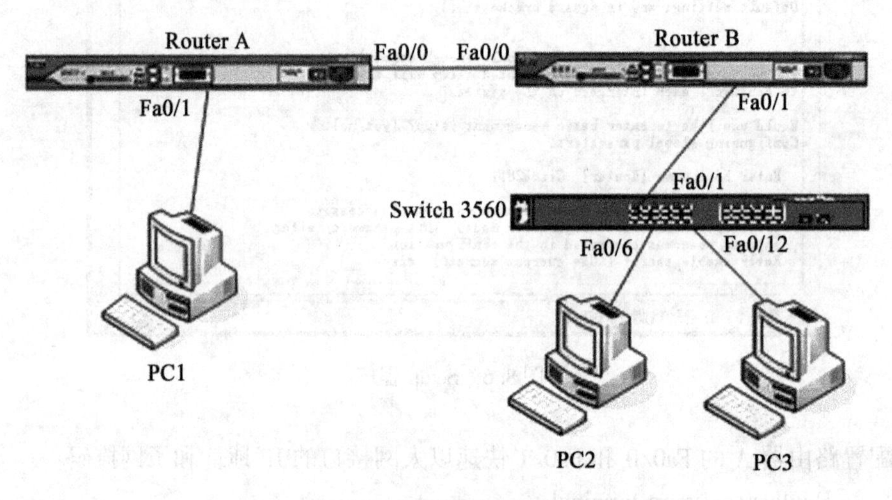

图 8.8　实验拓扑图(二)

网络设备的接口 IP 地址规划如下:

Router A:Fa0/0 = 202.114.65.1/24　　Fa0/1 = 192.168.1.1/24

Router B:Fa0/0 = 202.114.65.2/24　　Fa0/1 = 202.114.66.1/24

Switch 3560:将 Fa0/1、Fa0/6、Fa0/12 配置成三层端口,参数如下:

Fa0/1 = 202.114.66.2/24　Fa0/6 = 192.168.6.1/24　Fa0/12 = 192.168.12.1/24

PC1:IP = 192.168.1.2/24　　网关 = 192.168.1.1

PC2:IP = 192.168.6.2/24　　网关 = 192.168.6.1

PC3:IP = 192.168.12.2/24　　网关 = 192.168.12.1

(2)将交换机 3560 的 Fa0/1、Fa0/6、Fa0/12 配置成三层端口,并设置 IP 参数。

(3)查看交换机 3560 的运行配置和路由表。

(4)测试主机 PC1、PC2 和 PC3 之间是否连通。

(5)在路由器 A 中新建三条静态路由,命令如下:

```
Router_A# configure terminal
Router_A(config)# ip route 202.114.66.0 255.255.255.0 202.114.65.2
Router_A(config)# ip route 192.168.6.1 255.255.255.0 202.114.65.2
Router_A(config)# ip route 192.168.12.1 255.255.255.0 202.114.65.2
```

或者创建一条缺省路由:

```
Router_A(config)# ip route 0.0.0.0 0.0.0.0 202.114.65.2
```

(6)在路由器 B 中新建三条静态路由:

```
Router_B# configure terminal
Router_B(config)#______________________________
Router_B(config)#______________________________
Router_B(config)#______________________________
```

上述三条路径能不能换成一条路径实现？请思考。

在主机 PC1 中 ping 主机 PC2 是否连通？________。

请说明理由：____。

(7)在交换机 3560 中新建两条静态路由：

```
Switch_3560# configure terminal
Switch_3560 (config)#______________________________
Switch_3560 (config)#______________________________
```

(8)在路由器 A 中查看路由表。

(9)用 ping 命令测试三台主机间的连通性，结果应为 PC1、PC2 和 PC3 互相可以 ping 通。

(10)在 PC3 中用命令 tracert 跟踪路由：

```
C:\>tracert 192.168.1.2
```

(11)删除路由器 A 中的静态路由，命令如下：

```
Router_A# configure terminal
Router_A(config)# no ip route 202.114.66.0 255.255.255.0 202.114.65.2
Router_A(config)# no ip route 192.168.6.1 255.255.255.0 202.114.65.2
Router_A(config)# no ip route 192.168.12.1 255.255.255.0 202.114.65.2
```

(12)用同样方法删除路由器 B 和三层交换机中的静态路由。

(13)在路由器 A 中启用 RIP 路由协议，命令如下：

```
Router_A(config)# router rip
Router_A(config)# network 202.114.65.0
Router_A(config)# network 192.168.1.0
Router_A(config)# exit
```

(14)用同样方法在路由器 B 中启用 RIP 路由协议：

```
Router_A(config)# router rip
Router_A(config)#______________________________
Router_A(config)#______________________________
Router_A(config)# exit
```

(15)同样在三层交换机 3560 中启用 RIP 路由协议。

(16)等待一段时间后，在三层交换机中查看路由表。

(17)再测试三台主机间的网络连通性，此时主机之间应均可以 ping 通。

(18)在三层交换机 3560 中关闭 RIP 路由协议，命令如下：

```
Switch_3560# configure terminal
Switch_3560(config)# no router rip
```

(19)等待一段时间后，在路由器 A 中查看路由表。

3. 在模拟器中仿真实验

如果没有路由器和三层交换机等网络设备，也可以从网上下载模拟器进行练习。我们推荐使用 Bonson 的 Netsim(参见附录)或者思科公司的 Packet Tracer 软件。

图 8.9 是在 Packet Tracer 4.01 中构建的网络拓扑结构图，图 8.10 则显示的是 Packet Tracer 4.01 中的配置对话框。

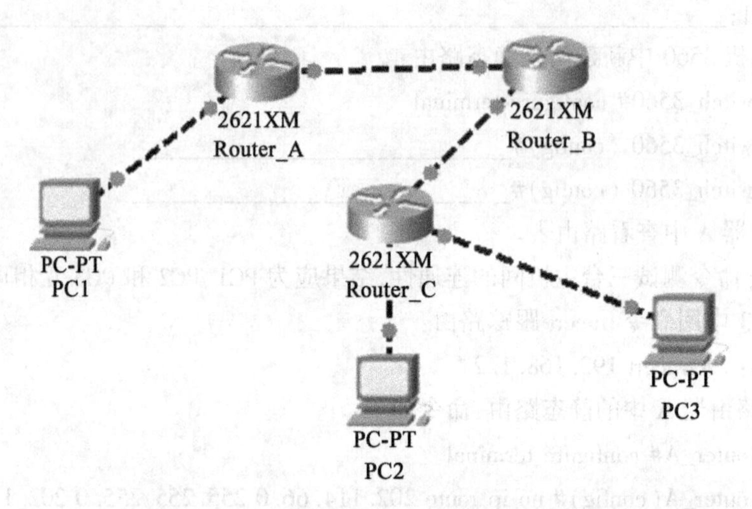

图 8.9 在 Packet Tracer 中构建的网络拓扑结构图

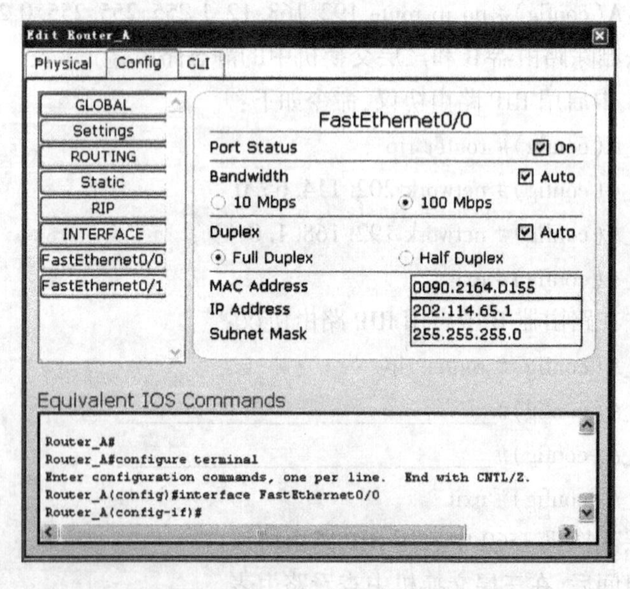

图 8.10 Packet Tracer 中的配置对话框

六、实验拓展

(1)在实验拓扑图(二)中，如果不配置主机的网关，这三台主机是否可以互相通信？为什么？

(2)RIPv1 路由协议有哪些缺陷？

实验 9　IEEE 802.11 无线局域网组网

一、实验目的

通过实验,进一步理解 IEEE 802.11 无线局域网的相关概念,掌握 WLAN 的两种组网模式:基础设施模式(Infrastructure Mode)和特定网络模式(Ad-Hoc Mode),了解无线接入点(AP)的安装与配置方法,掌握在 Windows XP 系统上配置无线工作站的方法,了解用无线网络适配器厂家提供的工具配置无线网络的方法。

二、实验条件

(1)一台无线接入点(AP)及配置用线缆(Console 线);

(2)两台计算机,安装无线网卡;

(3)有线以太网(包括连接 AP 的双绞线跳线),能访问 Internet。

三、实验内容

(1)基础(Infrastructure)模式组网:通过一台 AP 将若干台无线工作站联通,并接入有线以太网。具体包括:

① 无线接入点(AP)的安装与配置;

② 通过 AP 组建 WLAN 时无线工作站的配置。

(2)Ad-Hoc 模式组网:在没有 AP 的情况下,将两台无线工作站点对点联通。

(3)利用无线网卡光盘自带的管理和配置工具配置无线网络(选做)。

四、预备知识

目前,无线局域网(Wireless LAN,WLAN)主要有红外线局域网和扩频无线局域网两种。

由于红外线传输的特点——视距传输,对非透明物体的透过性极差,传输距离受限,红外线主要用于两台无线设备之间的短距离数据传输。

随着 IEEE 802.11 无线局域网标准的制定与发展,扩频无线局域网技术在各个行业得到越来越广泛的应用。因此,本实验以 IEEE 802.11 无线局域网为例。

1. 组建无线局域网的主要设备

组建无线局域网用到的设备主要包括无线网络接口卡(即无线网卡)和无线接入点(Access Point,AP,也称无线访问点)。

(1)无线网络适配器(无线网卡)

无线网络适配器安装在要接入 WLAN 的计算机或其他设备上,和有线以太网卡的作用相似,只是使用的传输介质不同而已。目前,无线网卡有以下三种类型,用户可以根据需要选择。

- PCI 插槽无线网卡:用于台式计算机。
- PCMCIA 插槽无线网卡:用于笔记本电脑。
- USB 接口无线网卡:可以用于各种有 USB 接口的计算机设备。

(2)无线接入点(AP)

AP 的作用相当于一台以太网集线器,可以将多个无线工作站连接起来,并连接到有线网络上。

AP 可以简便地安装在天花板或墙壁上。在开放空间中,AP 的最大覆盖范围可达 300 米,但在室内的覆盖范围通常较小,并受室内环境影响。因此,应根据实验室的特点和无线工作站的位置,尽量把 AP 固定在一个比较合适的位置,使所有的无线工作站都能得到较好的信号。

2. 无线局域网的组网模式

无线局域网有两种组网模式:Infrastructure(基础设施,或基础结构)模式和 Ad-Hoc(特定网络)模式。

(1)Infrastructure 模式

Infrastructure 模式的主要应用方式是一个 AP 与以太网交换机连接(如果不需要接入有线网,则可以不连交换机),为多台装有无线网卡的工作站提供网络连接服务。一个 AP 与若干台无线工作站组成的无线网络称为基本服务集(Basic Service Set,BSS)。

多个 AP 通过有线网络互联,可以实现无线工作站在较大范围内漫游,形成一个扩展服务集(Extended Service Set,ESS)。也就是说,在整个企业内可以部署多个接入点,以便无线用户在扩展服务集区域中自由移动时能保持对所有网络资源的不间断访问。

(2)Ad-Hoc 模式

Ad-Hoc 模式不需要 AP 的参与,主要应用方式是实现两台装有无线网卡的计算机之间的直接互联,就像使用交叉双绞线互联两台计算机一样,所以也称为"计算机到计算机"模式,或"对等方式"。当无线工作站不需要联入有线网络时,就可以采用这种方式。

3. 无线局域网的安全措施

由于无线局域网采用公共的电磁波作为载体,任何人都有条件窃听或干扰信息,因此必须采取相应的安全措施。在现有安全措施中,主要从两个方面进行考虑:一是对接入的用户进行验证,二是对传输的数据进行加密。相应地,在配置无线网络时,需要考虑两方面的问题:一是采用什么样的验证方式,二是使用什么加密算法和使用多少位的密钥长度。

目前常用的无线网络安全技术如下所述。需要指出的是,在一个无线网络中,可能会联合采用几种安全技术。

(1)服务集标识(Service Set IDentifier,SSID)

SSID 用来标识不同的服务集(基本服务集或扩展服务集),无线工作站要与某个 AP 建立连接时,必须出示正确的 SSID。这样,如果区域内有多个无线 AP,通过在每个 AP 上设置不同的 SSID,就可以控制不同的用户组接入,并对访问资源的权限进行区别限制。因此,可以认为

SSID是一个简单的口令,从而提供一定的安全,但如果配置AP向外广播其SSID,那么就仅仅能够起到标识的作用。

(2)有线对等保密(Wired Equivalent Privacy,WEP)

WEP(有线对等保密)是在链路层采用RC4的对称加密技术,用户的加密密钥必须与AP的密钥相同时才能获准存取网络的资源,从而防止非授权用户的监听以及非法用户的访问。WEP提供了40位(有时也用64位)和128位长度的密钥机制,但是它仍然存在许多缺陷。例如一个服务区内的所有用户都共享同一个密钥,一个用户丢失密钥将使整个网络不安全;密钥是静态的,要手工维护,扩展能力差;此外,40位的密钥很容易被破解,为了提高安全性,建议采用128位加密密钥。

(3)MAC地址验证

由于每个无线工作站的网卡都有惟一的物理地址,因此可以在AP中手工维护一组允许访问的MAC地址列表,实现基于MAC地址的验证。这个方案要求AP中的MAC地址列表必须随时更新,比如当增加用户或原用户更换无线网络适配器时,管理麻烦;另外,MAC地址在理论上可以伪造,因此MAC地址验证的安全性较低,且只适合于小型网络。

(4)Wi-Fi保护接入(Wi-Fi Protected Access,WPA)

WPA(Wi-Fi保护接入)是继承了WEP基本原理而又解决了WEP缺点的一种新技术。由于加强了生成加密密钥的算法,因此即便窃听者收集到分组信息并对其进行解析,也几乎无法计算出通用密钥。其原理为根据通用密钥,配合表示电脑MAC地址和分组信息顺序号的编号,分别为每个分组信息生成不同的密钥,然后与WEP一样将此密钥用于RC4加密处理。通过这种处理,所有客户端的所有分组信息所交换的数据将由各不相同的密钥加密而成。无论收集到多少这样的数据,要想破解出原始的通用密钥几乎是不可能的。WPA还追加了防止数据中途被篡改的功能和认证功能。由于具备这些功能,WEP存在的缺点在WPA中得以全部解决。

此外,WPA不仅是一种比WEP更为强大的加密方法,而且有更为丰富的内涵。作为802.11i标准的子集,WPA包含了认证、加密和数据完整性校验三个组成部分,是一个完整的安全性方案。

(5)端口访问控制技术(IEEE 802.1x)

该技术是用于无线局域网的一种增强性网络安全解决方案。当无线工作站与无线访问点AP关联后,是否可以使用AP的服务要取决于IEEE 802.1x的认证结果。如果认证通过,则AP为无线工作站打开这个逻辑端口,否则不允许用户上网。IEEE 802.1x验证要求无线工作站安装802.1x客户端软件,无线访问点要内嵌802.1x认证代理,并同时作为Radius客户端将用户的认证信息转发给Radius服务器。802.1x除提供端口访问控制能力之外,还提供基于用户的认证系统及计费,特别适合于公共无线接入解决方案。

4. 无线网络适配器的安装与配置

不管是哪种无线网络适配器,与计算机连接好后,配置之前都需要安装适配器的设备驱动程序。

在Windows XP上,可以使用内置的“无线网络配置”功能快速配置无线网络参数,而不需要另外安装任何无线网络管理和配置软件。但在Windows9x/Me/2000系统上,由于系统没有内置无线网络配置组件,因此必须使用随适配器提供的管理和配置程序来设置网络参数。

需要指出的是,虽然 Windows XP 系统内置的"无线网络配置"功能使用简单,但功能比较弱,不能满足一些高级用户的需要,这时也可以在 Windows XP 系统中利用专业工具进行无线网络配置。但一定要注意,必须先禁用 Windows XP 系统的"无线网络配置"功能。禁用操作非常简单,在"无线网络配置"标签页中,取消"用 Windows 配置我的无线网络设置"选项前面的勾,然后点击"确定"按钮即可。

5. 本实验使用的无线 AP 和无线网络适配器

本实验以 Cisco Aironet 1130AG 接入点和 Linksys Wireless-G USB 无线网络适配器为例。

(1) Cisco Aironet 1130AG 系列接入点

Cisco Aironet 1130AG 系列接入点配有集成天线,提供了可预测的全向覆盖范围模式;利用两个高性能频段,同时支持 802.11a 和 802.11g 标准;在硬件中采用了 AES 加密,符合 802.11i 安全标准,获得了 WPA2 认证,在确保网络具有最有力的安全保护的同时,保持了与其他制造商的产品的互操作性。Cisco Aironet 1130AG 系列提供了高容量、高安全要求的解决方案,适用于办公环境。

Cisco Aironet 1130AG 系列接入点基于 Cisco IOS 软件,因此,配置方式和命令状态与 Cisco 交换机和路由器类似。例如,借助终端仿真程序,能够方便地基于 CLI 对接入点进行配置,也可以基于 HTTP 的图形用户界面(GUI)进行管理;利用标准的管理信息库(MIB)及简单网络管理协议(SNMP),Cisco Aironet 1130AG 可以与 CiscoWorks 解决方案集成在一起,通过 CiscoView、Resource Management Essentials(RME)和 Campus Manager 提供丰富的企业管理功能。

(2) Linksys Wireless-G USB 无线网络适配器

Linksys Wireless-G USB 无线网络适配器的主要性能特点如下:

- 与 IEEE 802.11g 和 802.11b(2.4GHz)标准兼容;
- 支持 USB 2.0,传输速率可达 54 Mbps;
- 支持即插即用操作;
- 能达到 128 位 WEP 密钥;
- 与 Windows 2000 和 XP 兼容。

USB 无线网络适配器通过它的 USB 端口与计算器连接起来,所需要的电力由 USB 连接器提供,因此不需要专门的电源适配器。

五、实验指导

1. 无线 AP 的安装与配置

(1) 认识 Cisco Aironet 1130AG 无线 AP

Cisco Aironet 1130AG 无线 AP 的外观如图 9.1(a)所示。推开上盖后,可以看到各种接口和指示灯,如图 9.1(b)所示,含义见表 9.1。

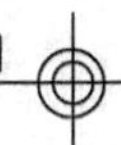

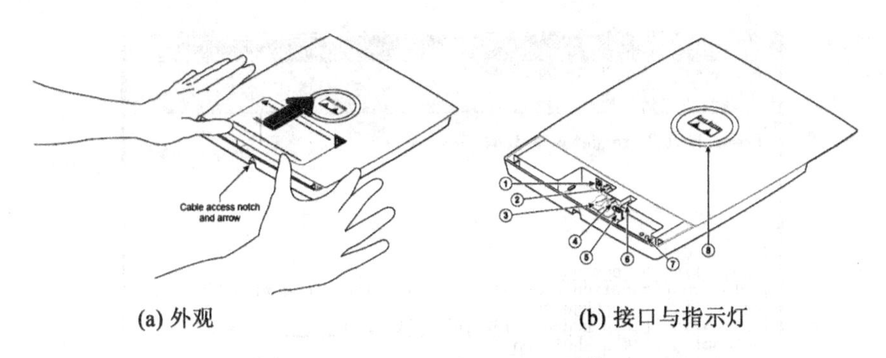

(a) 外观　　(b) 接口与指示灯

图 9.1 Cisco Aironet 1130AG 无线 AP

表 9.1 **Cisco Aironet 1130AG 的接口和指示灯**

1	电源接口(Power connector)	5	挂锁(Padlock post)
2	以太网(Ethernet)端口	6	模式(Mode)按钮。可用来初始化 AP 的配置
3	锁眼(Keyhole slot)	7	以太网(E)和无线(R)工作指示灯
4	控制台(Console)端口	8	AP 的状态灯。AP 接通电源并合上上盖后亮为绿色

(2)连接电源

Cisco 1130AG 有两种获得电力的方式:一是通过随设备提供的交流电源适配器获得(插入图 9.1(b)中的电源接口①),二是通过以太网线供电器获得。后者用于 AP 的安装位置附近没有交流电源插座的情况下。

(3)初始配置——为 AP 配置 IP 地址

Cisco 1130AG 出厂时没有配置 IP 地址,因此,一台新的 AP 需要首先通过控制台(Console)方式为其配置 IP 地址,然后才能通过其他方式(Telnet、Web 或 SNMP)管理 AP。用控制台方式为 AP 配置 IP 地址的方法与 Cisco 交换机和路由器的配置方法类似(参见实验 5 ~8)。

① 用一条配置电缆将 AP 的 Console 端口与一台计算机的串口连接起来。

② 在计算机上运行"超级终端"程序,并与所连接的串口(COM1 或 COM2)建立连接,且"端口设置"取"还原为默认值"(波特率为9 600,数据位为 8,奇偶校验为无,停止位为 1,数据流控制为无)。

③连接好后,如图 9.2 所示配置 AP 的 IP 地址和子网掩码(用"enable"命令进入特权模式的默认 Password 是"Cisco")。

本例中,AP 的 IP 地址设为 192.168.1.200,子网掩码设为 255.255.255.0。在实际中,AP 的 IP 地址要与所连接的以太网交换机在同一个 IP 子网内。

需要说明的是,命令中 BVI 是桥接虚拟接口(Bridge Virtual Interface,BVI)的意思,是由 AP 自动生成的,AP 的 IP 地址必须配置给该虚拟接口,其目的是使得有线以太网接口和无线接口都能使用同一个 IP 地址。

在为 AP 配置好 IP 地址并生效后,就可以通过其他方式(Web 或 Telnet)配置 AP 的无线网络参数了。下面给出用 Web 方式配置的方法。

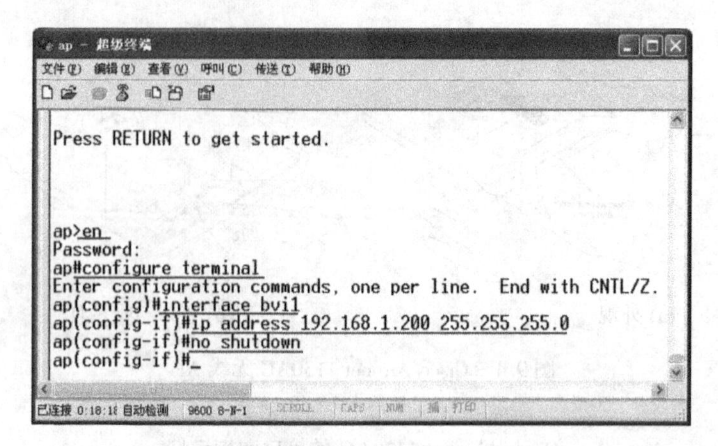

图 9.2 在超级终端中配置 AP 的 IP 地址

(4)用浏览器访问 AP 的配置页面

① 将计算机通过以太网方式和 AP 连通。

硬件连接有两种方式：

- 用一条交叉双绞线跳线直接将计算机和 AP 的以太网端口连接起来；
- 计算机和 AP 都连接到交换机上。

连接好后，将计算机的 IP 地址设置为与 AP 的 IP 地址在同一个 IP 子网。如本例中，计算机的 IP 地址需要在 192.168.1.0/24 范围内选取。

② 在计算机上打开浏览器，键入 AP 的 IP 地址。回车后会看到一个提示输入“用户名”和“密码”的对话框，如图 9.3 所示。

③ Cisco 1130AG 的默认用户名和密码均为“Cisco”（注意区分大小写），输入后点击“确定”，即可进入 AP 配置主页（见图 9.4），在该页面中不能更改配置，但可以看到 AP 配置的概述信息。配置完成后，也可以回到该页面观察配置是否生效。

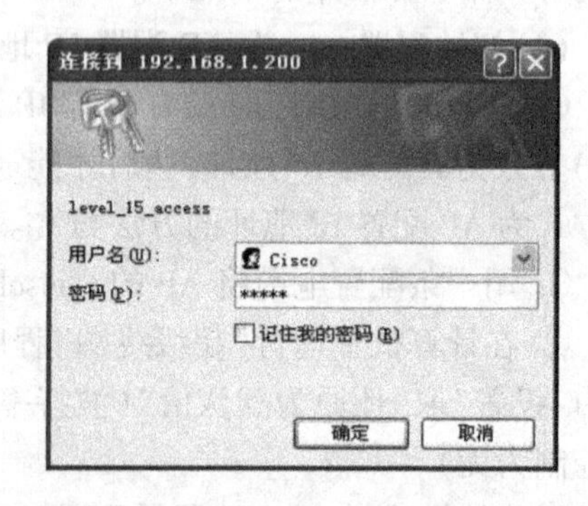

图 9.3 Cisco 1130AG 的 Web 登录对话框

(5)修改 AP 的基本设置

单击图 9.4 窗口左侧的“EXPRESS SET-UP”，打开如图 9.5 所示的页面。在该页面中，有三个设置区域：“EXPRESS SET-UP”、“Radio0-802.11G”和“Radio1-802.11A”。

“EXPRESS SET-UP”区域可以修改的参数如下：

- Host Name：标识 AP 的名字，就像计算机的主机名一样。图中显示的为默认值“ap”，用户可以根据自己的需要修改。
- Configuration Server Protocol：用于指定 AP 获得 IP 地址的方式。如选择“DHCP”，AP 将从网络上的 DHCP 服务器自动获得 IP 地址；选择“Static IP”，则必须手工输入 AP 使用的 IP 地址、子网掩码和默认网关。本例中，因为已经通过“超级终端”设置了 IP 地址，因此 IP 地址和子网掩码框中会直接显示出来。若不想用先前设置的 IP 地址，则可以在此修改，不过修改 IP 会使得浏览器与 AP 失去联系，必须用新的 IP 地址重建

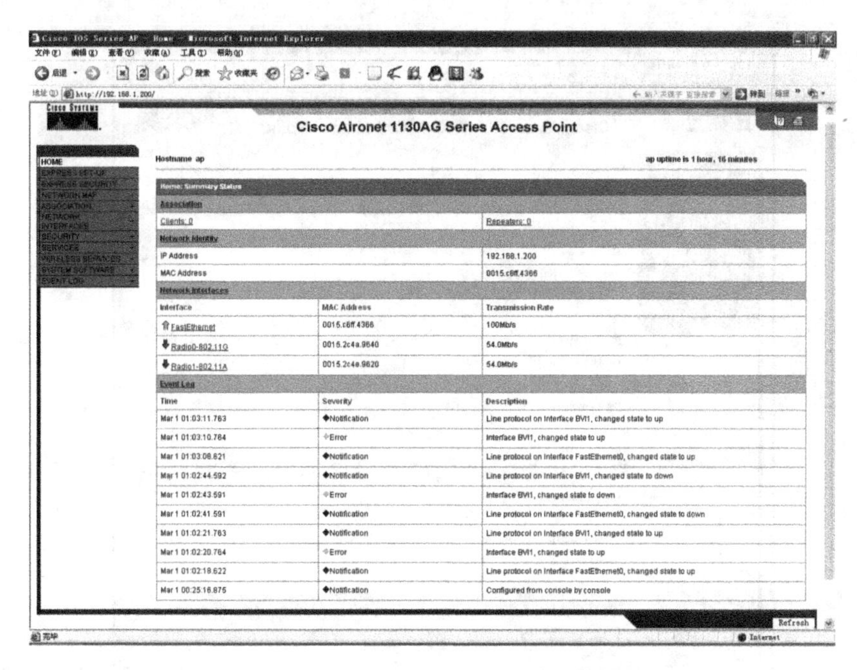

图 9.4　Cisco 1130AG 配置主页

连接。建议使用静态 IP。如果 AP 不直接访问其他网络，"Default Gateway"一项也可以留空。

- SNMP Community：设置使用 SNMP 管理此 AP 时使用的 Community 名和 SNMP 文件属性。图中显示的是 Cisco 1130AG 的默认 Community 名"defaultCommunity"和默认属性"Read-Only"，用户可以根据需要进行修改。为了安全，建议将"defaultCommunity"换成不易被人猜到的字符串。

"Radio0-802. 11G"和"Radio1-802. 11A"区域用于设置 AP 的 Radio 802. 11G 和 802. 11A 使用特性，通常情况下保留默认值即可。由于涉及一些其他概念，此处不再展开。

修改设置后单击页面右下角的"Apply"按钮。

(6) 配置 AP 的无线安全参数

在完成 AP 的基本设置后，必须配置其安全设置才能使用 AP。

单击"EXPRESS SECURITY"，打开如图 9. 6 所示的页面，可以看到有如下三个参数需要配置：SSID、VLAN 和 Security。

① SSID：设置 AP 的服务集标识及其广播属性。

- 在后面的对话框中输入由此 AP 构成的服务集要使用的服务集标识（本例中为"Li"）。SSID 为一个 2 ~ 32 个字符长的字符串，且大小写敏感。有 VLAN 的情况下，一台 Cisco 1130AG 无线 AP 上可以创建最多 16 个服务集。如果一个网络上有多个 AP，且允许用户在不同 AP 之间漫游，则所有 AP 必须配置相同的 SSID。
- "Broadcast SSID in Beacon" 前的复选框根据需要设定。若选中，则 AP 会广播其 SSID，在服务范围内的无线工作站就会自动发现该 SSID，否则不能。通常情况下，在非保密工作场所，为了方便，设置为允许广播（选中复选框）。

② VLAN：设置 AP 的虚拟局域网属性。简单应用情况下，保留默认设置"No VLAN"。

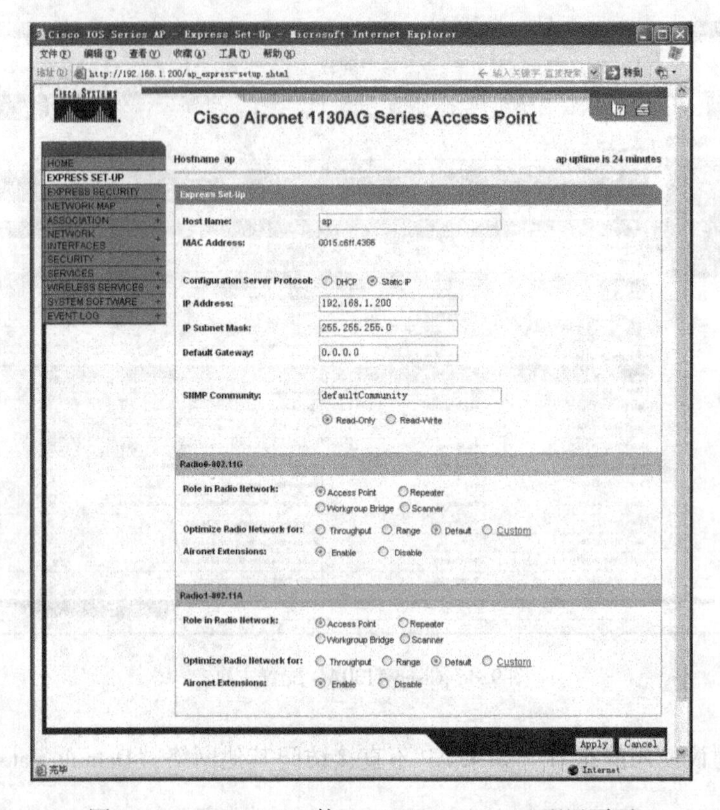

图 9.5　Cisco 1130AG 的“EXPRESS SET-UP”配置页面

③ Security：实现无线访问安全参数的有限设置（更多的设置在“SECURITY”配置页中完成），有四种选择（如图 9.6 所示），简单应用情况下，主要在前两项中选择。

- No Security：选中此项，服务区域内的无线工作站不需要任何认证就能连接到此 AP。
- Static WEP Key：选中此项并在其下的文本框中输入要使用的密钥，则无线工作站与此 AP 建立连接时必须提供相同的 WEP 密钥。可以通过右边的下拉列表框选择密钥的长度为 128 位或 40 位。密钥有两种键入方式：十六进制数和 ASCII 字符，Cisco 的无线 AP 使用的是十六进制数。这里只能设置一个密钥，若想设置多个 WEP 密钥，则必须在“SECURITY”→“Encryption Manager”配置页中进行。

同 SSID 一样，如果网络中有两个或两个以上 AP，且允许用户在不同 AP 之间漫游，则所有 AP 的“Security”设置要相同（具有相同的安全认证方式和相同的密钥）。

“EAP Authentication”和“WPA”两种安全认证方式需要网络中有另外的认证服务器支持，适合于在安全性要求较高的企业网或 ISP 网络上使用，此处不再详述。

设置完后单击页面右下角的“Apply”按钮。

(7) 激活 AP 的无线端口

上述配置完成后，还要确保 AP 的无线端口处于活动状态，这可以在“HOME”页面（见图 9.4）中观察到。如果相应接口前显示为绿色向上箭头，则表示已激活，若显示为红色向下箭头，则表示未激活。下面给出激活 Radio 802.11G 端口的方法，激活其他接口的方法类似。

① 点击“NETWORK INTERFACE”→“Radio0-802.11G”→“SETTINGS”，打开如图 9.7 所

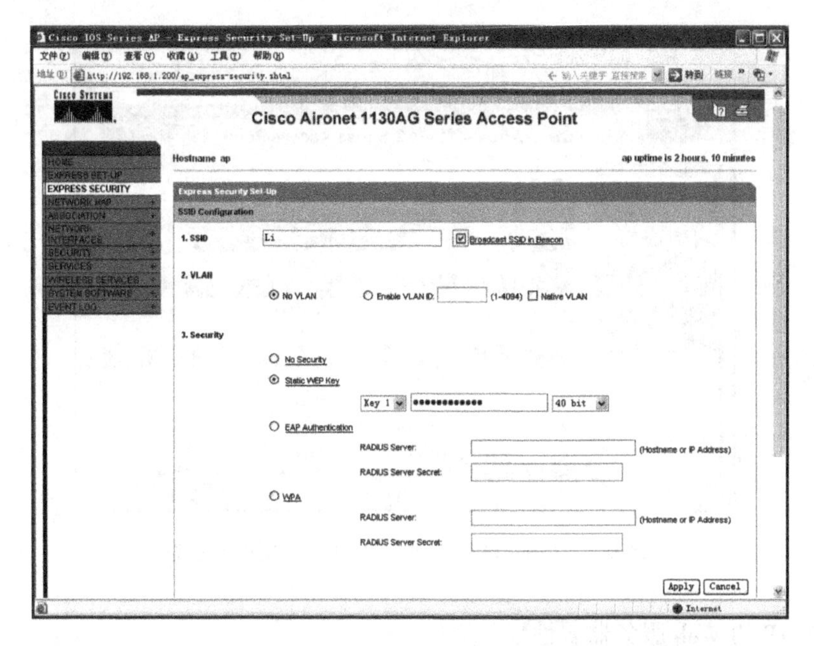

图 9.6　Cisco 1130AG 的“EXPRESS SECURITY”配置页面

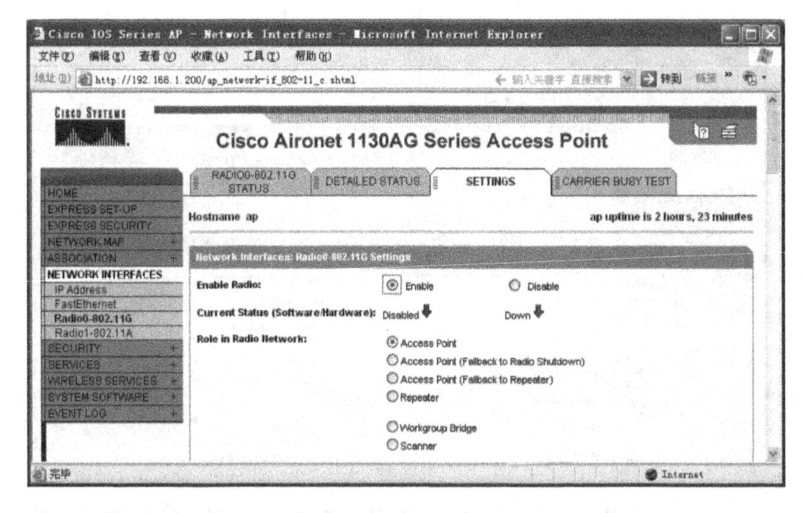

图 9.7　Cisco 1130AG 的 802.11G 无线端口配置页面

示的页面。

② 在“Enable Radio”后面选中“Enable”，单击页面右下角的“Apply”按钮即可。

用同样的方法激活 AP 的 Radio 802.11A 端口，然后再回到“HOME”页面观察各端口的状态，正常情况下应显示为图 9.8 所示。

至此，无线工作站已可以使用该 AP 联网了。

(8) 其他设置

除了上面给出的主要参数外，Cisco 1130AG 无线 AP 还提供了许多其他的功能参数。限于篇幅，不能一一讲述。值得提到的是 Cisco AP 的 Web 特性和 Telnet 特性。

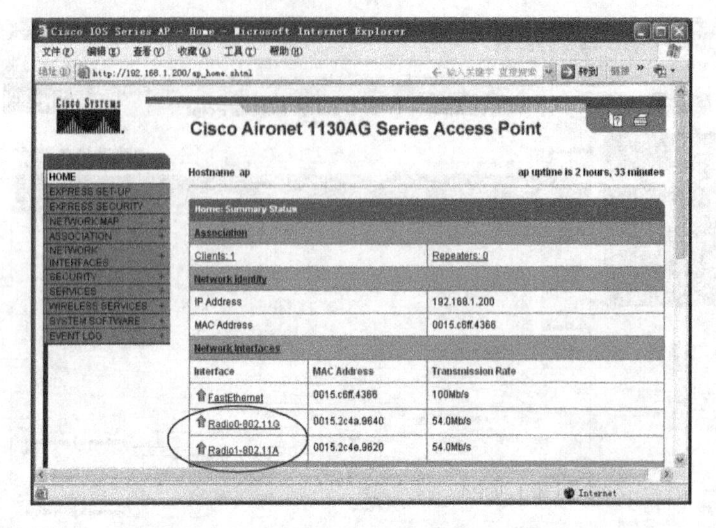

图 9.8　Cisco 1130AG 的无线端口启用后的状态

① 修改 AP 的 Web 服务器属性。

点击“SERVICES”→“HTTP”，打开如图 9.9 所示的页面。

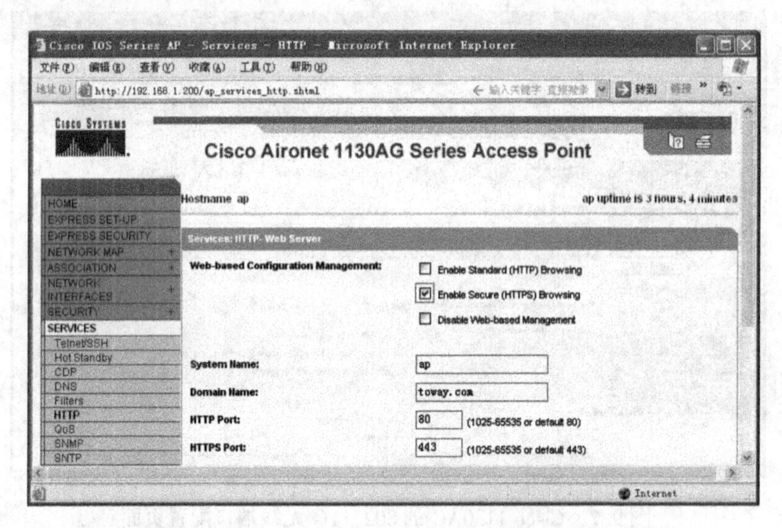

图 9.9　Cisco 1130AG 的 Web 服务属性配置页面

在该页面中，可以修改 AP 的以下 Web 服务器属性：基于 Web 配置 AP 时使用的传输协议（HTTP 或 HTTPS）、AP 的主机名和域名、Web 服务的协议端口号，也可以禁用基于 Web 配置（Disable Web-based Management）。

Cisco 1130AG 默认为 HTTP 协议，这种方式下，在计算机和 AP 之间传输的配置信息是未加密的 HTML 文本。如果希望加密传输，则应选中“Enable Secure (HTTPS) Browsing”，并点击“Apply”按钮。此后，用浏览器连接 AP 时需要使用“https”协议，如本例中，应使用“https://192.168.1.200”。

② 修改 AP 的 Telnet 属性。

点击“SERVICES”→“Telnet/SSH”，打开如图9.10所示的页面。

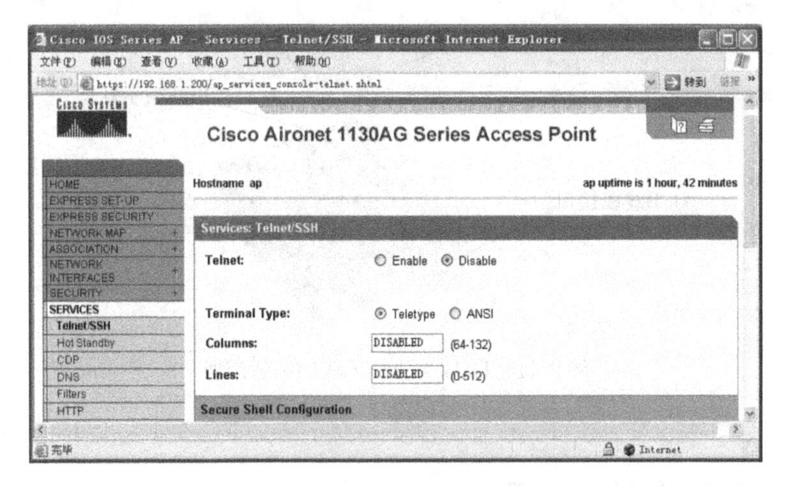

图9.10 Cisco 1130AG的Telnet属性配置页面

在该页面中，可以开启或禁用通过Telnet配置AP，以及设置Telnet终端参数。考虑到用Telnet配置AP较少，为了AP的安全，建议禁用（Disable）Telnet（默认为Enable）。

（9）将AP恢复到出厂默认设置

在对使用过的AP修改配置时，如果忘记了先前设置的密码，可以将AP恢复到出厂时的默认设置。

Cisco 1130AG恢复默认设置可以通过AP上的MODE按钮完成，具体方法如下：

① 打开AP的上盖，断开电源；

② 按住MODE按钮不放，重新接通AP的电源，当以太网口的指示灯变为琥珀色（需要2～3秒钟）后放开MODE按钮。

等到AP启动后，所有设置都将恢复到出厂时的默认设置，必须对其重新配置才能使用。

2. 无线工作站的配置与使用

（1）认识Linksys USB无线网络适配器

Linksys USB无线网络适配器外观如图9.11所示。适配器上有两个指示灯，用来显示工作状态。

Power：适配器由USB连接器充分得到电力后，电源指示灯发亮。

Link：适配器连接到无线网络时，连接指示灯会持续地发亮；当有网络操作时，连接指示灯会闪烁。

（2）安装无线网络适配器及驱动程序

① 用随设备的USB电缆将无线网络适配器和计算机连接起来（如果使用上面配置AP时用的同一台计算机，请同时断开其以太网连接）。

② 开启计算机电源，系统引导后会自动打开“找到新的硬件向导”。将驱动程序光盘放入光驱内，按照安装向导安装好无线网卡驱动程序。

如果用的是Windows XP系统，到此就可以进入下一步了；但如果用的是Windows 9x/Me/2000系统，还必须安装随设备提供的无线客户端管理软件，以对无线网卡进行配置。下文以

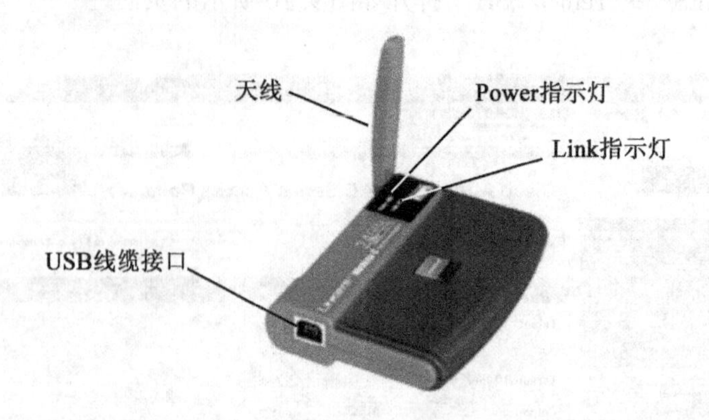

图 9.11　Linksys USB 无线网络适配器

Windows XP 为例。

(3) 设置无线网络连接的 IP 参数

客户机上无线网络连接的 IP 参数设置方法与有线以太网连接的设置方法相同,请参见实验 2。

如果网络中有 DHCP 服务器,无线网络连接可保留默认设置,即"自动获得 IP 地址"和"自动获得 DNS 服务器地址",否则需要手工设置 IP 地址等参数。需要强调的是,无线网络连接的 IP 地址要与 AP 在同一个子网内。如在本例中,AP 的 IP 地址为 192.168.1.200,则客户机上无线网络连接的 IP 地址应在 192.168.1.0/24 范围内选择(注意,如果无线工作站需要访问其他网络,必须设置无线连接的默认网关和 DNS 服务器地址)。

(4) 查看和连接无线网络

如果无线工作站是连接到 AP,且 AP 上设置的 SSID 是允许广播的,则在完成上述工作后,不需要再作任何配置就能使用无线网络了,否则,需要按照下一步的方法手动添加"首选网络"。

① 查看可用的无线网络连接。可用如下两种方法之一查看:

- 打开"网络连接"窗口,选中"无线网络连接",如图 9.12 所示,点击左窗格中的"查看可用的无线网络连接"。
- 在"无线网络连接属性"窗口中,单击"无线网络配置"选项卡,如图 9.13 所示(注意"用 Windows 配置我的无线网络设置"前的复选框必须选中),单击"查看无线网络"按钮。

使用上面的任一种方法,打开如图 9.14 所示的窗口,其中会列出检测到的无线网络(如果区域内有多个无线网络,都会列在这里)。点击左窗格中的"刷新网络列表"可以刷新。

② 在如图 9.14 所示的窗口中选中要使用的无线网络,点击"连接"按钮,如果所选的服务集没有设置安全措施,则会直接建立连接。本例设置了 WEP 加密,因此弹出如图 9.15 所示的窗口,输入正确的密钥后(系统会记录下来,以后再用时不需要重新输入),点击"连接"按钮,经过一段时间即可完成连接的建立。

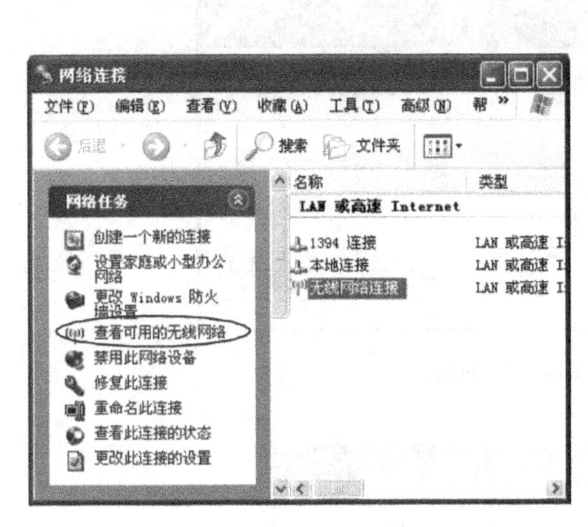

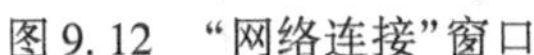

图9.12　“网络连接”窗口

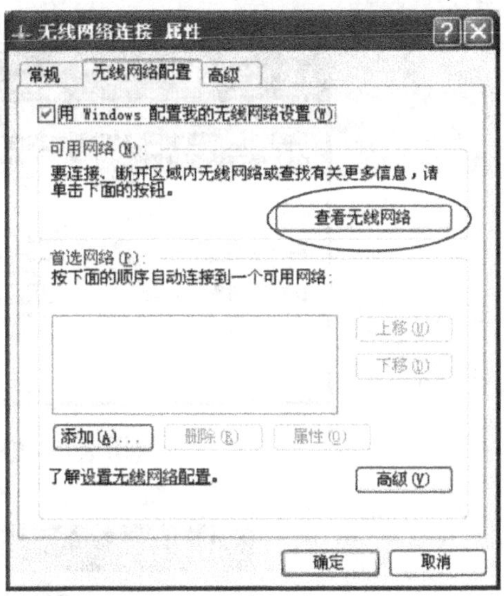

图9.13　“无线网络配置”选项页

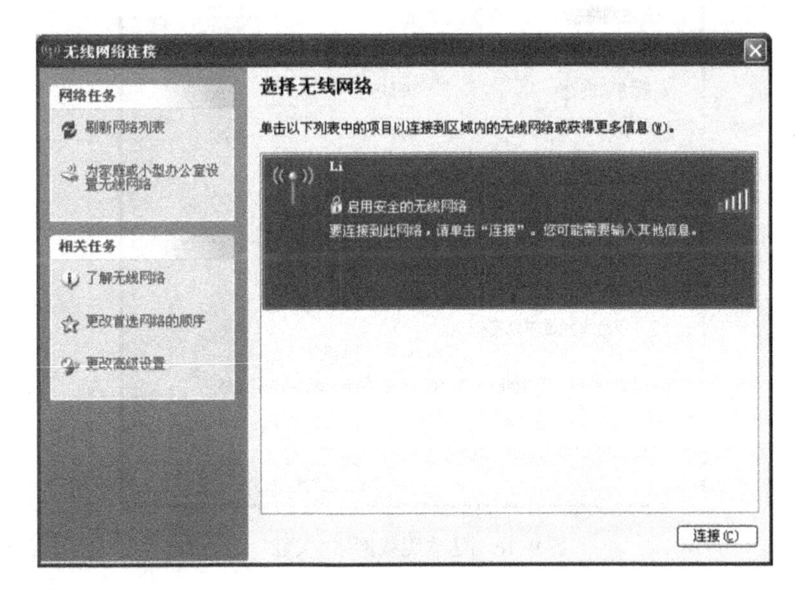

图9.14　无线网络列表

至此，就可以像在有线工作站上一样在无线工作站上访问网络了。

(5)手动添加“首选网络”

如果AP上设置的SSID是不允许广播的，则必须在无线工作站上手动添加“首选网络”，也就是使无线工作站与某无线网络建立关联。

① 在如图9.13所示的“无线网络配置”选项页窗口中，点击“首选网络”下的“添加”按钮，弹出如图9.16所示的“无线网络属性”窗口。

② 在“关联”选项页中设置正确的“网络名(SSID)”和“无线网络密钥”，然后点击“确定”。

剩余的操作就和上一步相同了。

无线网络连接

网络“Li”要求网络密钥(也称作 WEP 密钥或 WPA 密钥)。网络密钥帮助阻止未知的入侵连接到此网络。

网络密钥(K): **********

确认网络密钥(O): **********

连接(C) 取消

图 9.15 “网络密钥”输入对话窗口

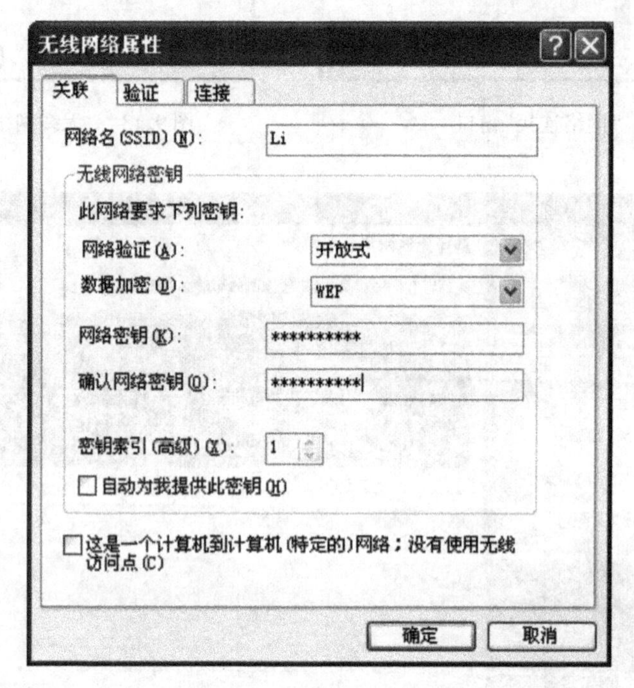

图 9.16 建立无线网络“关联”

3. 组建 Ad-Hoc 无线网络

当两台计算机上都装有无线网络适配器时,即便没有无线 AP,也可以通过 Ad-Hoc 模式将两台计算机互联起来。操作方法与上面类似,要点如下:

① 用上述方法在每一台计算机上安装无线网络适配器及其驱动程序。

② 由于是独立网络,肯定没有 DHCP 服务器的支持,因此需要为每一台计算机上的无线网络连接设置 IP 参数,并注意 IP 地址要在同一个 IP 网络内。

③ 在每一台计算机上手动添加“首选网络”,并使用相同的 SSID 和无线网络密钥,参见图 9.16。所不同的是,在图 9.16 中,要选中“这是一个计算机到计算机(特定的)网络;没有使用无线访问点”前的复选框。

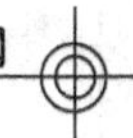

此后的操作方式就和接入AP的方法一样了。

此外,对于非熟练用户,也可以用“无线网络安装向导”(在“控制面板”中或如图9.14所示的“网络任务”下点击“为家庭或小型办公室设置无线网络”打开向导)来创建Ad-Hoc网络。请读者自行练习。

④ 完成配置后测试两台计算机的网络连通性。

4. 在Windows 2000上使用Linksys USB无线网络适配器的配置工具

如果无线工作站上使用的是Windows 2000系统,则必须使用随设备提供的配置工具进行配置。

(1)安装配置程序

运行安装光盘根目录中的setup程序。

(2)添加无线网络

等同于在Windows XP中添加首选网络。

配置程序安装好后,在系统托盘区会增加相应图标,双击图标或单击“开始”→“程序”→“Wireless-G USB Network Adapter”打开配置程序,单击“Profiles”选项,出现如图9.17所示的页面,即可逐项进行配置了。每一个配置页完成后单击“Next”进入下一页,直到配置完成。后面主要的配置页面如图9.18、图9.19所示。

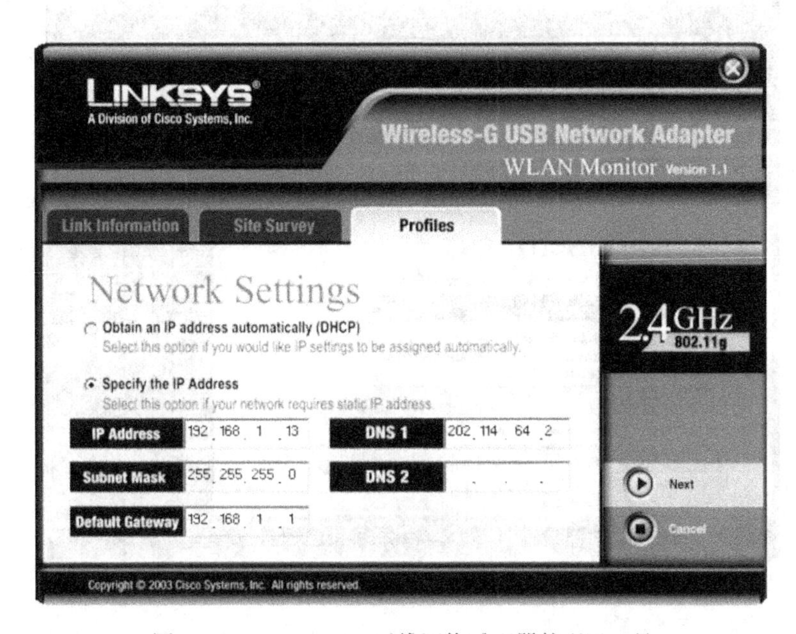

图9.17　Linksys USB无线网络适配器的配置工具

(3)激活新配置的无线网络

在如图9.20所示的窗口中,单击“Activate new settings now”激活配置。

(4)查看和连接无线网络

单击“Site Survey”,可以查看无线网络列表,如图9.21所示。选中要连接的无线网络,单击“Connect”按钮即可建立连接。

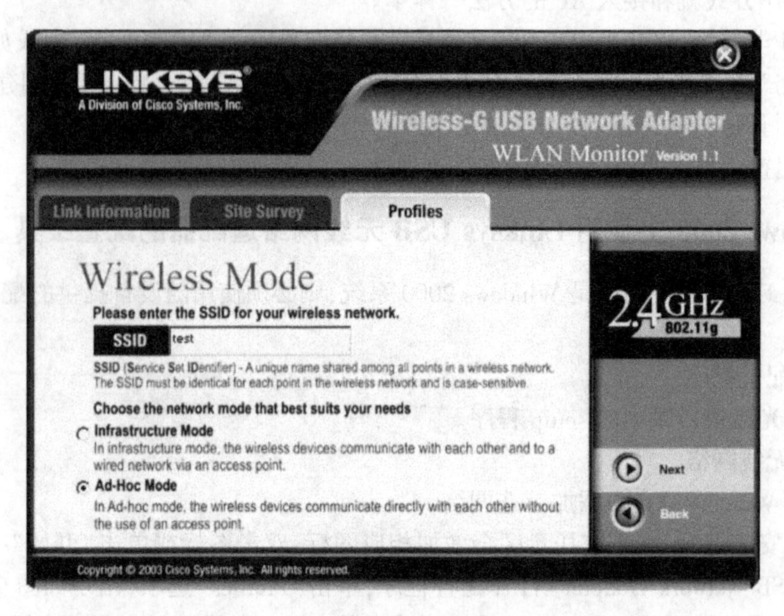

图 9.18　SSID 和无线网络模式配置页面

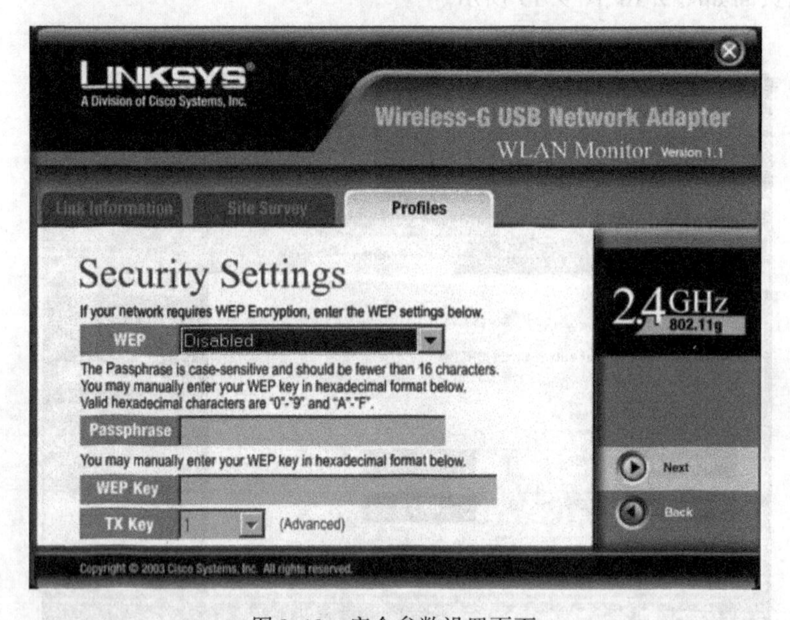

图 9.19　安全参数设置页面

(5) 观察连接状态

单击“Link Information”，可以观察无线连接的状态。图 9.22 和图 9.23 分别是连接到基础设施网络(有 AP)和连接到 Ad-Hoc 网络的图示信息。

六、实验拓展

请尝试使用其他安全方案配置你的无线网络，并记录遇到的问题，说明为什么。

图9.20　激活新配置

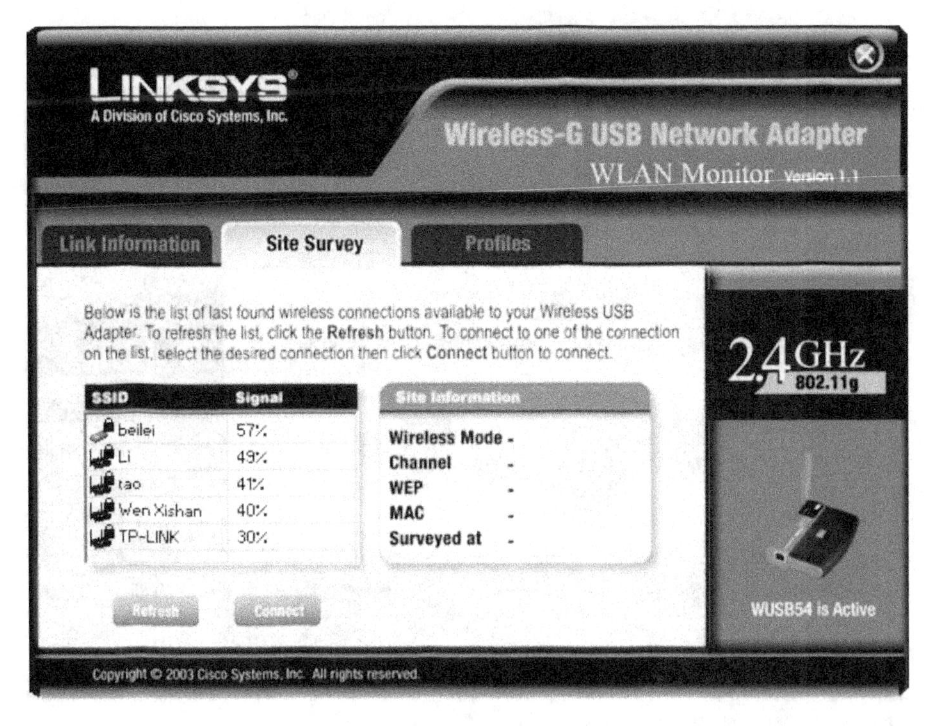

图9.21　查看区域内的无线网络

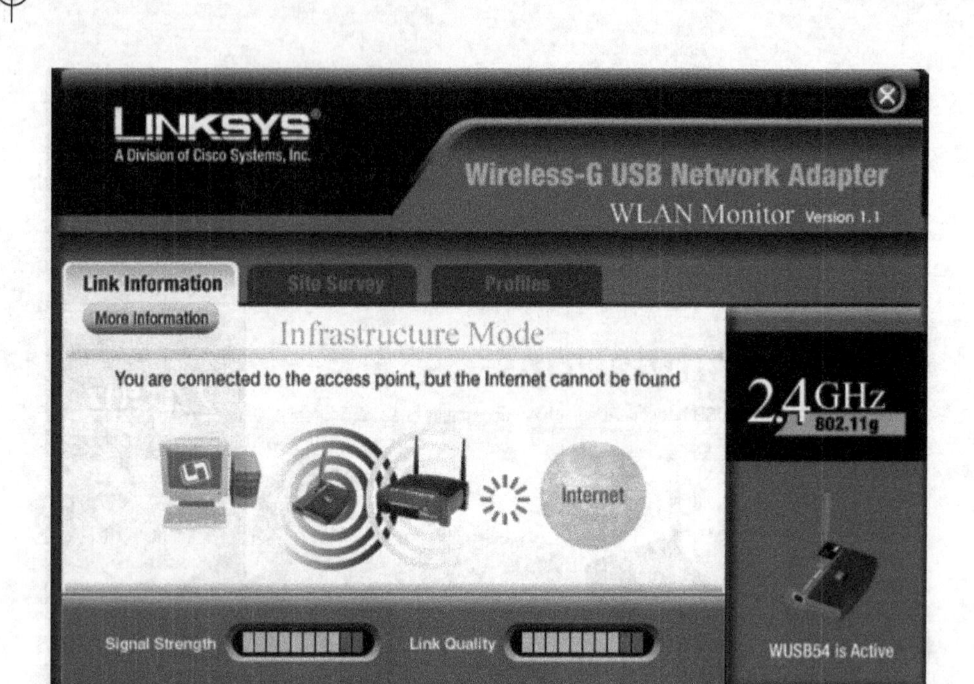

图 9.22　连接到基础设施网络后

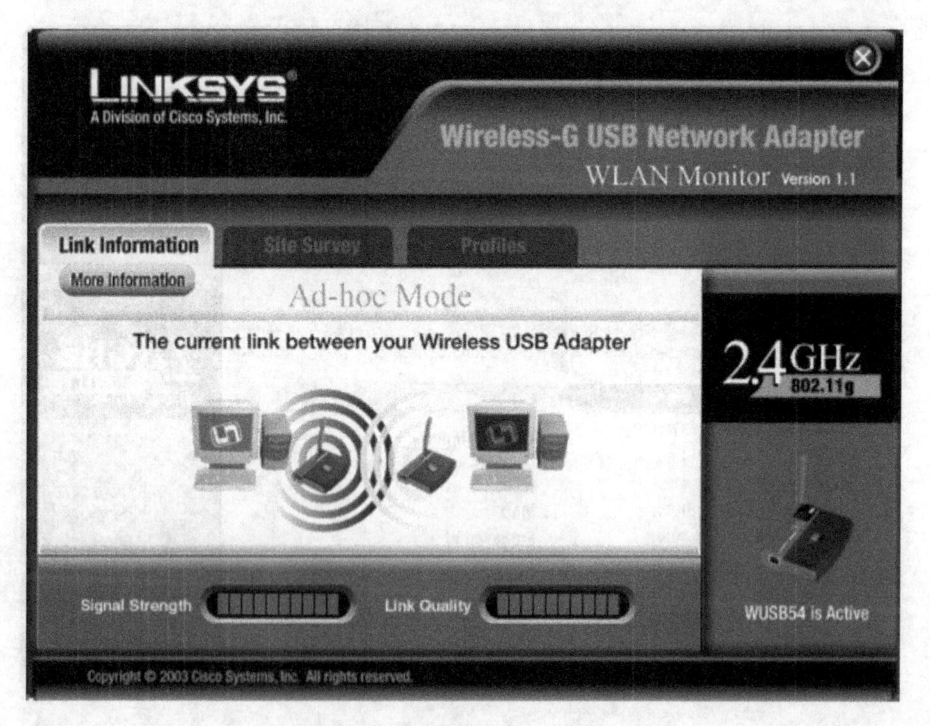

图 9.23　连接到 Ad-Hoc 网络后

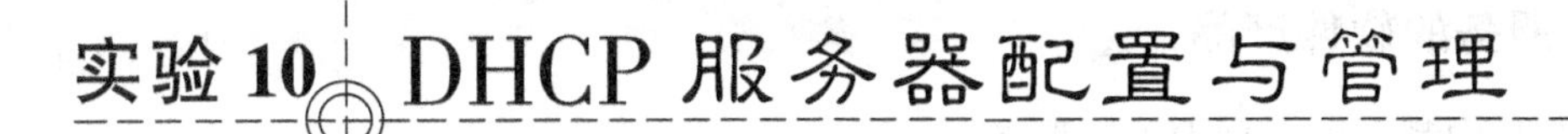

实验 10　DHCP 服务器配置与管理

一、实验目的

通过安装和配置 DHCP 服务,进一步理解 DHCP 的有关概念、工作原理和应用方法,掌握实现 DHCP 服务必须的基本配置内容,掌握在 Windows Server 2003 系统上安装和配置 DHCP 服务器的方法,了解 DHCP 服务器管理的内容。

二、实验条件

(1)安装 Windows Server 2003 的计算机一台,用做配置 DHCP 服务(设置为静态 IP 地址);

(2)安装 Windows 的客户机一台(设置为动态 IP 地址);

(3)Windows Server 2003 系统安装盘或安装源文件;

(4)集线器或交换机一台(可选);

(5)有集线器(或交换机)时需要平行双绞线跳线两条,否则需要交叉双绞线跳线一条。

三、实验内容

(1)在 Windows Server 2003 系统上安装和配置 DHCP 服务器,具体内容包括:

① 安装 Microsoft DHCP 服务组件;

② 创建并配置 DHCP 作用域(基本配置);

③ 为网络中特定的计算机建立保留地址;

④ 修改 DHCP 客户端的地址范围和租约期限;

⑤ 配置或修改 DHCP 的主要选项:路由器和 DNS 服务器。

(2)备份、还原 DHCP 服务器配置信息(选做)。

(3)用客户端验证 DHCP 服务器的配置。

四、预备知识

在 TCP/IP 网络中,每一台主机(这台主机可能是计算机,也可能是路由器或其他设备)都必须配置 IP 地址和子网掩码;如果需要与其他 IP 网络通信,则必须配置默认网关;若需要使用计算机的域名通信,还必须配置 DNS 服务器的 IP 地址。这些 TCP/IP 参数可以在每一台主机上手工指定,当网络规模较大时,显然管理工作量巨大,因此,使用“自动获得”TCP/IP 参数的办法就成了一种较好的解决方案。DHCP(Dynamic Host Configuration Protocol,动态主机配置协议)就是为网络中的客户端计算机自动分配 TCP/IP 配置信息(包括 IP 地址、子网掩码、默认网关和 DHCP 服务器地址)的一种服务,它需要在网络上安装和配置一台 DHCP 服务器。

1. 支持 DHCP 服务的软件产品

在许多软件产品中都可以实现 DHCP 服务。

(1) Microsoft 的服务器操作系统 Windows NT、Windows 2000 Server 和 Windows Server 2003 都内置了 DHCP 服务组件,且安装和配置都在窗口环境下进行,操作比较方便,因此应用非常广泛。

(2) 另一个常用于实现 DHCP 服务的就是 Linux 操作系统,特别是在组织内有上百台计算机都使用 DHCP 服务且同时需要该服务器充当防火墙的情况下,则 Linux 系统较 Windows 系统更有优势。

(3) 此外,一些应用代理软件(如 SyGate、WinRoute、WinProxy 等)中也带了 DHCP 服务模块(参见实验 13),甚至 Windows 的"Internet 连接共享"功能启用后,同样能实现 DHCP 服务(参见实验 11)。在小型局域网环境中,也可以基于这类产品实现。

为了方便实验,本书以 Windows Server 2003 为例。在进行本实验之前,需要完成本书的实验 2。

2. DHCP 服务的主要配置内容

DHCP 服务器需要配置的基本内容有:

- 分配给客户端的"IP 地址范围"(常称为"IP 地址池")及其子网掩码。
- "租约期限",即客户端从 DHCP 服务器获得 IP 地址后的有效使用期限。超过租约期限后,客户端必须向服务器申请续订。DHCP 允许租约期限为"无限制",这种情况下,客户端可以永久使用获得的 IP 地址。
- 客户端使用的"默认网关"。如果客户端只与同一 IP 子网的计算机通信,则可以不配置此项。
- 客户端使用的"DNS 服务器地址"。如果客户端不需要用域名来和其他计算机通信,则可以不配置此项。

此外,DHCP 还允许服务器为网络中特定的计算机分配静态 IP 地址(建立保留地址)。当网络上的其他服务器也通过 DHCP 获得 IP 地址时,由于服务器通常需要有固定的 IP 地址以便客户端访问,这时,就可以在 DHCP 服务器上为其建立保留地址。保留地址是通过在 DHCP 服务器上建立 DHCP 客户端的 MAC 地址和 IP 地址的对应关系实现的,因此,当客户端更换网卡后,必须修改 DHCP 服务器上的配置。

DHCP 服务器可能还提供一些其他功能,在不同的产品中支持的程度不同,留给读者自行研究。

3. 为多个子网提供 DHCP 服务

DHCP 是针对 IP 子网提供服务的,因此,必须为每一个子网分别配置上述各项内容。在 Windows Server 2003 中,是以"作用域"来标识每一组配置内容的,即一个子网对应一个作用域。

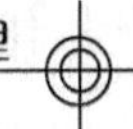

在一个有多个子网的局域网中，如果希望用一台 DHCP 服务器为所有子网提供服务，有如下两种应用方式：

（1）在服务器上配置多个网络接口，每一个接口连接一个子网，如图 10.1(a)所示。如果子网之间的计算机需要相互通信，还可以启用服务器上的“路由”功能。

（2）如果子网之间由另外的路由器连接，如图 10.1(b)所示，则需要在路由器上配置 DHCP 中继代理。图中的路由器可以是传统路由器，也可以是由计算机操作系统实现的软路由，Windows Server 2003 的“路由与远程访问”服务组件中，就提供了对 DHCP 中继代理的支持。

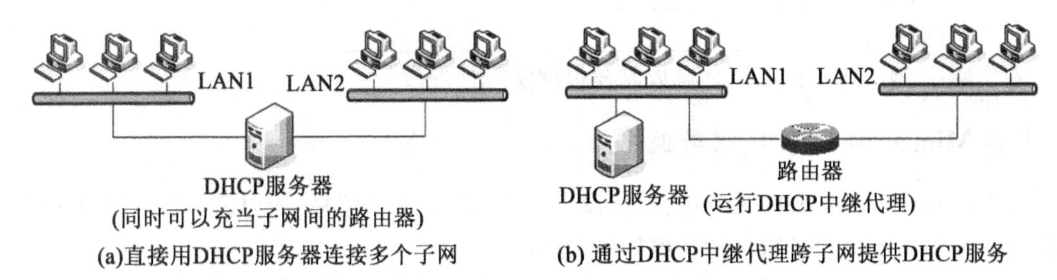

图 10.1　一台服务器为多个子网提供 DHCP 服务

4. DHCP 服务的典型应用方式

尽管 DHCP 服务可以是一个独立的服务器，用以为局域网上的计算机自动分配 IP 地址，但目前更多的情况下，DHCP 服务常常与防火墙或代理服务器一起安装在连接内部局域网与 Internet 的边界计算机上，如图 10.2 所示，也正是这种需求使得目前的防火墙和代理服务软件中集成了 DHCP 服务功能。

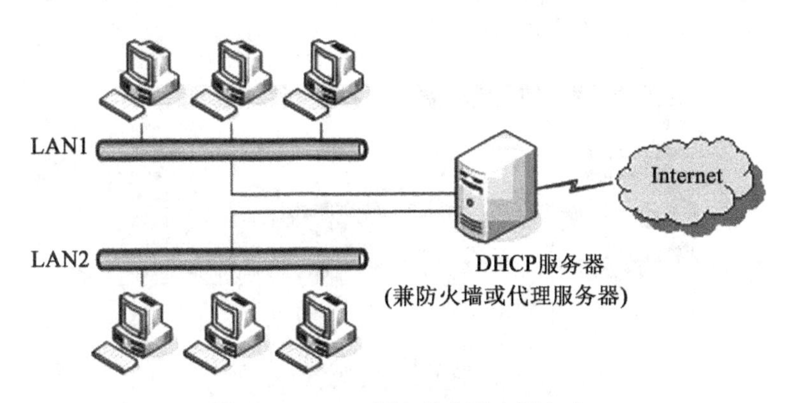

图 10.2　DHCP 服务的典型应用方式

五、实验指导

1. 配置服务器的 TCP/IP 参数

（1）确保在 Windows Server 2003 服务器中安装了 TCP/IP。

(2)参照本书实验2,为服务器设置静态TCP/IP参数。

本实验指导中,使用了如下TCP/IP参数:IP地址为192.168.1.200,子网掩码为255.255.255.0,默认网关为192.168.1.1,DNS服务器为202.114.64.2。

在实验室里实验时,TCP/IP参数可以由指导老师给出,如果服务器不联网,也可以自行任意设定。请将准备使用的参数记录在下面对应的横线上:

IP地址:________________

子网掩码:________________

默认网关:________________

DNS服务器:________________;________________

在实际中,服务器的TCP/IP参数需要根据实际情况设置。

2. 安装Microsoft DHCP服务组件

在Windows Server 2003系统中,默认没有安装DHCP服务组件,所以需要把该组件手动添加进来。添加DHCP服务组件的步骤如下所述:

(1)打开"控制面板",双击"添加或删除程序"图标,打开"添加或删除程序"窗口。

(2)在打开的"添加或删除程序"窗口中单击左侧的"添加/删除Windows组件"按钮,打开"Windows组件向导"对话框,如图10.3所示。

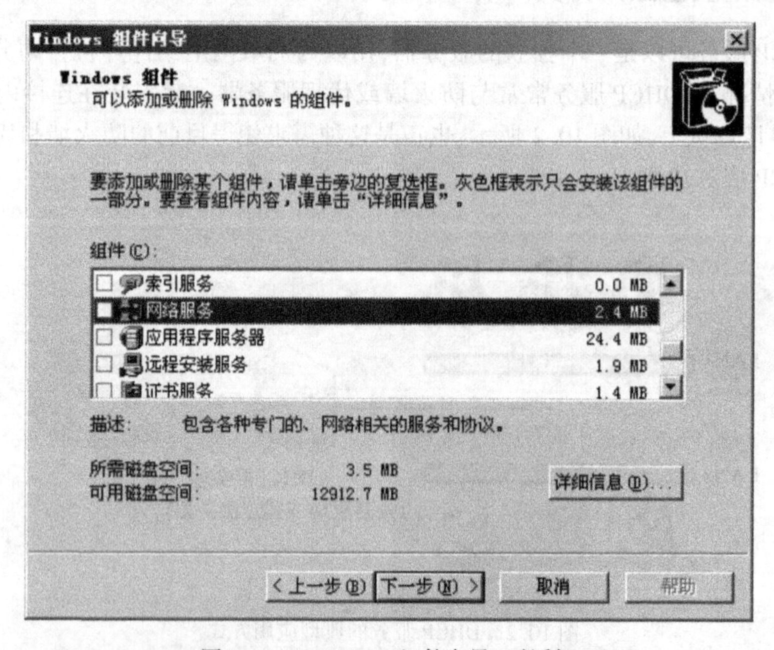

图10.3 "Windows组件向导"对话框

(3)在"组件"列表中找到"网络服务"选项并双击,打开如图10.4所示的"网络服务"对话框。

(4)在"网络服务的子组件"列表中选中"动态主机配置协议(DHCP)"复选框,依次单击"确定"→"下一步"按钮,开始安装DHCP服务组件。经过一定时间,出现完成"Windows组件向导"窗口,最后单击"完成"按钮即可。

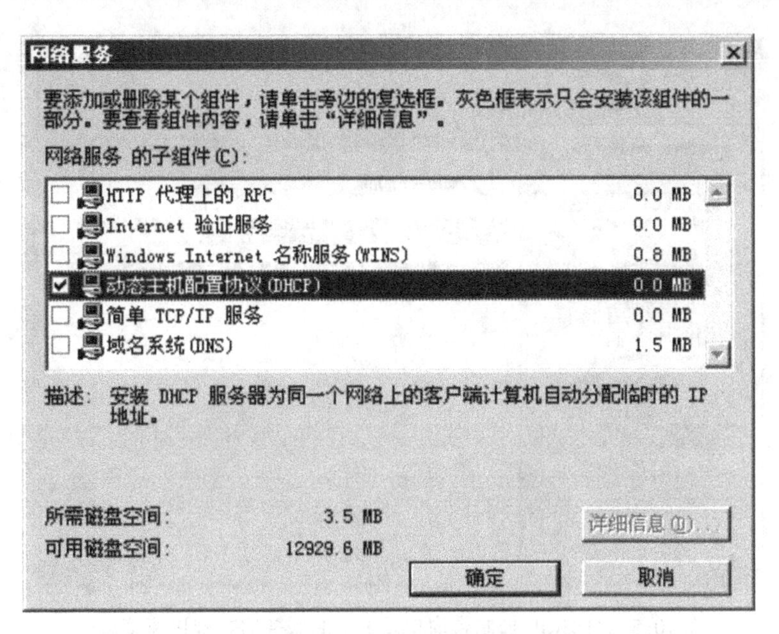

图 10.4 “网络服务”对话框

提示:在安装 DHCP 服务组件的过程中,需要提供系统安装光盘或者指定安装源文件。另外如果部署 DHCP 服务的服务器处于 Active Directory(活动目录)域中,则必须进行“授权”操作才能使 DHCP 服务器生效。如果是基于工作组模式则无需进行授权操作即可使 DHCP 服务器生效,本例的网络环境属于后者。

3. 创建并配置 DHCP 作用域

完成 DHCP 服务组件的安装后并不能立即为客户端计算机自动分配 IP 地址,还需要经过一些设置工作。首先要做的就是根据网络中的计算机数确定一段 IP 地址范围,并创建一个 IP 作用域。这部分操作属于配置 DHCP 服务器的核心内容,具体操作步骤如下所述。在开始下列操作之前,需要明确 DHCP 客户端要使用的以下 TCP/IP 参数:

IP 地址范围:____________________; 租约期限:________________;

子网掩码:________________; 默认网关:________________;

DNS 服务器:________________;________________

(1)依次单击“开始”→“管理工具”→“DHCP”,打开“DHCP”控制台窗口。在左窗格中用鼠标右键单击 DHCP 服务器名称,执行“新建作用域”命令,如图 10.5 所示。

(2)打开“新建作用域向导”对话框,单击“下一步”按钮打开“作用域名”向导页。在“名称”和“描述”编辑框中为该作用域键入一个名称和一段描述性信息,如图 10.6 所示,再单击“下一步”按钮。这里的作用域名称只起到标识的作用,基本上没有实际意义。

(3)在打开的“IP 地址范围”向导页中,分别在“起始 IP 地址”和“结束 IP 地址”编辑框中键入已经确定好的 IP 地址范围的起止 IP 地址(本例为 192.168.1.100 ~ 192.168.1.254),单击“下一步”按钮,如图 10.7 所示。

当键入起始 IP 地址后,“子网掩码”编辑框会根据 IP 地址自动判断网络类别,并自动填写子网掩码。如果所处网络环境特殊(如属于某网络的一个子网),则可以调整“长度”右侧的微

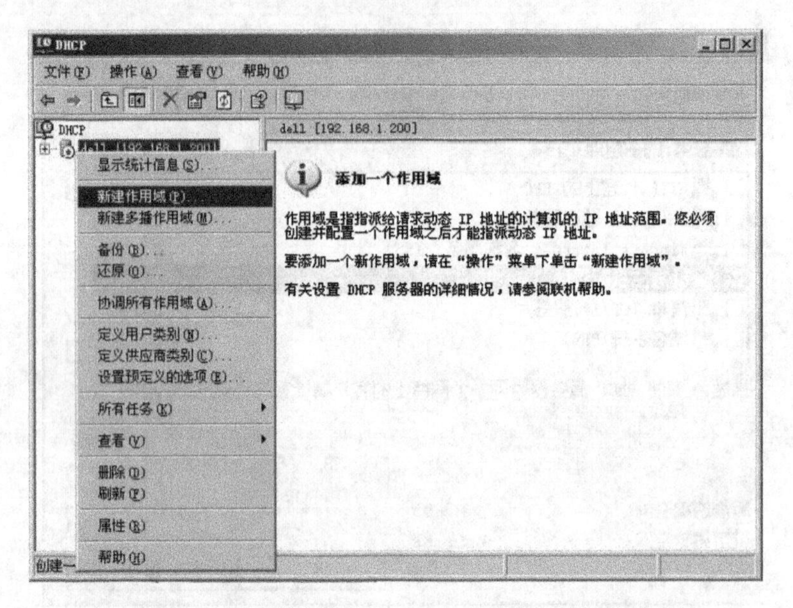

图 10.5 "DHCP"控制台窗口及 DHCP 服务器右键快捷菜单

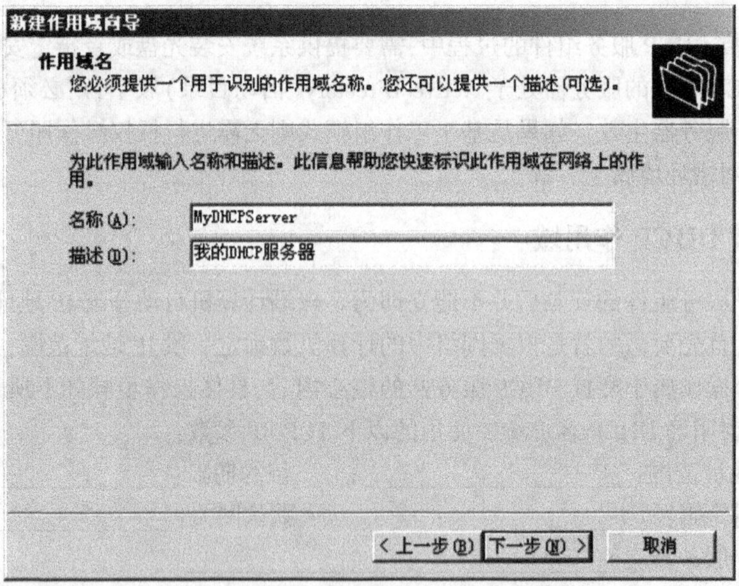

图 10.6 为新建 DHCP 作用域输入"名称"和"描述"信息

调框来调整子网掩码。

(4)打开"添加排除"向导页,如图 10.8 所示。在这里可以指定需要排除的 IP 地址或 IP 地址范围,即上一步指定的 IP 地址范围内不分配给客户端的 IP 地址。如本例中地址"192.168.1.200"已分配给 DHCP 服务器,就不能再分配给其他客户端,必须排除。

在"起始 IP 地址"(和"结束 IP 地址")编辑框中键入排除的 IP 地址(范围),并单击"添加"按钮实现操作。如有多个 IP 地址或 IP 地址范围需要排除,重复操作即可。接着单击"下一步"按钮。

如果不需要排除,则可直接单击"下一步"按钮。

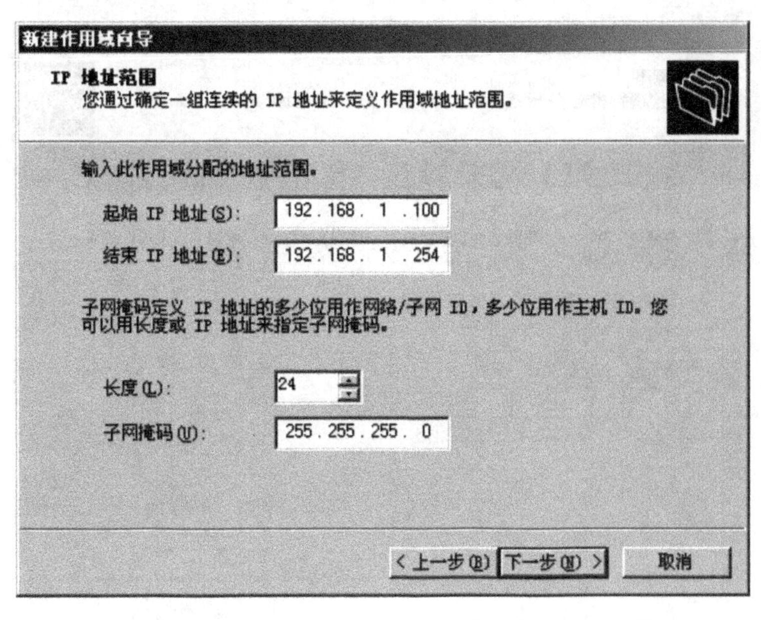

图 10.7　输入 DHCP 服务器要为客户端分配的 IP 地址范围

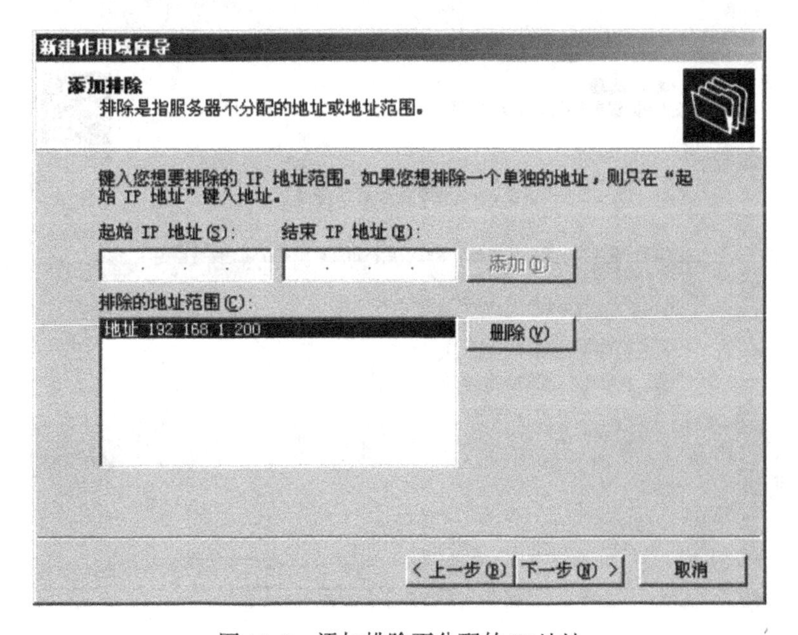

图 10.8　添加排除不分配的 IP 地址

(5)在打开的“租约期限”向导页中,默认将客户端获取的 IP 地址使用期限限制为 8 天,如图 10.9 所示。可根据实际需要修改租约期限,如果没有特殊要求,也可保持默认值不变,单击“下一步”按钮。

(6)打开“配置 DHCP 选项”向导页,保持选中“是,我想现在配置这些选项”单选框(也可以选择“否,我想稍后配置这些选项”,然后用本实验指导的第 7 项给出的方法配置),如图 10.10 所示,单击“下一步”按钮。

(7)在打开的“路由器(默认网关)”向导页中,根据实际情况键入客户端使用的网关地址

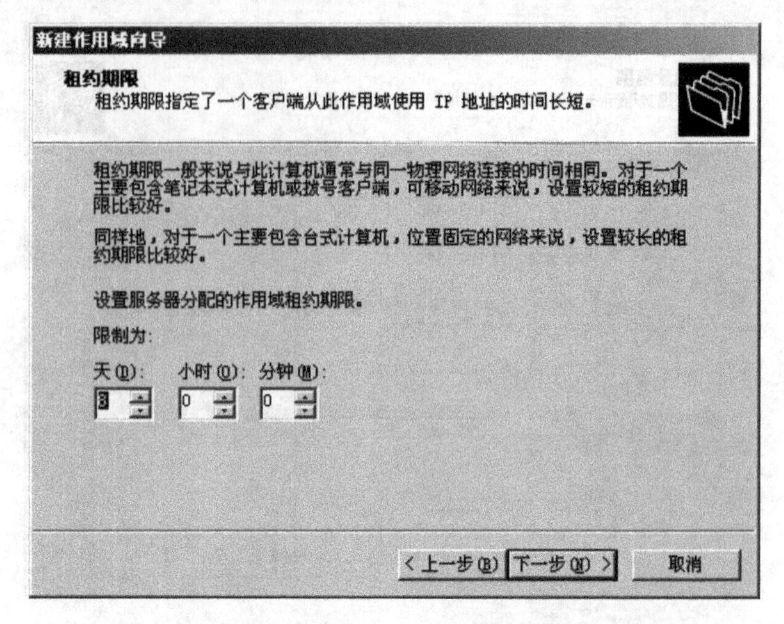

图 10.9　设置 IP 地址的“租约期限”

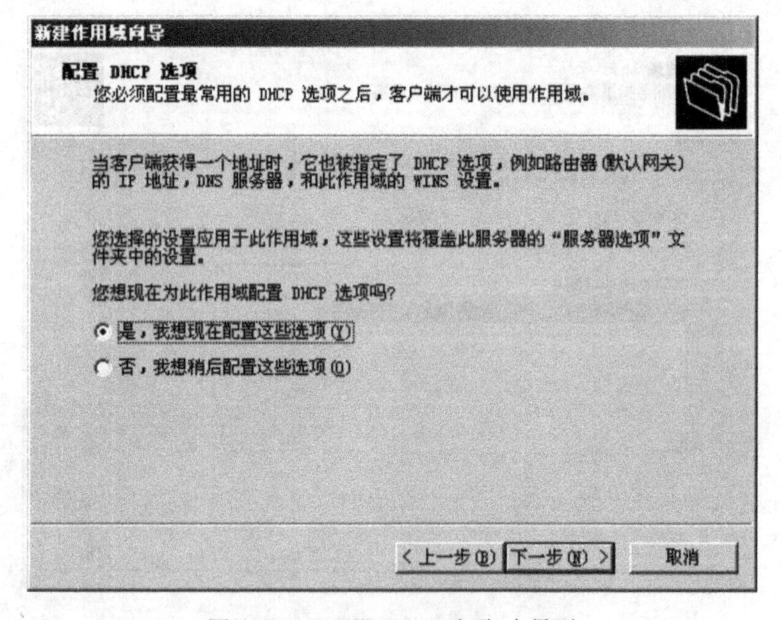

图 10.10　“配置 DHCP 选项”向导页

(本例与 DHCP 服务器使用相同的网关地址 192.168.1.1)，并单击“添加”按钮，如图 10.11 所示。如果客户端不访问互联网，此处可以不填。填写完成后，单击“下一步”按钮。

当 DHCP 服务器同时充当客户端的网关时，此处填写 DHCP 服务器连接在与客户端相同网段上的接口 IP 地址(如本例中的 192.168.1.200)。

(8)在打开的“域名称和 DNS 服务器”向导页中，键入客户端使用的 DNS 服务器的 IP 地址。通常情况下，客户端与 DHCP 服务器使用相同的 DNS 服务器，如本例使用的是 202.114.64.2。

新建作用域向导
路由器(默认网关)
您可为指定此作用域要分配的路由器或默认网关。
要添加客户端使用的路由器的 IP 地址，请在下面输入地址。
IP 地址(P):
添加(D)
192.168.1.1
删除(R)
上移(U)
下移(O)
< 上一步(B)
下一步(N) >
取消

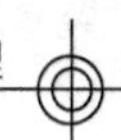

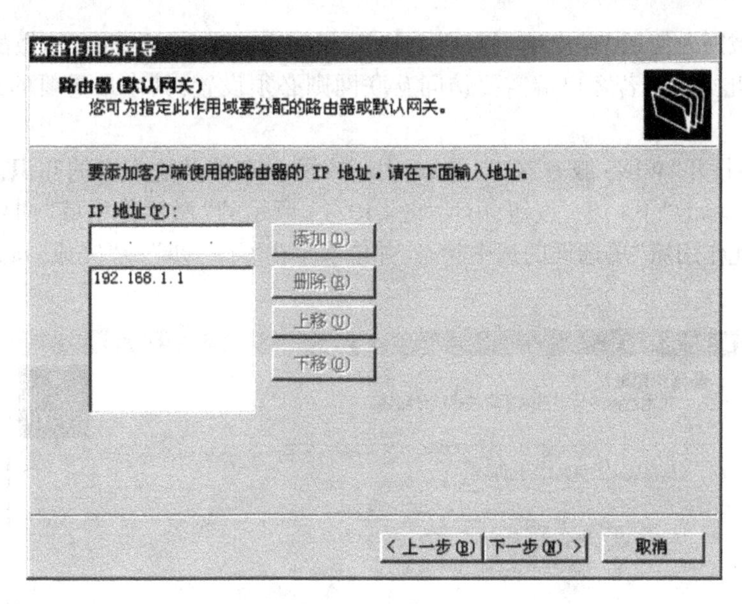

图 10.11　键入客户端使用的网关地址

一般情况下,当只知道 DNS 服务器的 IP 地址时,可直接在“IP 地址”文本框中输入并点击“添加”按钮将 DNS 服务器的 IP 地址加入下方的列表,如图 10.12 所示,这时,“父域”和“服务器名”可以不填。如果不知道 DNS 服务器的 IP 地址而知道其域名,也可在“服务器名”文本框中填入 DNS 服务器的域名,单击“解析”按钮自动解析出 IP 地址,再“添加”到列表中,“父域”文本框仍可留空。以上操作可反复多次以添加多个 DNS 服务器地址。完成后单击“下一步”按钮。

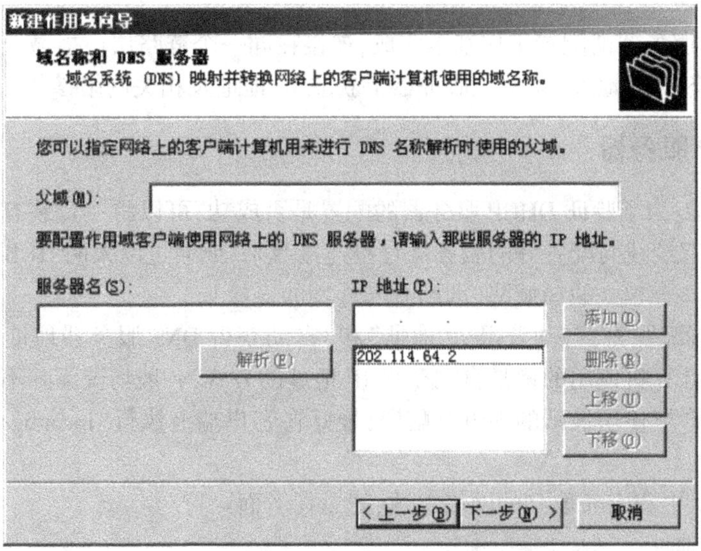

新建作用域向导
域名称和 DNS 服务器
域名系统 (DNS) 映射并转换网络上的客户端计算机使用的域名称。
您可以指定网络上的客户端计算机用来进行 DNS 名称解析时使用的父域。
父域(M):
要配置作用域客户端使用网络上的 DNS 服务器，请输入那些服务器的 IP 地址。
服务器名(S):
IP 地址(P):
添加(D)
解析(E)
202.114.64.2
删除(R)
上移(U)
下移(O)
< 上一步(B)
下一步(N) >
取消

图 10.12　设置客户端使用的 DNS 服务器地址

如果在局域网内使用,客户端不需要 DNS 解析服务,则该向导页可不做配置,直接单击"下一步"跳过此页。但若客户端需要访问互联网则必须设置,其中最重要的是"IP 地址"一项。

(9)接着将打开"WINS 服务器"向导页,由于本例没有涉及这方面的知识,因此可以不做任何设置而直接单击"下一步"按钮,出现如图 10.13 所示的"激活作用域"向导页,保持"是,我想现在激活此作用域"单选框的选中状态,并依次单击"下一步"→"完成"按钮完成配置。

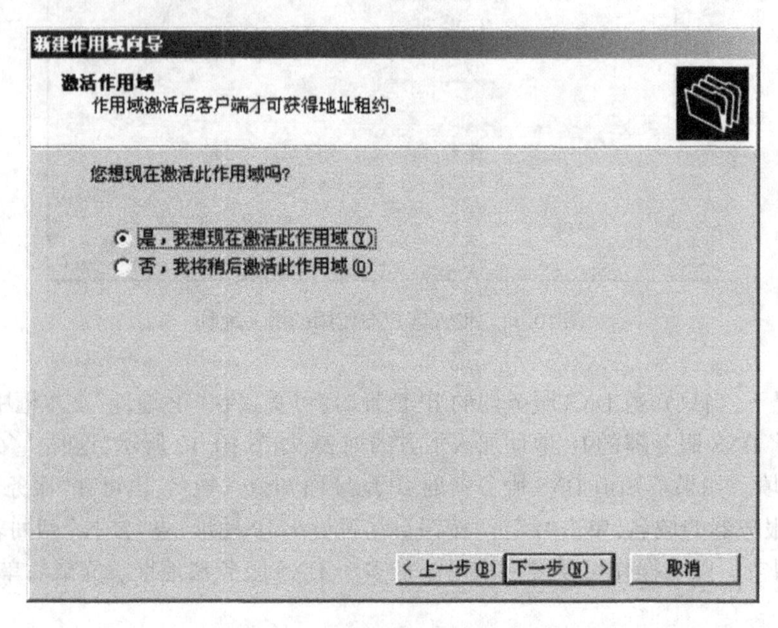

图 10.13 "激活作用域"向导页

至此,DHCP 服务器的配置工作基本完成,连接在同一个链路层广播域上的客户端计算机可以使用"自动获得 IP 地址"来从该服务器上获取 IP 地址及相关网络参数了。

4. 验证 DHCP 服务器

(1)硬件连接:为了验证 DHCP 服务器的配置是否成功,可以将一台装有 Windows 的计算机通过一条交叉双绞线与配置好的服务器直接连接起来,或通过以太网 HUB(或交换机)将两台计算机连接成一个独立的局域网(即断开与外网的连接)。

(2)将客户端配置为"自动获得 IP 地址"和"自动获得 DNS 服务器地址"。实际上,在默认情况下客户端计算机使用的都是自动获得 IP 地址的方式,一般情况下并不需要进行配置。

为了确保客户端使用最新的 DHCP 配置,最好在客户端上执行"ipconfig/renew"命令更新网络参数。

(3)在客户机上查看获取到的网络参数,记录在下面:

IP 地址:________________

子网掩码:________________

默认网关:________________

DNS 服务器:________________;________________

获取到的结果与预期的相同吗？什么情况下就能证明DHCP服务器配置好了？________

____

5. 为网络中特定的计算机建立保留地址

在DHCP服务器上，还可以为网络中特定的计算机（如打印服务器）建立保留地址（永久使用的地址）。保留地址是基于MAC地址而建立的，因此，需要事先获取客户端的MAC地址。

（1）如图10.14所示，在DHCP控制台中，鼠标右击作用域的“保留”文件夹，执行“新建保留”命令。

（2）在打开的“新建保留”窗口中，输入特定计算机的名称、要保留的IP地址、计算机网卡的MAC地址等信息，如图10.15所示，然后点击“添加”，该IP地址将固定分配给该计算机，而不再被其他客户机使用。

如需为多台计算机保留IP地址，可重复上述操作。

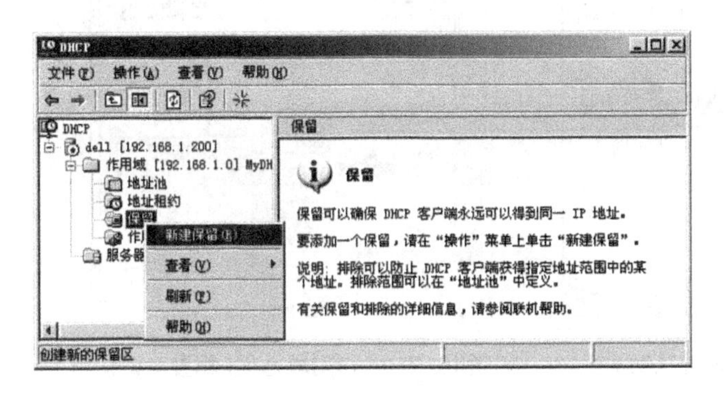

图10.14　打开“新建保留”窗口

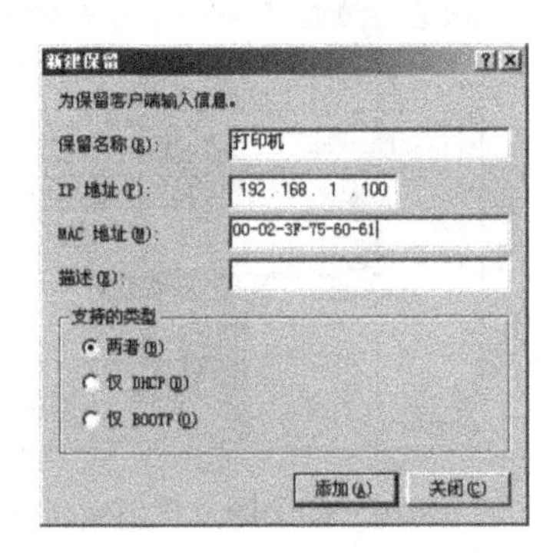

图10.15　为保留客户端输入信息

6. 修改DHCP客户端的地址范围和租约期限

配置好的DHCP服务器，还可以在DHCP控制台中通过执行作用域的“属性”命令来改变对应作用域的DHCP客户端的地址范围和租约期限，操作如下：

（1）打开DHCP控制台，右击要修改的作用域，如图10.16所示，执行“属性”命令。

（2）在打开的DHCP作用域属性窗口中（见图10.17），可以根据需要修改“起始IP地址”、

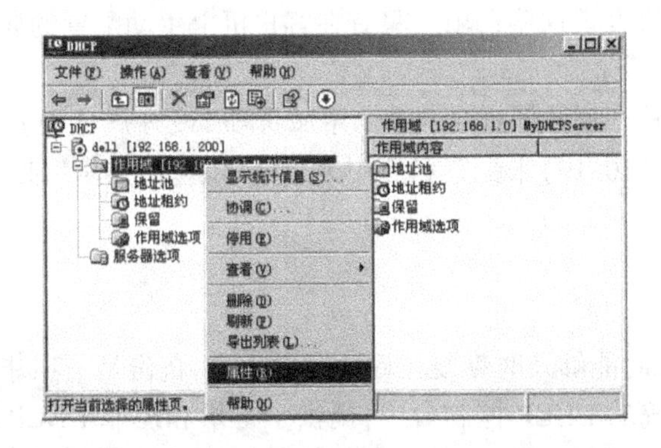

图10.16　在DHCP控制台中修改DHCP服务的属性

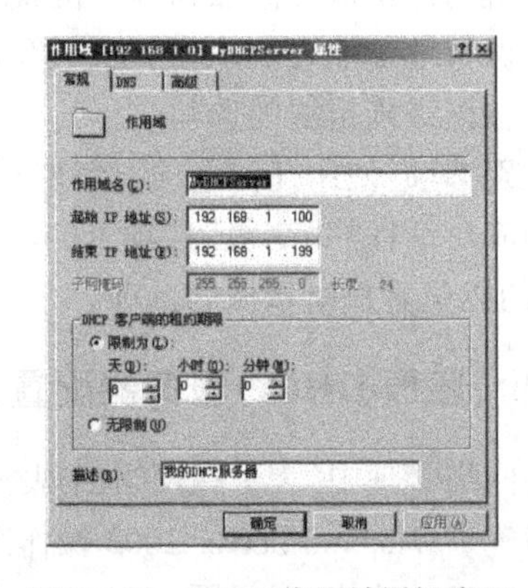

图10.17　DHCP作用域属性窗口

“结束 IP 地址”和“DHCP 客户端的租约期限”。

从图中可看出,客户端的租约期限也可以设为“无限制”,即永久使用。

7. 配置或修改 DHCP 选项

DHCP 提供的选项很多,但其中最重要的是“003 路由器”和“006 DNS 服务器”,即客户端使用的网关地址和 DNS 服务器地址。通过执行“配置选项”命令(如图 10.18 所示)或相应选项的“属性”命令,打开如图 10.19 所示的“作用域选项”配置对话框即可对各种选项进行修改。在作用域选项中也可以设置其他的选项来实现不同的功能。

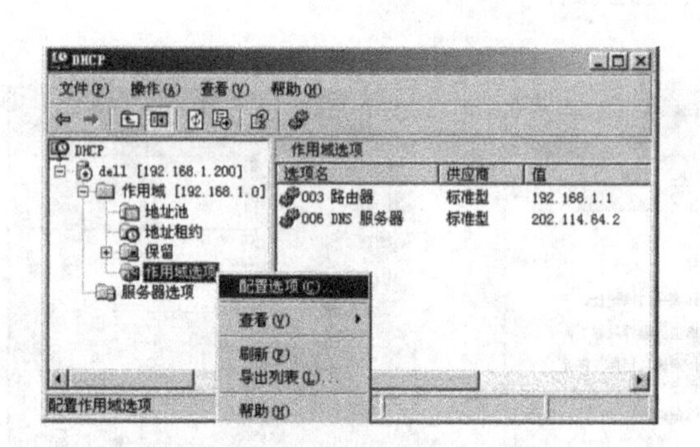

图 10.18　DHCP 作用域的“配置选项”命令

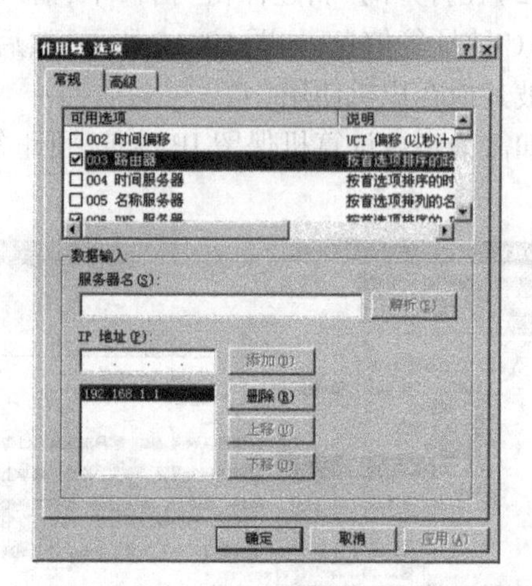

图 10.19　“作用域选项”配置对话框

实际上,为了划分选项的作用范围,Windows Server 2003 设置了如下四种 DHCP 选项级别:

服务器选项:此选项应用于所有从该 DHCP 服务器获得 IP 地址的客户机,这对于所有的子网具有相同配置的情况非常方便。

作用域选项:此选项只应用于从 DHCP 服务器的某个地址作用域获得 IP 地址的客户机,这种设置适合不同的子网有不同的选项的情况。

客户选项:仅用于特定的保留 DHCP 客户机的选项指派值。要使用该级别的选项,首先需将客户机的保留地址添加到客户机获取 IP 地址的相应 DHCP 服务器和作用域,并为使用作用域中的保留地址配置的单独 DHCP 客户机设置这些选项。只有在客户机上手动配置的属性才能替代在该级别指派的选项。

类别选项:使用任何选项配置对话框(“服务器选项”、“作用域选项”或客户选项)时,可单击相应对话框的“高级”选项卡(参见图 10.19)来配置和启用为指定“供应商类别”或“用户类别”的成员客户所指派的选项。

8. 备份、还原 DHCP 服务器配置信息

在网络管理中,为了在网络出现故障时能够及时恢复正确的配置信息,备份是一项非常重要的措施。Windows Server 2003 操作系统的 DHCP 控制台中,提供了备份和还原 DHCP 服务器配置信息的功能(参见图 10.20)。

(1)打开 DHCP 控制台,在控制台窗口中,展开“DHCP”选项,选择已经建立好的 DHCP 服务器,右键单击服务器名,选择“备份”(如图 10.20 所示),将打开如图 10.21 所示的要求用户选择备份路径的窗口。默认情况下,DHCP 服务器的配置信息放在系统安装盘的“windows\system32\dhcp\backup”目录下,如有必要,可以手动更改备份的位置。点击“确定”后就完成了对 DHCP 服务器配置文件的备份工作。

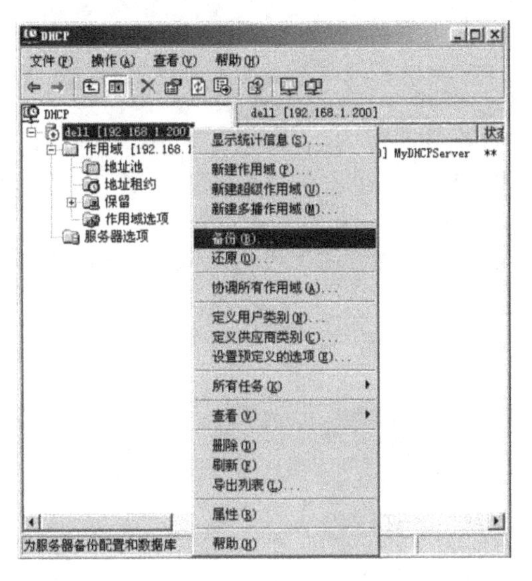

图 10.20 对 DHCP 服务器执行“备份”命令

图 10.21 选择要备份配置文件的位置

(2)当出现配置故障时,可以用事先备份好的文件还原 DHCP 服务器的配置信息。右键单击 DHCP 服务器名,选择“还原”选项,同样会有一个确定还原位置的选项,选择备份时使用的文件夹,单击“确定”按钮,这时会有一个“关闭和重新启动服务”的对话框(如图 10.22 所示),选择“确定”后,DHCP 服务器就会自动恢复到最初的备份配置。

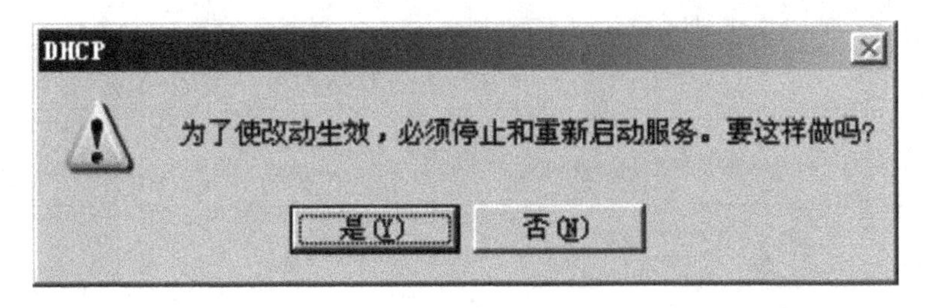

图 10.22 停止和重新启动 DHCP 服务

六、实验拓展

(1)什么情况下需要将网关地址配置成与 DHCP 服务器的相同?什么情况下配置成 DHCP 服务器的内部地址?

(2)在 DHCP 环境下,为一台主机分配固定的 IP 地址有哪些实现方式?

(3)排除和保留有什么不同？分别使用在什么情况下？

(4)什么情况下可以不配置网关地址？

(5)如果实验室中有 Internet 连接,请设计一个方案并尝试实验验证:将刚才配置的 DHCP 服务器和客户端都连接到 Internet,并使得 DHCP 服务器能为客户端分配 IP 地址,然后再使用客户端访问 Internet。记录遇到的问题及解决办法。

第三单元 网络连接共享与Internet接入

实验 11 “Internet 连接共享”实验

一、实验目的

通过实际配置和使用，掌握在 Windows XP 和 Windows Server 2003 中配置“Internet 连接共享”和客户端使用“Internet 连接共享”的方法，验证 Internet 连接共享的用途。

二、实验条件

(1)PC1:Windows XP 或 Windows Server 2003 操作系统;两个网络适配器:一个(以太网网卡)用于连接内部网络,另一个(以太网网卡或调制解调器)连接 Internet,用做 Internet 连接共享服务器。

(2)PC2:Windows 操作系统,一块以太网网卡,用做 Internet 连接共享的客户机。

(3)Internet 连接(如没有 Internet 连接,也可用一台计算机来模拟 Internet 服务器)。

(4)相应数量和类型的双绞线跳线。

三、实验内容

(1)在 Windows XP 或 Windows Server 2003 中配置 Internet 连接共享。

① 使用“网络安装向导”配置;

② 通过修改网络连接的属性手动配置。

(2)配置客户机,通过配置好的 Internet 连接共享服务器访问互联网,验证服务器的工作状态,并理解 Internet 连接共享的用途。

四、预备知识

“Internet 连接共享”是 Windows XP 和 Windows Server 2003 内置的一个服务,它可以让多台计算机共享一个网络连接来访问互联网。

对于个人或小型机构,申请接入 Internet 时,往往只能获得一个合法 IP 地址(静态或动态)。如果内部有多台计算机都想通过该 Internet 连接访问互联网,就可以通过在直接连接 Internet 的计算机上配置“Internet 连接共享”来实现,如图 11.1 所示,其中,PC1 上需要安装两个网络适配器,一个用于连接内部网络,另一个用于连接 Internet。“Internet 连接共享”可以让局域网内的多台计算机共享任何类型的 Internet 连接,如以太网、电话拨号、ADSL 等。实际上,“Internet 连接共享”可以用于任何需要共享网络连接的场合。

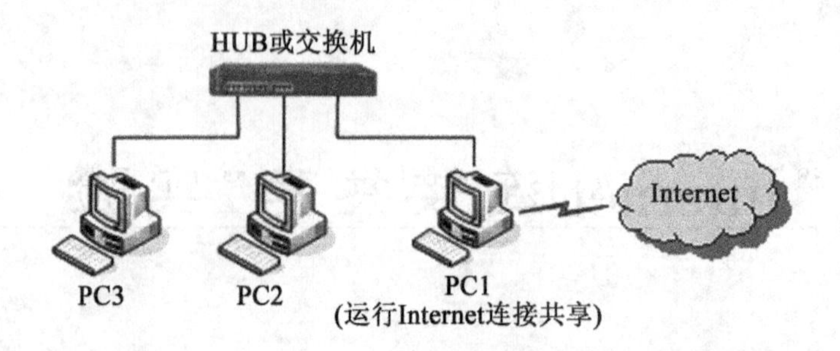

图 11.1　Internet 连接共享的典型应用

有多种方式可以实现网络连接的共享,Windows XP 和 Windows Server 2003 的"Internet 连接共享"服务只是其中的一种。除此之外,还有网络地址转换(NAT)技术和代理技术,且后两种技术的功能更为强大,有关知识见后续的两个实验。

在进行本实验之前,需要熟练掌握本书实验 2 的内容。

五、实验指导

1. 设备连接与网络接口参数配置

(1)按照图 11.2 中的相应情况连接计算机。如果实验室中有交换机或集线器,PC1 和 PC2 也可以通过交换机(或集线器)连起来。

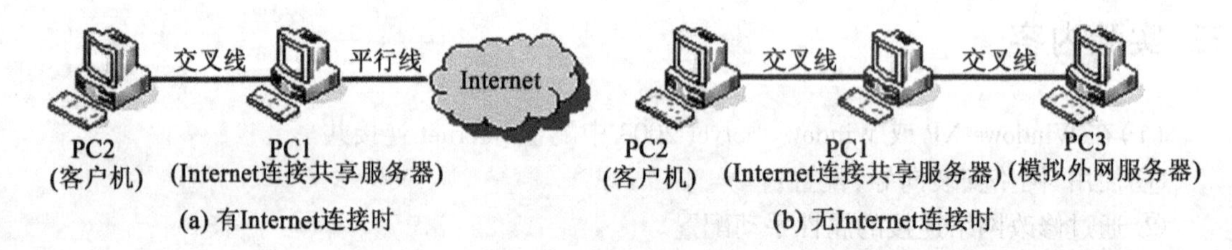

图 11.2　实验拓扑图

(2)为了便于标识,将 PC1 上连接 Internet 的"本地连接"重命名为"外部接口",而将连接内网的"本地连接"重命名为"内部接口",如图 11.3 所示。

(3)根据实验室情况或 ISP 提供的信息配置外部接口的 TCP/IP 参数(IP 地址可以配置为静态地址,也可以通过网络自动获得),而不要配置内部接口的 TCP/IP 参数(即内部接口的 TCP/IP 属性保留为"自动获得 IP 地址")。

下面就可以在 PC1 上配置"Internet 连接共享"了。有两种配置方式:使用"网络安装向导"和通过修改网络连接的属性手动启用。

注意:必须拥有管理员权限才能启用 Internet 连接共享。因此,配置之前,请用具有管理员权限的账户登录 Windows。

图 11.3　重命名后的 PC1 上的网络连接

2. 使用"网络安装向导"启用"Internet 连接共享"

启用"Internet 连接共享"最简单的方法是使用"网络安装向导",操作步骤如下:

(1)点击"开始",依次指向"所有程序"→"附件"→"通讯",单击"网络安装向导"。

(2)依次单击"下一步"直到出现"选择连接方法"向导页,如图 11.4 所示,选择"这台计算机直接连接到 Internet..."，然后单击"下一步"。

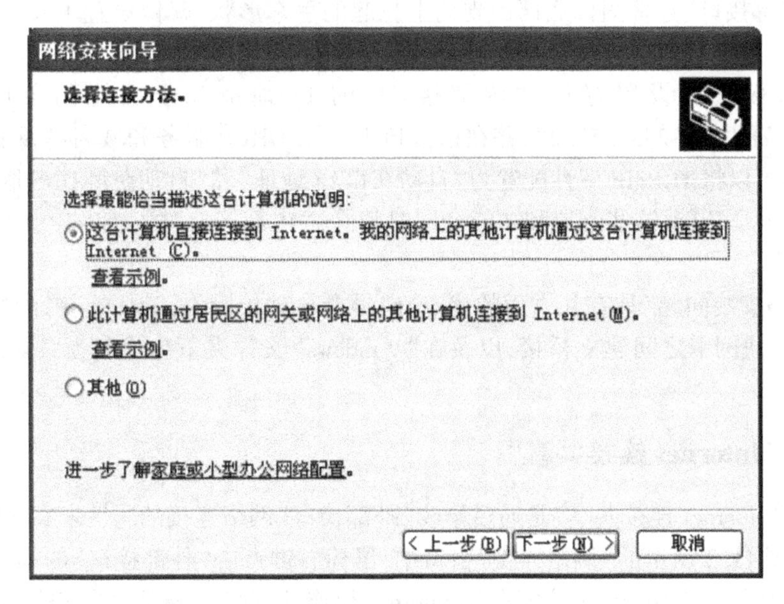

图 11.4　选择计算机的连接方法

(3)"网络安装向导"将自动选择使用的 Internet 连接,在如图 11.5 所示的"选择 Internet 连接"向导页中,检查所选择的 Internet 连接是否正确,如不正确,用鼠标选择正确的连接后单击"下一步"。

(4)在随后的向导页中,根据需要作出选择(通常可保留默认设置),单击"下一步",直到

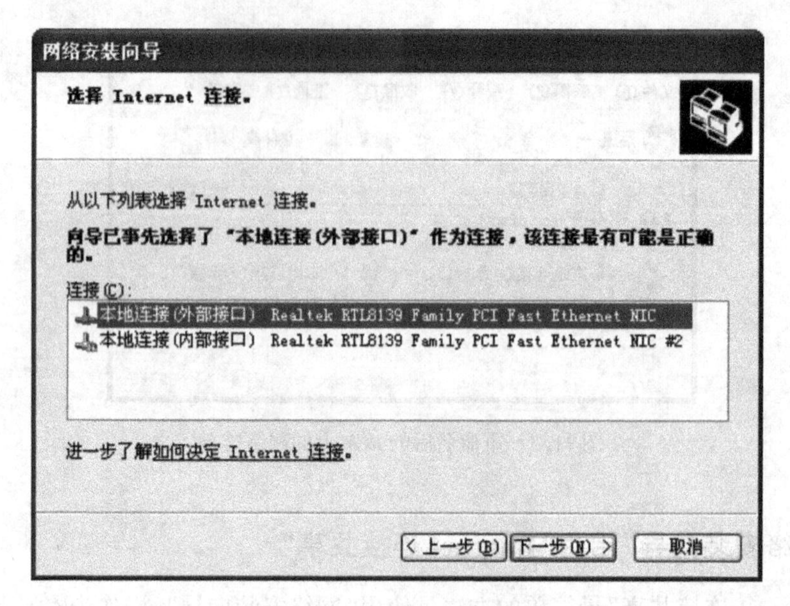

图 11.5 选择 Internet 连接

"完成"向导。

至此,内部网上的计算机就可以通过此计算机访问互联网了。这时,打开"网络连接"窗口,会看到"外部接口"连接图标底部出现向上托起的手掌形状,就像设置了共享的文件夹一样。

Internet 连接共享设置好后,"内部接口"的 IP 地址和子网掩码会自动设置为"192.168.0.1"和"255.255.255.0",并在该接口上启用 DHCP 服务和域名解析服务,使得内网上的客户机可以将 TCP/IP 属性配置为"自动获得 IP 地址"和"自动获得 DNS 服务器地址"。一旦删除连接共享功能,这些配置和功能会同时消除,"内部接口"的 TCP/IP 属性恢复为"自动获得 IP 地址"。

使用"网络安装向导"具有几方面的优点:向导会自动检测 Internet 连接,配置 Internet 连接防火墙,在多块网卡之间建立桥接,以及在"Windows"文件夹下生成名为"nsw.log"的日志文件。

3. 手动启用"Internet 连接共享"

手动启用"Internet 连接共享"是通过修改"外部接口"网络连接的属性来实现的。

(1)在如图 11.3 所示的"网络连接"窗口中,鼠标右键点击"外部接口"的本地连接(或者想要共享的拨号网络连接,也就是负责与 Internet 相连的连接),然后执行快捷菜单中的"属性"命令,或选中要共享的连接后执行"网络任务"下的"更改此连接的设置",打开如图 11.6 所示的"属性"窗口。

(2)在图 11.6 中清除"Microsoft 网络客户"和"Microsoft 网络的文件和打印机共享"复选框即不要在直接连接到 Internet 上的任何网卡上启用这些项目。

(3)点击"高级"选项卡(见图 11.7),然后选择"允许其他网络用户通过此计算机的 Internet 连接来连接"复选框。

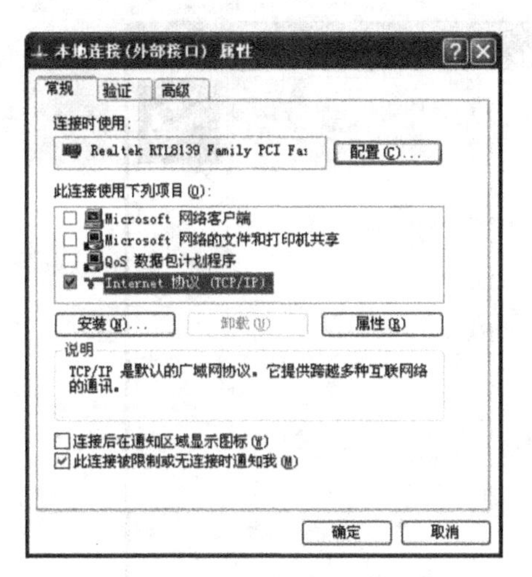

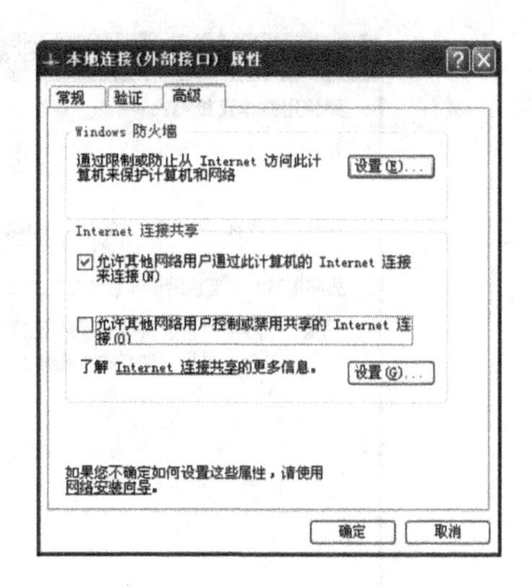

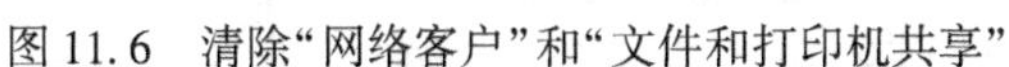
图 11.6　清除“网络客户”和“文件和打印机共享”

图 11.7　启用“Internet 连接共享”

可以启用或者禁用“允许其他网络用户控制或禁用共享的 Internet 连接”选项,建议不要启用该选项,因为用户并不需要控制该连接就可以使用它。

在“Windows 防火墙”一栏中,保留默认设置“启用”防火墙,除非在计算机与 Internet 之间安装了另一个防火墙。

点击“确定”后,“Internet 连接共享”即被启用。

4. 配置客户计算机

在配置客户机之前,请检查 PC1 上的 Internet 连接是否仍然能够正常工作。在使用中,请保持直接连接 Internet 的计算机的不间断运行或者在其他客户计算机启动之前启动。此外,还需要确认“内部接口”上的 TCP/IP 配置:IP 地址为“192.168.0.1”,子网掩码为“255.255.255.0”。

客户机上的配置也有手动和使用“网络安装向导”两种操作方法。

(1)手动配置客户机

客户机上既可以配置为静态 TCP/IP 参数,也可以配置为“自动获得 IP 地址”和“自动获得 DNS 服务器地址”。具体操作方法参见实验 2。

如果配置为静态参数,IP 地址应该在 192.168.0.2 到 192.168.0.254 之间选取,子网掩码为 255.255.255.0,并将默认网关配置为 192.168.0.1。客户机的 DNS 既可以配置为 192.168.0.1,也可以配置为 ISP 提供的 DNS 服务器地址。

(2)使用“网络安装向导”配置客户机

点击“开始”→“所有程序”→“附件”→“通讯”→“网络安装向导”。如果客户机和配置了 Internet 连接共享的计算机已经连接好,“网络安装向导”会自动发现此“共享的 Internet 连接”,如图 11.8 所示,选择“是,将现有共享连接用于这台计算机的 Internet 访问”,然后单击“下一步”,直到完成向导。

现在,客户计算机就可以访问 Internet 了。请在客户机上使用 Internet 上的典型应用(如 Web、FTP、Telnet 等)验证 Internet 连接共享的工作状态,并记录访问情况。

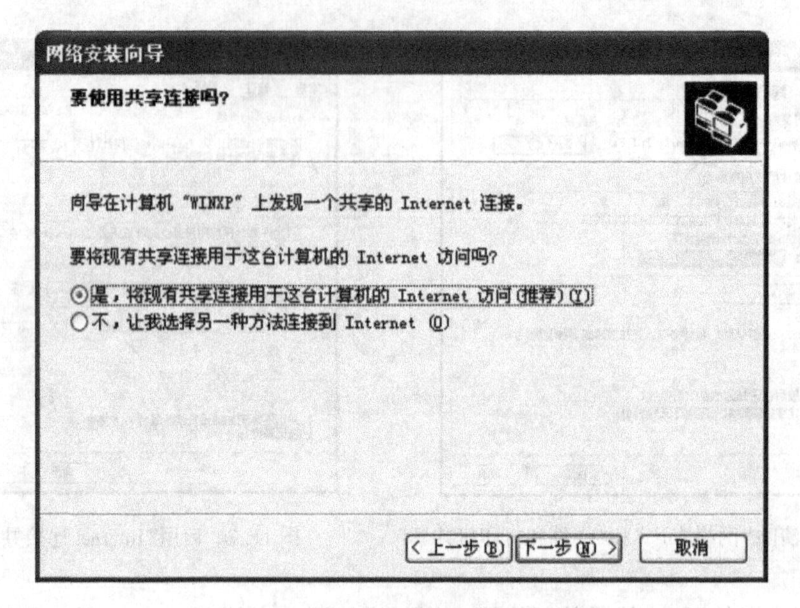

图 11.8 用“网络安装向导”配置客户机

六、实验拓展

(1)在配置好“Internet 连接共享”后,看看能否手工修改“内部接口”的 IP 地址,为什么?

(2)在只安装了一个网络适配器的计算机上,看看能否配置“Internet 连接共享”。

实验 12 网络地址转换(NAT)配置

一、实验目的

通过实际配置,掌握网络地址转换(NAT)的概念和原理,了解 NAT 的几种转换方式及适用场合,掌握在 Windows Server 2003 上配置 NAT 的方法。

二、实验条件

(1)PC1:Windows Server 2003 操作系统;两个网络适配器:一个(以太网网卡)用于连接内部网络,另一个(以太网网卡或调制解调器)连接 Internet,用做 NAT 服务器。

(2)PC2:Windows 操作系统,一块以太网网卡,用做 NAT 的客户机。

(3)Internet 连接(如没有 Internet 连接,也可用一台计算机来模拟 Internet 服务器)。

(4)相应数量和类型的双绞线跳线。

三、实验内容

(1)在 Windows Server 2003 中启用并配置网络地址转换(NAT)服务,具体包括:

① 配置并启用"路由和远程访问"中的网络地址转换(NAT)服务;

② 配置 NAT 服务器上的名称和地址服务;

③ 查看 NAT 服务器上网络地址转换会话映射状况;

④ 配置 NAT 的外部地址池(选做);

⑤ 在 NAT 上为内部主机上的指定服务配置端口映射(选做)。

(2)配置客户机,通过配置好的 NAT 服务器访问互联网,验证服务器的工作状态。

四、预备知识

网络地址转换(Network Address Translation,NAT)是一种将一个 IP 地址转换成另一个 IP 地址来访问网络的技术。当组织内部的联网计算机台数超过 ISP 为其分配的全局 IP 地址数时,如果这些计算机都需要访问互联网,就需要用到 NAT 技术。

NAT 通常运行在连接内部网和外部网的边界路由器上,如图 12.1 所示。极端情况下,当 ISP 只分配给组织一个全局 IP 地址时,NAT 的作用与实验 11 中 Windows 系统提供的"Internet 连接共享"作用相同(实际上,Windows 系统提供的"Internet 连接共享"功能就是一种简化了的 NAT 技术)。实际应用中,NAT 可被用于互联任何两个地址域,并可以多层应用。

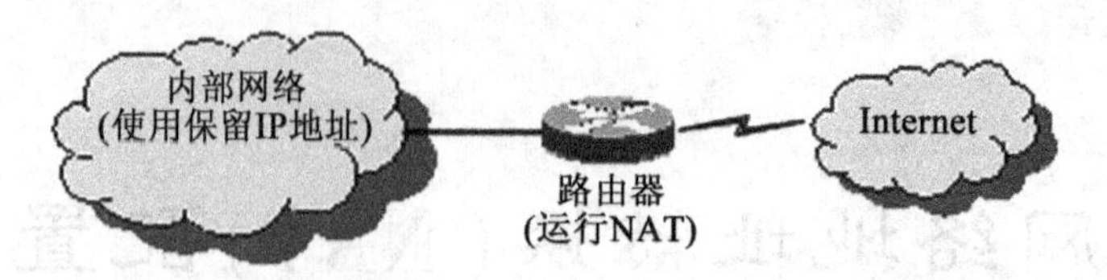

图 12.1　NAT 的典型应用方式

1. NAT 的实现方式

NAT 的内部实现有如下三种方式：

- 静态地址转换：即每一台内部主机固定对应一个全局 IP 地址。这种情况需要足够的全局 IP 地址数目，早期主要用于保障内部网络安全，而不是为了解决全局 IP 地址不够的问题。也可以用在内部主机需要向外部网络提供服务的情况下，即针对提供服务的主机部分地设置静态地址转换。
- 动态地址转换：即当内部主机请求 NAT 时，NAT 服务器从全局 IP 地址池中动态地选取一个未被使用的地址进行转换。这种转换也是一对一的，即每一时刻一个全局地址只能被一台客户机使用，但客户机每次连接后得到的全局地址是不固定的，因为一旦客户机断开连接，所用的全局地址就会重新放回地址池中，以供其他客户端使用。因此动态地址转换可以用在有一定的全局 IP 地址数量，但又少于内部网络上主机台数，且内部主机不会同时请求访问 Internet 的情况下。
- 复用动态地址转换——端口映射 NAT：这种方式允许多台内部主机同时使用同一个全局地址，当获得的全局 IP 地址远远少于内部主机数时，如只有一个全局地址的情况下，就需要使用这种转换方式。NAT 服务器为了区分不同的客户机，以便将返回的数据报送交给正确的目的地，使用不同的端口号来标识客户机的每一次连接转换，因此称为端口映射 NAT。这种转换方式是目前的主要应用形式。

在传统的路由器上，提供了上述三种方式的全部实现。

2. NAT 对应用的影响

NAT 影响 ICMP 和把 IP 地址或协议端口号作为数据传送的应用层协议。NAT 产品通常只解决了常用标准应用（如 FTP、HTTP、TELNET 等）的问题，也就是说，一些不常用的和新出现的应用，通过 NAT 可能不能很好地工作。

3. 实现 NAT 的软硬件产品

NAT 技术最早是在路由器上实现的，但目前实现 NAT 功能的软硬件产品很多，主要包括：

- 路由器和防火墙；
- 服务器操作系统（如 Windows Server 和 LINUX 中均支持 NAT）；
- 代理服务器软件（如 SyGate、WinRoute、WinGate 等）。

不同的 NAT 产品提供的基本功能相同，但功能强弱有所差别，使用方式也各不相同，用户可根据实际需求选择使用。

考虑到实验条件的可行性，本书以 Windows Server 2003 系统为例进行配置。在 Windows

Server 2003 中,NAT 是包含在“路由和远程访问”服务中的,也就是说,在 Windows Server 2003 上配置 NAT 是通过配置并启用“路由和远程访问”服务实现的,这种情况下,运行 NAT 的 Windows Server 2003 服务器充当了连接内网和外网的路由器。

在进行本实验之前,需要熟练掌握本书实验 2 的内容。

五、实验指导

1. 设备连接与接口参数配置

实验用设备连接与网络接口参数配置参照实验 11,所不同的是,这里需要配置内部接口的 IP 地址和子网掩码(注意:内部接口的 IP 地址与外部接口的 IP 地址不能在同一个 IP 子网内)。本例中,内部接口的 IP 地址为“10. 0. 0. 1”,子网掩码为“255. 255. 255. 0”。请将你准备使用的内部接口参数记录在下面的横线上:

IP 地址:________________

子网掩码:________________

2. 配置并启用 NAT 服务

(1)单击“开始”→“管理工具”→“路由和远程访问”菜单,打开“路由和远程访问”控制台窗口。

(2)鼠标右键单击“路由和远程访问”控制台中左窗格的服务器名称,如图 12. 2 所示,执行“配置并启用路由和远程访问”命令,打开“路由和远程访问服务器安装向导”,单击“下一步”。

(3)在如图 12. 3 所示的“配置”向导页中,选中“网络地址转换(NAT)”,单击“下一步”。

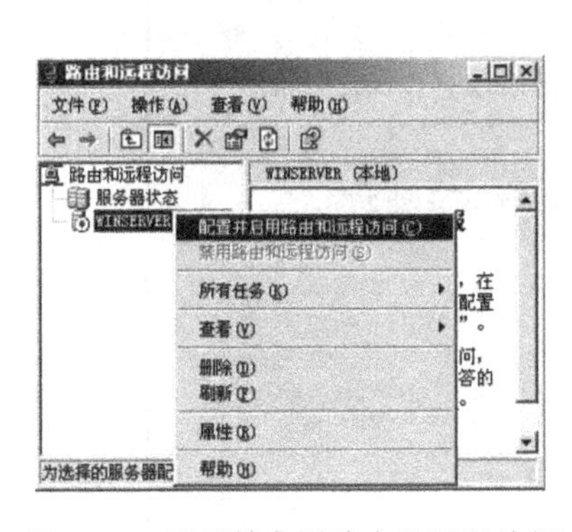

图 12. 2　配置并启用路由和远程访问

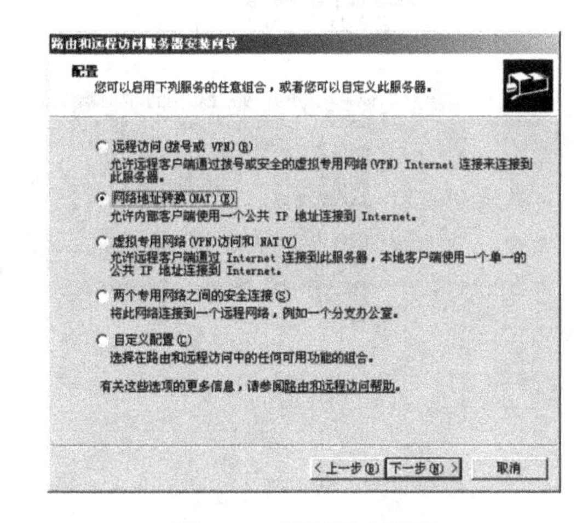

图 12. 3　“配置”向导页

(4)在如图 12. 4 所示的“NAT Internet 连接”向导页中,确认“使用此公共接口连接到 Internet”列表中选中的是正确的接口,单击“下一步”。

(5)Windows Server 2003 的“路由和远程访问”提供了 DNS 转发和 DHCP 服务,在如图

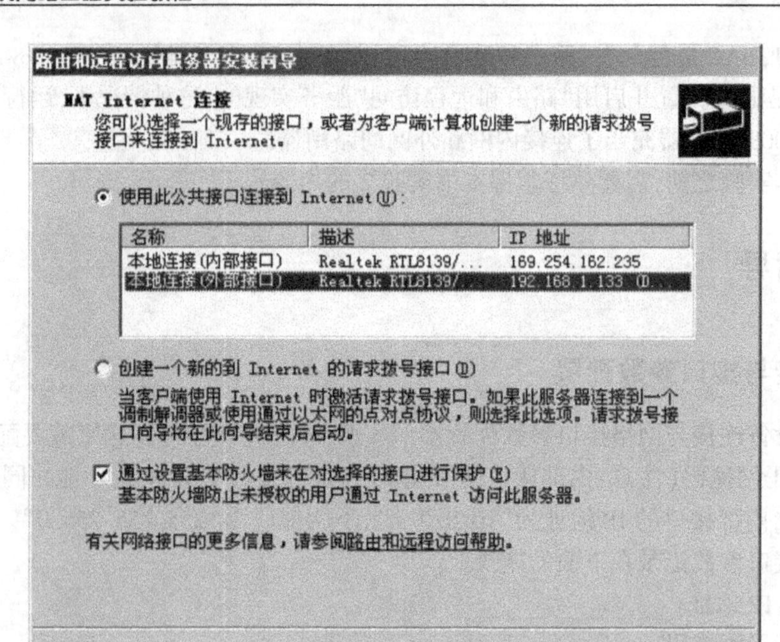

图 12.4　选择连接到 Internet 的接口

12.5 所示的向导页中,可以选中“启用基本的名称和地址服务”来启用这两种服务,以便客户端能从该服务器获得 TCP/IP 配置信息,并能将 DNS 服务器地址指向该服务器的内部接口 IP 地址。根据需要选好后单击“下一步”。

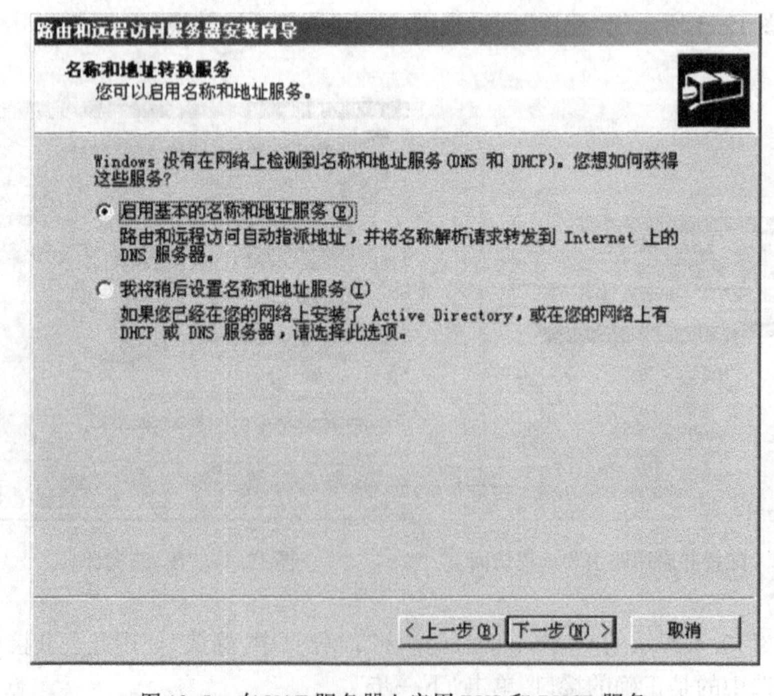

图 12.5　在 NAT 服务器上启用 DNS 和 DHCP 服务

(6)启用了 DHCP 服务后,向导会根据内部接口的 IP 地址和子网掩码自动生成 DHCP 分配给客户端的 IP 地址范围,如图 12.6 所示。单击“下一步”,直到“完成”向导(见图 12.7)。

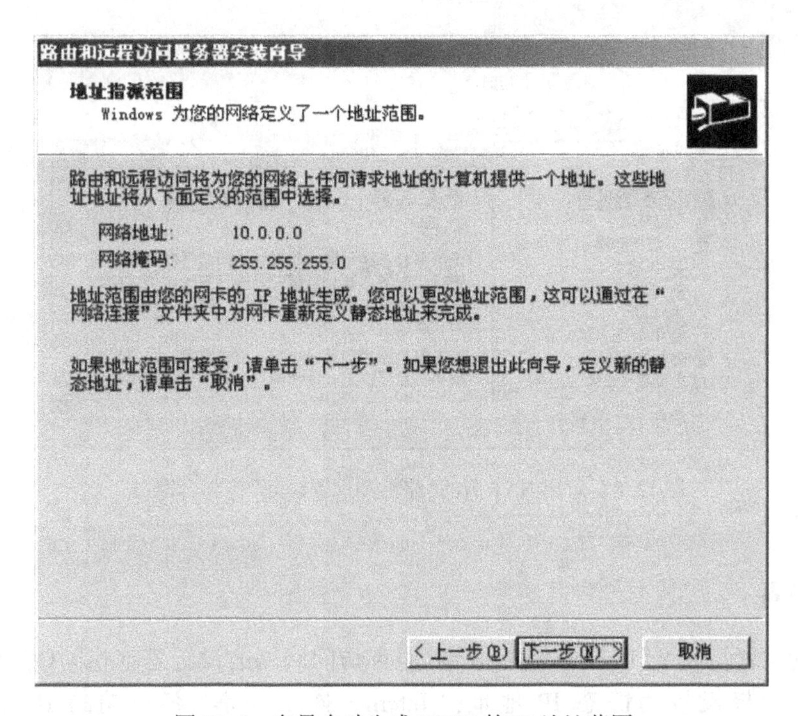

图 12.6　向导自动生成 DHCP 的 IP 地址范围

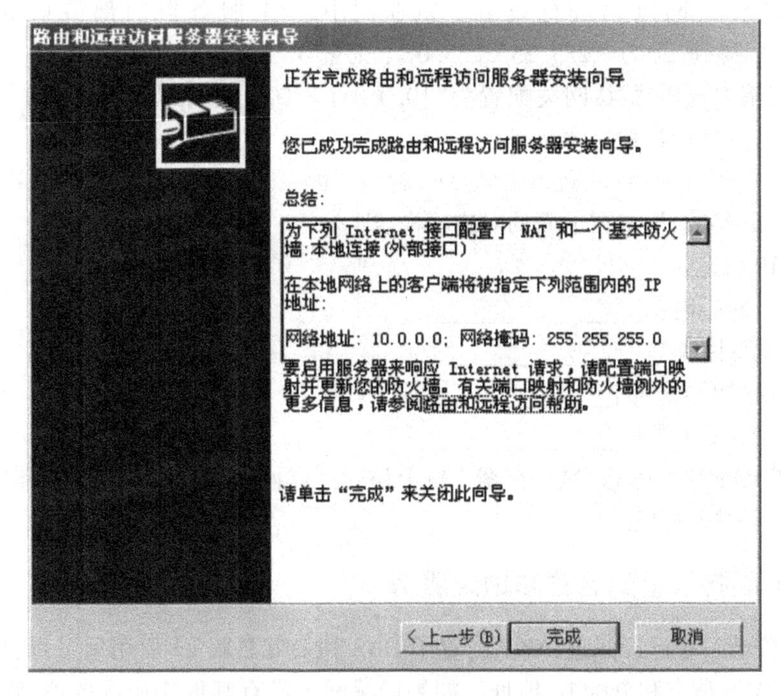

图 12.7　“完成”NAT 配置向导页

向导完成后,“路由和远程访问”控制台窗口呈现如图 12.8 所示的样子。至此,客户端已经可以通过该 NAT 服务器访问 Internet 了。

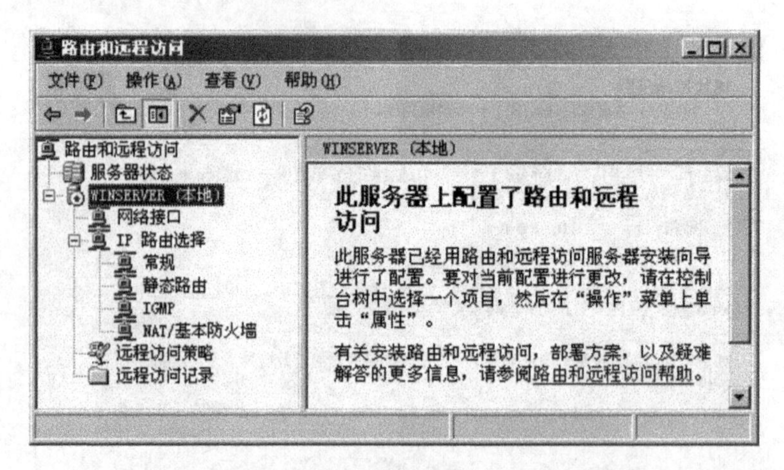

图 12.8　启用 NAT 后的“路由和远程访问”控制台窗口

3. 客户端设置

客户端的设置与通过“Internet 连接共享”服务访问网络的设置基本相同(参见实验 11)。所不同的是,如果设置为静态 IP 地址,“Internet 连接共享”客户端的 IP 地址只能在“192.168.0.2~192.168.0.254”范围内选择,而 NAT 的客户端 IP 地址需要根据 PC1 上内部接口的 IP 地址和子网掩码进行设置。如本例中 NAT 服务器内部接口的 IP 地址为“10.0.0.1”,子网掩码为“255.255.255.0”,则客户端的 IP 地址需在“10.0.0.2~10.0.0.254”范围内选择,默认网关配置为“10.0.0.1”,DNS 既可以配置为“10.0.0.1”,也可以配置为 ISP 提供的 DNS 服务器地址。

(1)将客户端配置为“自动获得 IP 地址”和“自动获得 DNS 服务器地址”,在客户端查看所获得的 TCP/IP 参数,记录在下面的对应项横线上:

IP 地址:____________

子网掩码:____________

默认网关:____________

DHCP 服务器:____________

DNS 服务器:____________

(2)将客户端配置为静态参数,在客户机上访问互联网,以验证 NAT 服务器的工作状态。记录遇到的问题和解决办法。

4. 配置 NAT 服务器上的名称和地址服务

从上面的安装过程已经知道,NAT 内置了 DNS 和 DHCP 服务,启用后可以自动为内部网络客户端解析 DNS 请求和分配 IP 地址。如果局域网上没有其他相应服务器,则可以使用此功能。

安装完成后,可以通过“路由和远程访问”控制台修改名称和地址服务的配置。如果在安

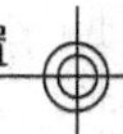

装过程中没有启用(图 12.5 中选择了“我将稍后设置名称和地址服务),也可以按照下述方法启用和配置。

(1)修改 DHCP 服务

① 打开“路由和远程访问”控制台窗口(见图 12.8),右键单击左窗格中的“NAT/基本防火墙”,然后单击“属性”,再单击“地址指配”选项卡,如图 12.9 所示,然后选中“使用 DHCP 自动分配 IP 地址”复选框。在“IP 地址”和“掩码”框中,键入客户端使用的网络地址和子网掩码。

② 单击图 12.9 下方的“排除”按钮,可以将已静态分配给内部网络上主机的 IP 地址排除在外,如图 12.10 所示,相当于实验 9 中的建立“保留地址”。

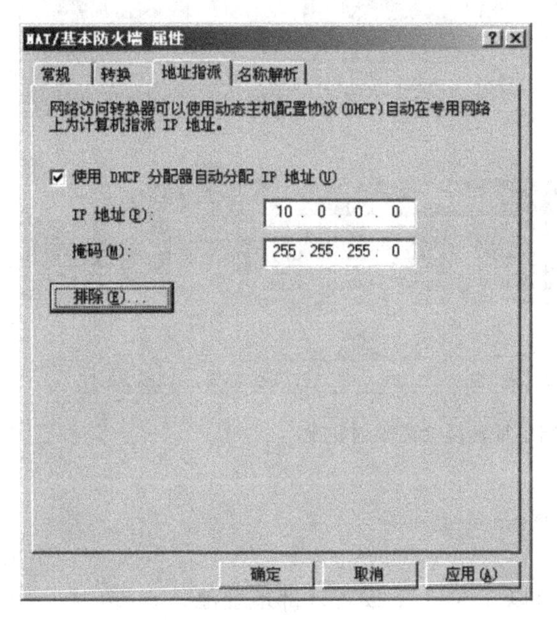

图 12.9　配置 NAT 上的 DHCP

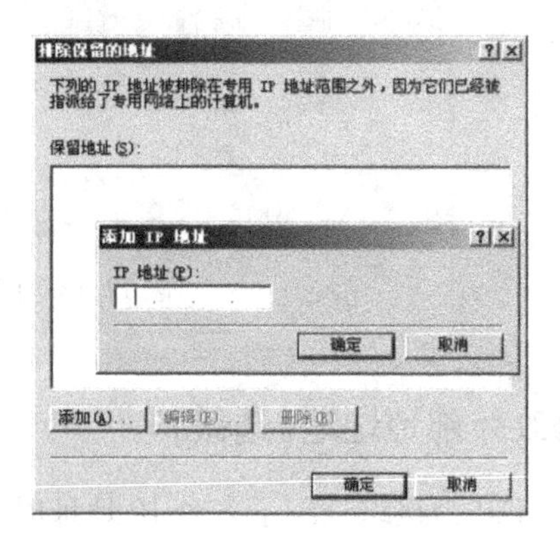

图 12.10　排除保留 IP 地址

(2)修改 DNS 服务

在图 12.9 中,选择“名称解析”选项卡,打开如图 12.11 所示的窗口,选中或清除“使用域名系统(DNS)的客户端”复选框,就可启用或禁用 NAT 服务器上的 DNS 解析转发服务(建议启用)。

5. 查看客户端使用 NAT 服务器的情况

在“路由和远程访问”控制台窗口中,单击左窗格中的“NAT/基本防火墙”,再右键单击右窗格中的“外部接口”本地连接,如图 12.12 所示,执行“显示映射”,即可打开如图 12.13 所示的“网络地址转换会话映射表格”窗口,在该窗口中可以观察到客户端使用 NAT 的当前状况,在窗口中任意位置单击右键可以刷新显示内容。

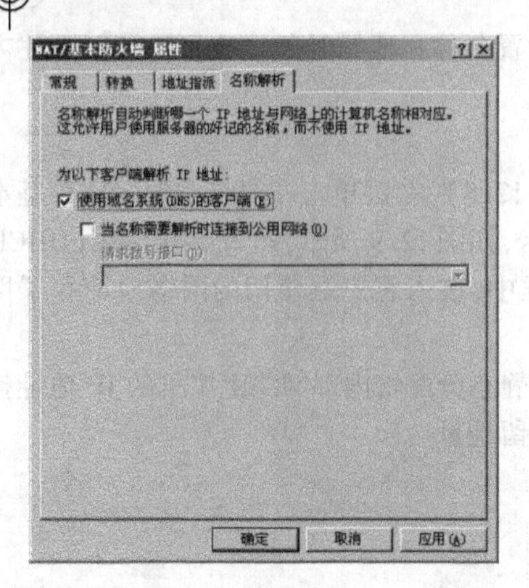

图 12.11　启用 NAT 上的 DNS 解析服务

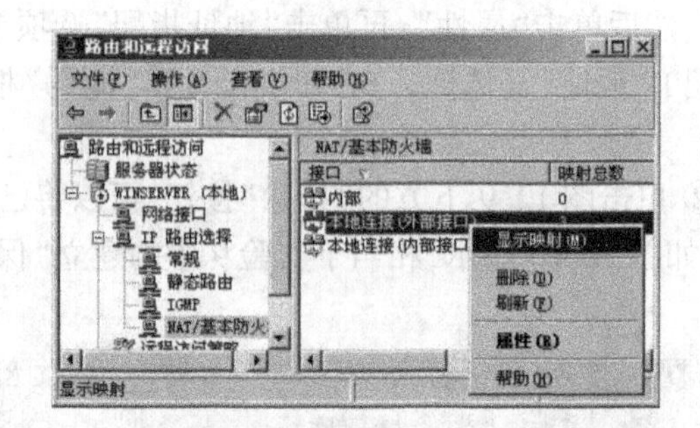

图 12.12　查看客户端使用 NAT 服务器的情况

WINSERVER - 网络地址转换会话映射表格

通讯协议	方向	专用地址	专用端口	公用地址	公用端口	远程地址	远程端口	空闲时间
TCP	出站	10.0.0.2	3,123	192.168.1.133	1,035	202.114.68.70	23	116
TCP	出站	10.0.0.2	3,137	192.168.1.133	1,043	202.114.64.181	80	6
TCP	出站	10.0.0.2	3,138	192.168.1.133	1,044	202.114.64.181	80	65
UDP	出站	10.0.0.2	1,028	192.168.1.133	1,028	202.114.64.2	53	17
TCP	出站	10.0.0.2	3,140	192.168.1.133	1,045	202.114.103.85	23	16
TCP	出站	10.0.0.2	3,141	192.168.1.133	1,046	202.114.103.85	21	7

图 12.13　网络地址转换会话映射状况

6. 修改外部地址池(选做)

当 ISP 为组织分配了多个 IP 地址时，可以在 NAT 上设置外部地址池。

在图 12.12 中，执行“外部接口”的“属性”命令，单击“地址池”选项卡，打开如图 12.14 所示的窗口，再单击“添加”按钮，在如图 12.15 所示的对话框中即可输入 ISP 分配的全局 IP 地址块。

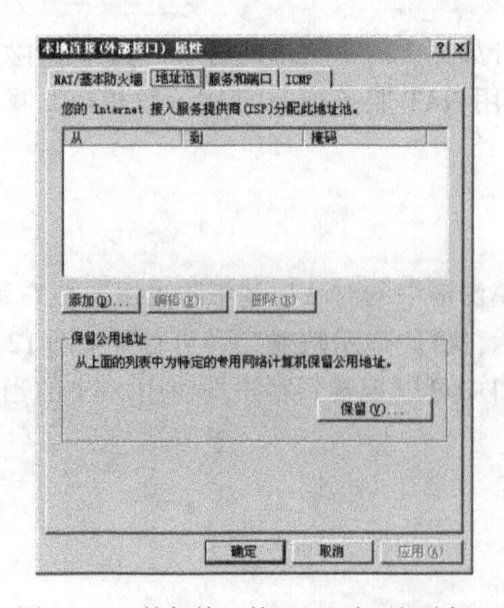

图 12.14　外部接口的“地址池”选项窗口

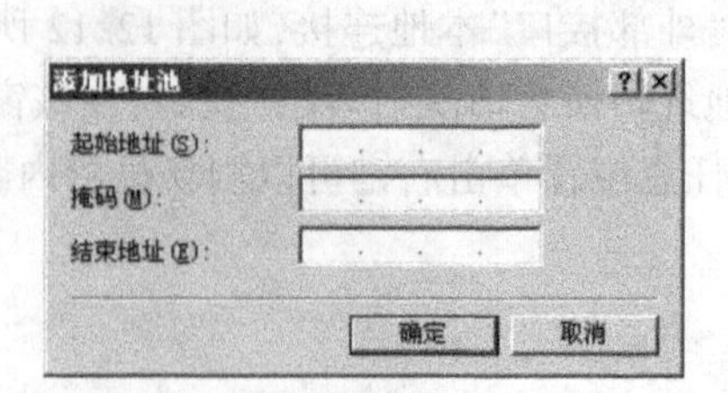

图 12.15　“添加地址池”对话框

7. 配置端口映射

有时，内部网络上的某些主机希望向外部网络的用户提供服务，就可通过配置端口映射来实现。

在“外部接口”的“属性”窗口中，单击“服务和端口”选项卡，如图12.16所示，在“服务”列表中选择要提供的服务类型，如本例选择了“FTP服务”，单击“编辑”按钮，在如图12.17所示的“编辑服务”窗口中，可以输入提供服务的内部主机的IP地址（“专用地址”文本框）。如果不是标准服务，还可以输入使用的端口号（“传入端口”文本框），甚至选择使用的传输层协议。

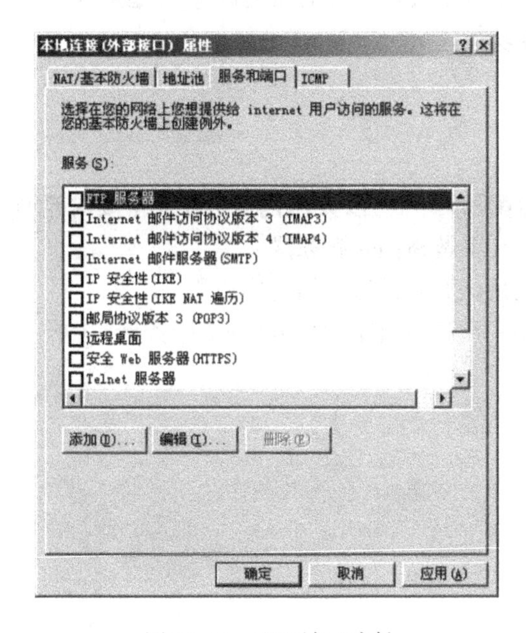

图12.16　配置端口映射

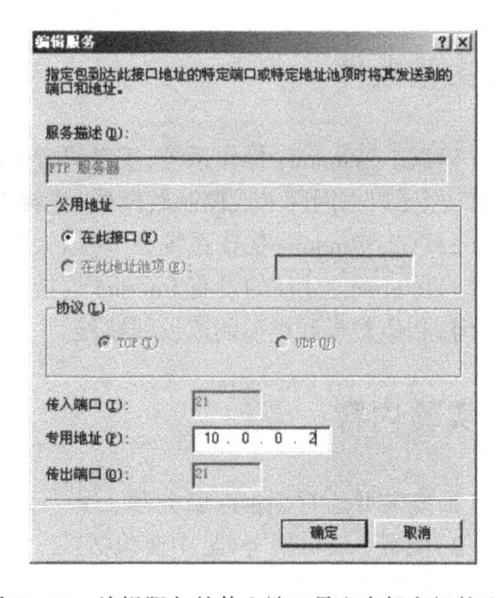

图12.17　编辑服务的传入端口号和内部主机的地址

六、实验拓展

（1）与“Internet连接共享”功能比较，NAT有何优势？

（2）请结合NAT的原理，理解图12.13中显示信息的含义。

（3）如果在NAT上配置了端口映射，想一想该如何验证，需要什么样的实验条件？

（4）有条件的话，请在路由器上配置NAT，比较与在Windows Serever 2003上的NAT有何异同。

实验13 Sygate代理服务器软件应用

一、实验目的

通过安装和使用Sygate代理服务器软件,进一步理解代理服务的相关概念,掌握网关型代理服务器的应用方法,了解这类服务器软件的主要功能。

二、实验条件

(1)PC1:Windows操作系统;安装两个网络适配器:一个(以太网网卡)用于连接内部网络,另一个(以太网网卡或调制解调器)连接Internet,用做Sygate服务器。

(2)PC2:Windows操作系统,一块以太网网卡,用做Sygate服务器的客户机。

(3)Internet连接(如没有Internet连接,也可用一台计算机来模拟Internet服务器)。

(4)相应数量和类型的双绞线跳线。

三、实验内容

(1)安装并运行Sygate服务器。

(2)配置Sygate服务器,主要包括:

① 配置自动断线;

② 启用和配置内嵌DHCP服务器;

③ 启用DNS转发服务;

④ 启用增强的安全机制。

(3)管理黑名单(Black List)。

(4)配置客户机,验证Sygate服务器的运行和配置状态。

(5)安装Sygate客户端(选做)。

四、预备知识

简单地说,代理服务器(Proxy)就是代替网络客户去访问Internet服务的计算机,通常是通过在计算机上安装代理服务器软件实现的。

1. 代理服务器的种类

目前,代理服务器软件种类繁多,常用的如Sygate、Wingate、Winroute、Winproxy和Linux系

统上的 Squid 等。

从软件的内部工作机制上看,代理服务器软件大致可分成两类:

- 应用层代理:这类代理服务器软件的功能比较强大,但安装和设置大多比较复杂,特别是客户端需要对应用程序进行设置。
- 网关型代理:这类代理服务器软件使用起来比较简便,其客户端的应用程序不需要作任何设置就能使用。实际上,网关型代理服务器软件通常都实现了 NAT 技术(参见实验 12)。

2. 代理服务器的应用方式

(1)共享网络连接

在直接连接 Internet 的计算机上安装代理服务器软件,是实现多台计算机共享 Internet 连接的一种常用方法,其作用与 Windows 的"Internet 连接共享"和 NAT 技术相同。

(2)代理网络资源授权

代理服务的用途不仅仅是共享网络连接,与 Windows 的"Internet 连接共享"和 NAT 技术不同,应用层代理可以安装在网络上的任何位置,只要客户端与代理服务器是连通的。这种情况常常用于未被授权的客户端需要访问某些资源时,如果代理服务器已被授权,则客户端即可通过代理服务器访问该资源。图 13.1 给出了代理服务器的两种应用方式,目前,以应用于共享 Internet 连接为主。

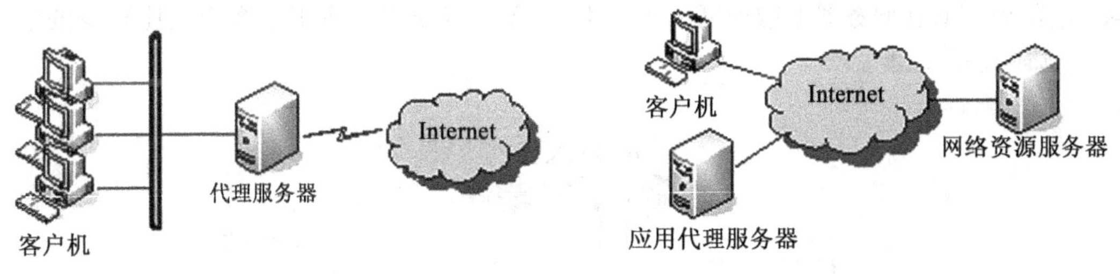

图 13.1 代理服务器的两种应用方式

3. 代理服务器的功能

代理服务器较"Internet 连接共享"和 NAT 技术来说,对客户端具有更强的控制功能,如对用户进行认证、提供计费信息、设定安全规则等,事实上,代理服务器软件通常都附带有防火墙模块。此外,代理服务器还可以将最近访问过的信息缓冲下来,以便其他客户访问相同信息时直接使用,而不必再从 Internet 上获取。这种缓冲机制极大地提高了访问效率,节约了互联网的带宽资源。不过,不同代理服务器软件功能上也有所差别。

4. Sygate 代理服务器软件

前面列出的几种常用软件中,Sygate 因使用方便而应用较为广泛。Sygate 特别适用于小型机构的办公室和家庭用户,可安装在 Windows 9x/NT/Me/2000/XP/2003 上,支持包括模拟 Modem 拨号、ISDN、Cable Modem、ADSL 和以太网等多种 Internet 接入方式,并内置了 DNS 转发和 DHCP 服务。

(1)Sygate 的两个版本:Home 版和 Office 版

Sygate 是一种网关型代理服务器软件,分 Sygate Home Network 和 Sygate Office Network 两个版本。Home 版和 Office 版的安装使用基本相同,主要不同是 Office 版本可以同时整合四个 Internet 连接的带宽提供给客户端使用,并可进行带宽管理,而 Home 版只能支持一个 Internet 连接。本实验以 Sygate Home Network 4.5 简体中文版为例,给出使用 Sygate 共享 Internet 连接的指导。

(2)Sygate 的两个模块:服务器和客户端

Sygate 软件有两个模块:服务器和客户端。对应于两种安装方式:"服务器模式"和"客户端模式"。在直接连接 Internet 的计算机(做代理服务器的那台计算机)上需要安装为"服务器模式","客户端模式"则用于在内部网络的客户机上安装。

Sygate 客户端是可选的,客户机上不安装 Sygate 客户端并不影响其通过 Sygate 服务器访问网络。但安装 Sygate 客户端,可以在客户机上实现一些特殊的功能,如检查 Internet 连接的状态、自动拨号和挂机。

(3)Sygate 服务器的两种工作模式:双网卡和单网卡

Sygate 服务器可以工作在双网卡和单网卡两种模式下。双网卡模式的应用方法与 NAT 技术完全相同,网络拓扑图如图 13.1(a)所示;单网卡模式允许安装 Sygate 服务器的计算机上只有一块网卡,网络拓扑如图 13.2 所示。也就是说,当办公室内有交换机或集线器时,安装 Sygate 服务器的计算机上只有一块网卡也可实现多台计算机共享一个全局 IP 地址访问 Internet,这样,就不必在服务器上增加网卡了。不过,单网卡模式只适用于客户端比较少的情况,否则会影响访问速度。

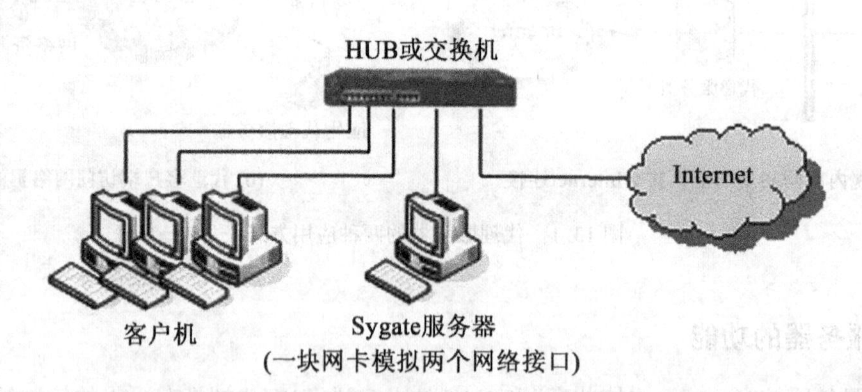

图 13.2 "单一网卡"情况下 Sygate 服务器的应用拓扑图

除了硬件连接不同外,其他没有什么不同之处,因此,下文给出的双网卡模式下的安装方法同样适用于单一网卡模式(安装向导在安装过程中检测到服务器上只有一块网卡时,会自动启用"单一网卡"模式)。

五、实验指导

1. 设备连接与网络接口参数配置

实验用设备连接与网络接口参数配置方式与“Internet 连接共享”相同，请参照实验 11。

2. Sygate 服务器的安装

（1）运行 Sygate 安装程序，按照安装向导的提示逐步进行，直到出现如图 13.3 所示的“安装设置”对话框。选择“服务器模式”，然后单击“确定”，安装程序开始执行 Sygate 诊断程序（Sygate Diagnostics）。该程序将测试系统的下列配置：系统设置、网卡、TCP/IP 协议和设置，如果这三项中的任何一项无法通过测试，将出现一个信息框，描述可能存在的问题，并提出解决方案；如果测试通过，则出现如图 13.4 所示的窗口，单击“确定”。

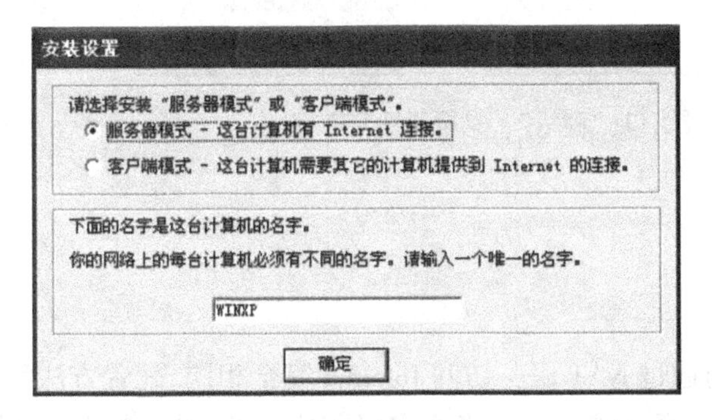

图 13.3　选择 Sygate 的安装模式

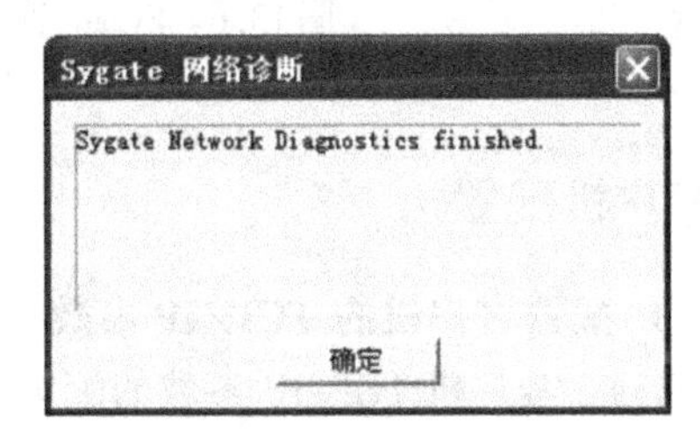

图 13.4　Sygate 网络诊断完成窗口

（2）如果在安装 Sygate 之前没有配置内部接口的 IP 地址，将出现如图 13.5 所示的对话窗口，在这里可以指定内部接口的 IP 地址，Sygate 默认设置为“192.168.0.1”，单击“是”按钮。

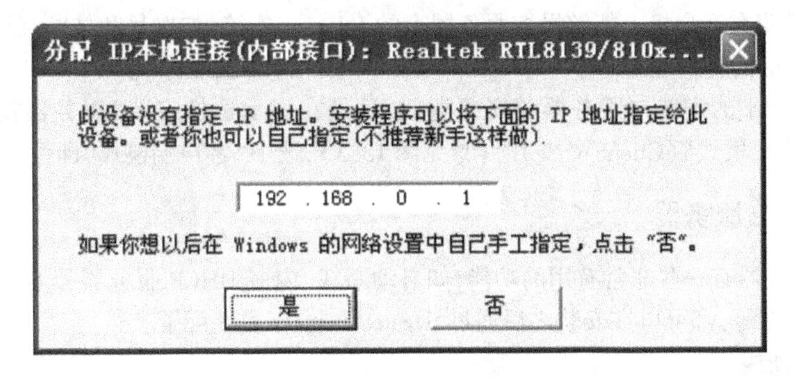

图 13.5　指定代理服务器内部接口的 IP 地址

安装好后需要重新启动计算机，计算机重启后 Sygate 会自动运行（此后每次打开主机时 Sygate 服务器的引擎都会自动运行）。在屏幕右下角的系统托盘区可以看到 Sygate 的小图标，双击这个图标即可打开 Sygate 管理器(Sygate Manager),如图 13.6 所示,如果状态框中显示"Internet 共享:Online",则表示 Sygate 服务器已经启动,客户端可以使用了。

通过 Sygate 管理器中的"停止"或"开始"命令按钮(位于 Sygate Manager 工具条的最左边,当服务器处于"Online"状态时显示为"停止",如图 13.6 所示,而当服务器处于"Service Off"状态时显示为"开始"),可以停止或启动 Sygate 服务器的运行。

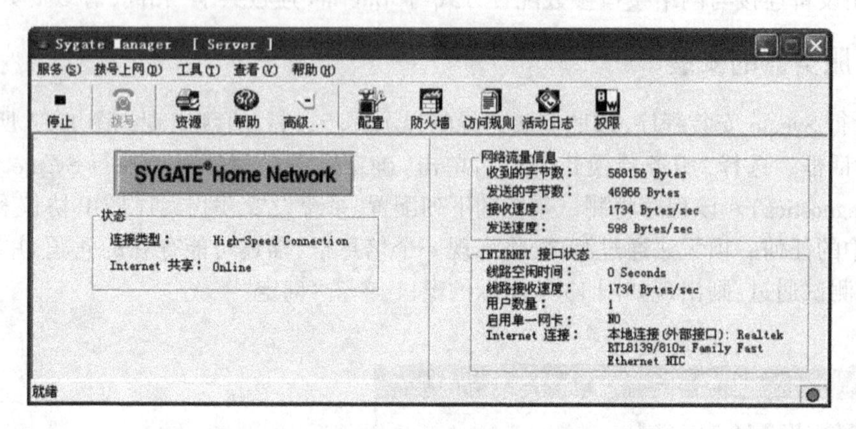

图 13.6 Sygate 管理器窗口("高级"工具按钮展开之后)

3. 客户机配置

(1)配置客户机的 TCP/IP 参数

Sygate 客户机 TCP/IP 参数的配置与通过 NAT 服务访问 Internet 完全相同,配置方法和注意问题请参见实验 12,这里不再赘述。最简单的方法是将客户机配置为"自动获得 IP 地址"和"自动获得 DNS 服务器地址"。请自行将客户机配置为动态参数和静态参数两种方法验证 Sygate 服务器的工作状态。

(2)在客户机上安装 Sygate 客户端

当 Sygate 服务器上的 Internet 连接为基于拨号的连接(模拟 Modem 拨号或 ADSL 虚拟拨号)时,如果希望在客户机上能够操控服务器上的 Internet 连接,如拨号和挂断,就可以在客户机上安装 Sygate 的客户端。

Sygate 客户端的安装与服务器的安装类似,只是在提示选择安装"服务器模式"(Server mode)或"客户端模式"(Client mode)时(参见图 13.3),选中"客户端模式"即可。

4. 配置 Sygate 服务器

Sygate 服务器有一些非常有用的功能,如自动断线、内嵌 DHCP 服务器和 DNS 转发服务、增强的安全功能等,都可以在安装之后通过 Sygate Manager 重新配置。

(1)自动断线

如果 Internet 连接是基于拨号的,这一功能可以使服务器在一定时间内没有数据传输时自动断开拨号连接。

在 Sygate Manager 窗口(见图 13.6)中工具条上单击"配置"(Configuration)按钮,打开如图 13.7 所示的"配置"窗口,将"永不挂断"(Never hang up)复选框中清空,然后再在其下面的

文本框内输入空闲时间间隔(图 13.7 中为 180 秒,即表示空闲 180 秒后自动断开拨号连接),单击“确定”。

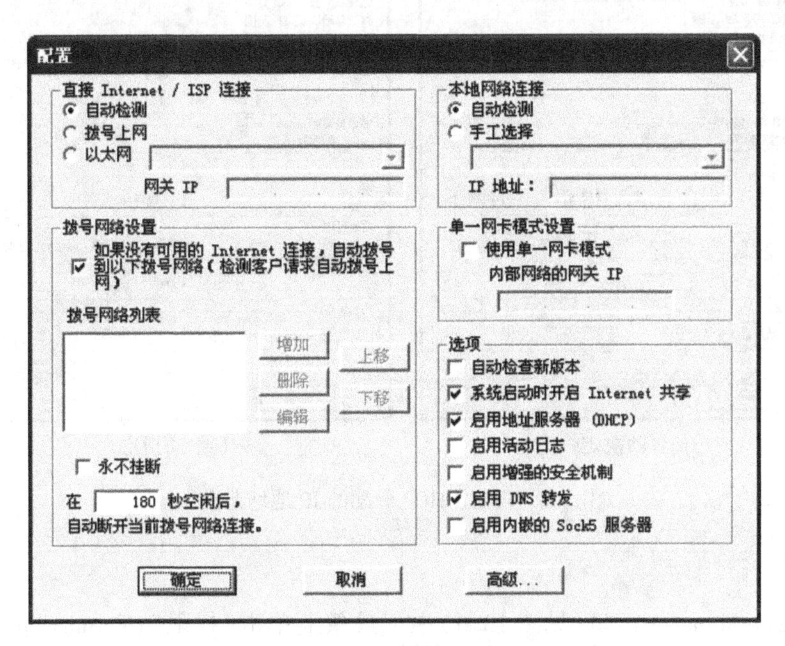

图 13.7　Sygate 服务器的“配置”窗口

(2)配置 Sygate 的内嵌 DHCP 服务器

图 13.7 的“选项”框中,通过“启用地址服务器(DHCP)”前面的复选框,可以启用或关闭 Sygate 的 DHCP 服务器(默认为启用)。如果手动配置客户机上的 IP 地址,则建议不要选中此项。

如果启用 DHCP 服务,单击“高级”按钮,在如图 13.8 所示的“高级设置”窗口中,可以指定客户端使用的 IP 地址范围和子网掩码。

(3)启用 DNS 转发服务

在 Sygate 服务器“配置”窗口(见图 13.7)的“选项”框中,通过“启用 DNS 转发”前面的复选框,就可以启用或关闭 Sygate 的 DNS 转发服务(默认为启用)。启用后,可以在“高级设置”窗口(见图 13.8)中增加 DNS 服务器(窗口中间的“域名服务器”框)。

(4)启用增强的安全机制

在 Sygate 服务器“配置”窗口(见图 13.7)的“选项”框中,通过“启用增强的安全机制”(Enable Enhanced Security)前面的复选框,可以启用或关闭 Sygate 的增强安全机制(默认为关闭)。这项功能启用之后,Sygate 将封锁所有来自端口 1 到1 000和端口5 000到65 536的 Internet 流量。

5. 管理黑名单(Black List)和白名单(White List)

通过设置 Sygate 的黑/白名单,可以禁止指定访问流量通过 Sygate 服务器(黑名单),或仅允许指定流量通过服务器(白名单)。即激活黑名单,则黑名单中的客户就受到访问限制;激活白名单,则只有白名单中的客户可以访问授权的功能,其他不在名单中的客户就完全不能访

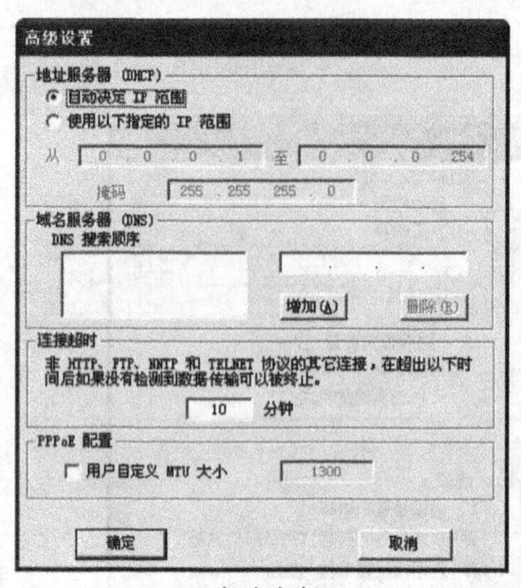

(a)自动决定

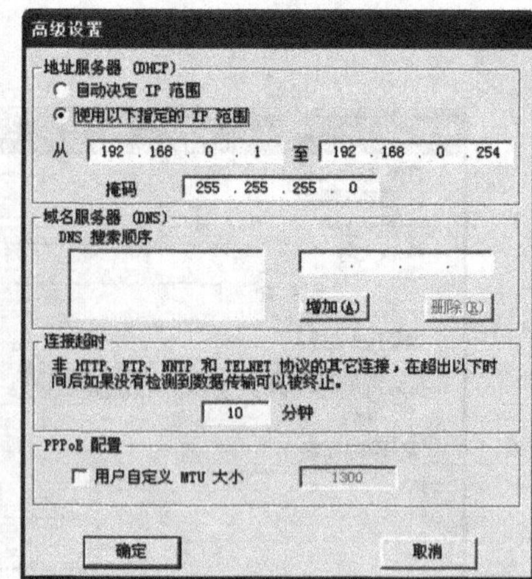

(b)手动指定

图 13.8　配置 DHCP 分配的 IP 地址范围

问互联网。

(1)在 Sygate Manager 窗口(见图 13.6)中工具条上单击“权限”(Permissions)按钮,输入用户的密码,“确定”后打开如图 13.9 所示的“权限编辑器”窗口。

(2)单击“Black List”选项卡,单击“增加”按钮,出现添加记录窗口(见图 13.10),即可向黑名单中添加要限制的流量信息。

可以设定的流量信息包括:协议类型、内网 IP 地址、外网 IP 地址、端口号、访问时间等,这些项目可以任意组合设定。

(3)增加完成后在图 13.9 中“激活黑名单”,按“确定”即可。

白名单的管理与黑名单管理相似,只是在图 13.9 中单击“White List”选项卡即可。

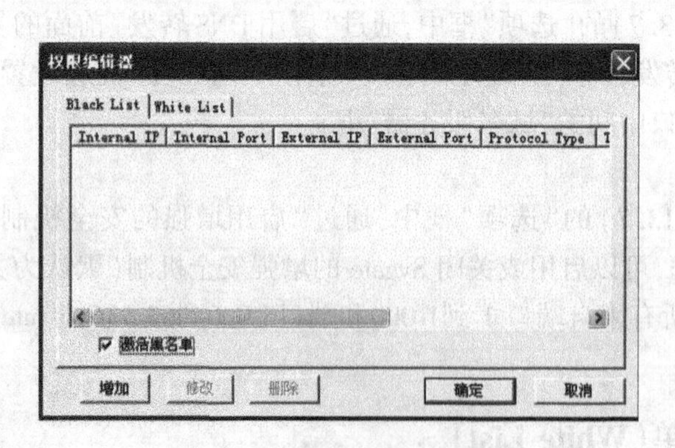

图 13.9　“权限编辑器”窗口

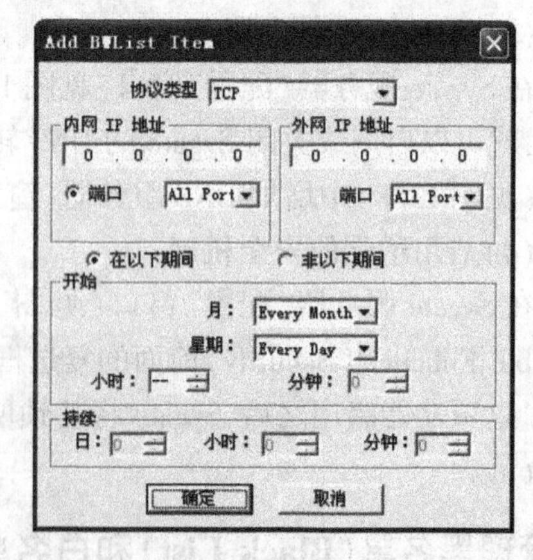

图 13.10　为黑名单增加记录窗口

六、实验拓展

(1)请读者自行设计黑名单和白名单,按照实验指导给出的方法配置好 Sygate 服务器后,再在客户机上访问网络进行验证,并记录所设置的内容、客户机访问网络的详细情况。

(2)请读者自行操作和理解本实验指导未讲解的 Sygate 服务器的其他功能。

(3)通过实验,比较 Windows“Internet 连接共享”、NAT 技术和代理服务三者之间的异同及适用场合。

(4)有条件的话,请安装和配置本实验“预备知识”中提到的其他代理服务器软件,比较各软件之间的异同。

实验 14 拨号接入 Internet

一、实验目的

学会创建拨号网络连接,掌握使用调制解调器(Modem)通过普通电话线路接入 Internet 的方法。

二、实验条件

(1)PC 机一台(系统环境:安装有 Windows XP 和 Modem 卡)。
(2)电话线路一条。
(3)ISP(Internet 服务提供商)电话号码和账号(用户名、密码)。

三、实验内容

(1)连接计算机、Modem 和电话线路。
(2)在桌面建立 Modem 拨号网络图标。
(3)使用 Modem 拨号网络图标连接并上网。

四、预备知识

(1)接入 Internet 的方式。
① 电话线接入:普通电话、ISDN、ADSL。
② 专线接入:光纤、DDN、帧中继、X. 25。
③ 有线电视网络接入:Cable Modem。
④ 无线接入。
本实验建立 Modem 拨号网络连接,采用普通电话线路接入。
(2)关于 Modem。
在计算机通过电话线通信时,Modem 用于将计算机的数字信号转换为电话的模拟信号,然后将电话的模拟信号转换为计算机的数字信号。如图 14.1 所示,可见 Modem 是成对使用的。
调制解调器有内置式、外置式和 PCMCIA 卡(笔记本电脑使用)三种。在建立拨号连接之前,要进行 Windows XP 及其网络组件的安装、调制解调器及其驱动程序的安装。

图 14.1 成对使用 Modem(调制解调器)

五、实验指导

1. 用户计算机、Modem 与电话线的连接

使用电话线将电话与调制解调器连接,将调制解调器与计算机连接。如图 14.1 所示的左边。

2. 设置 Modem 拨号网络连接

在桌面上,双击"Internet Explorer"(浏览器),单击"工具"→"Internet 选项"→"连接",可见"建立连接"按钮,如图 14.2 所示。

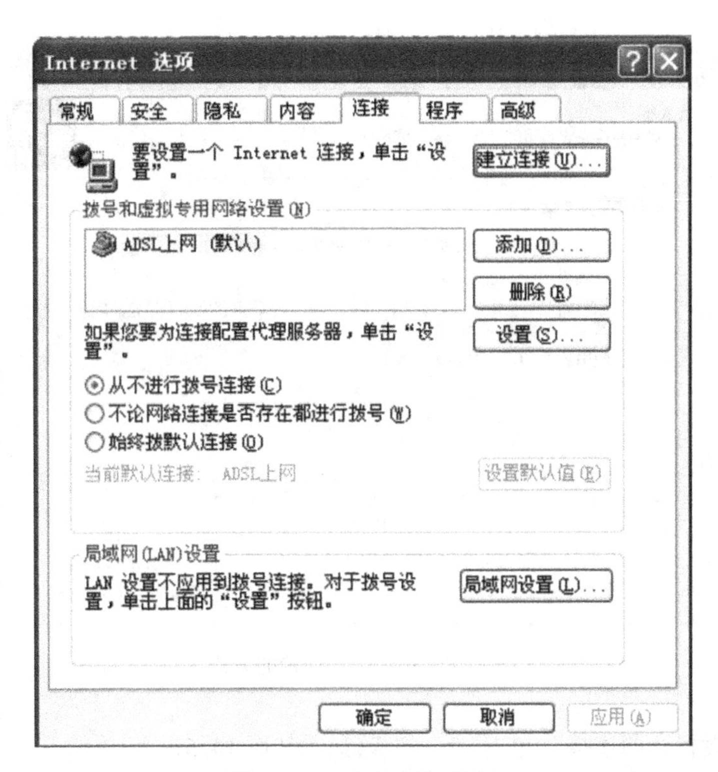

图 14.2 "建立连接"按钮

单击"建立连接"按钮,进入"建立连接"向导,单击"下一步",显示如图 14.3。

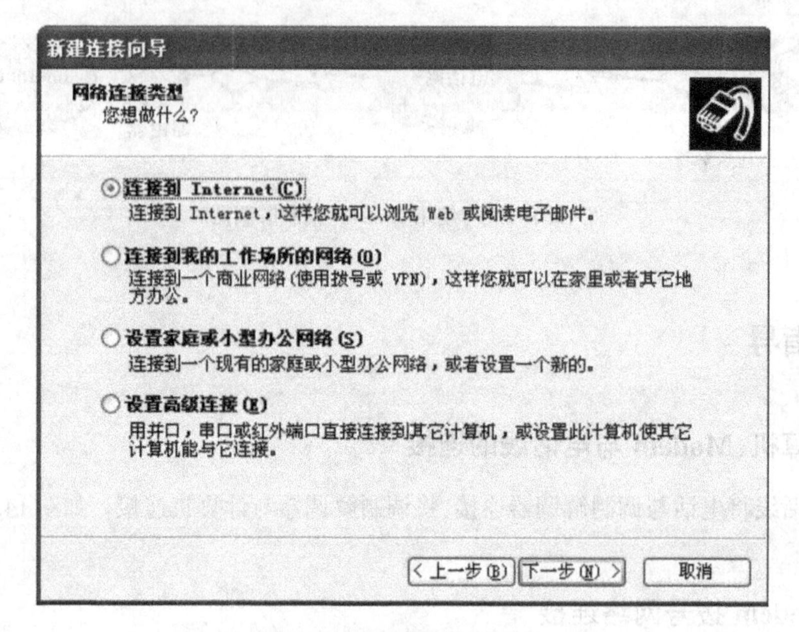

图 14.3　选择网络连接类型

选择“连接到 Internet”，单击“下一步”，显示如图 14.4。

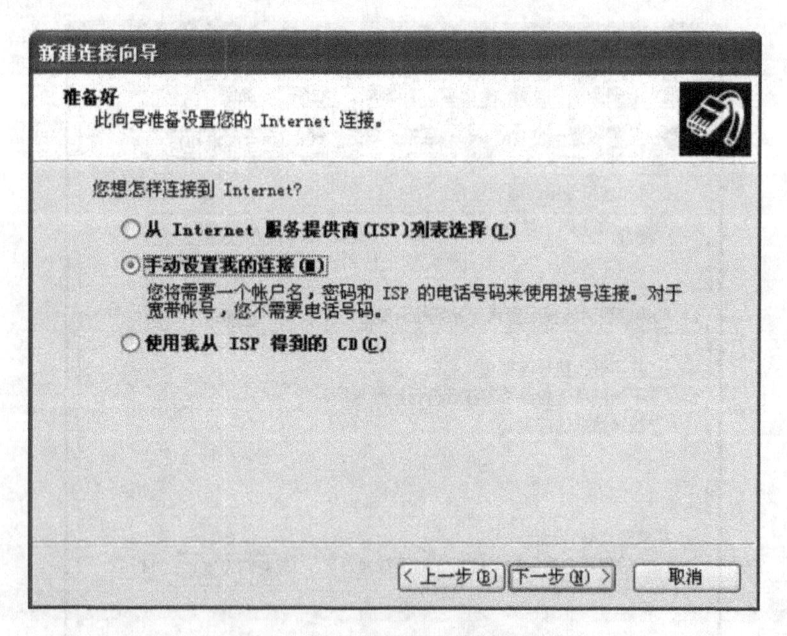

图 14.4　选择设置连接的方式

选择“手动设置我的连接”，单击“下一步”，显示如图 14.5。

选择“用拨号调制解调器连接”，单击“下一步”，显示如图 14.6。

输入 ISP 名称（即桌面图标名），本例中为“Modem 拨号网络”，单击“下一步”，显示如图 14.7。

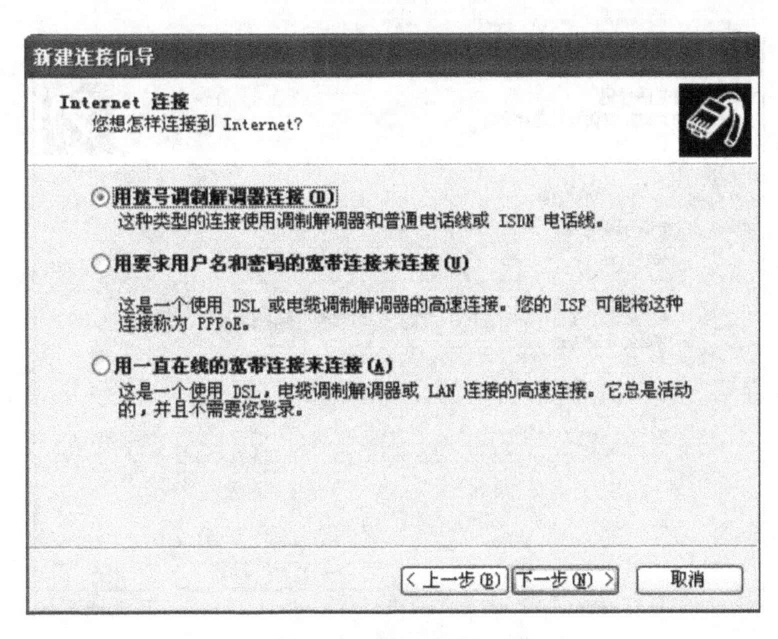

图 14.5　选择连接方式

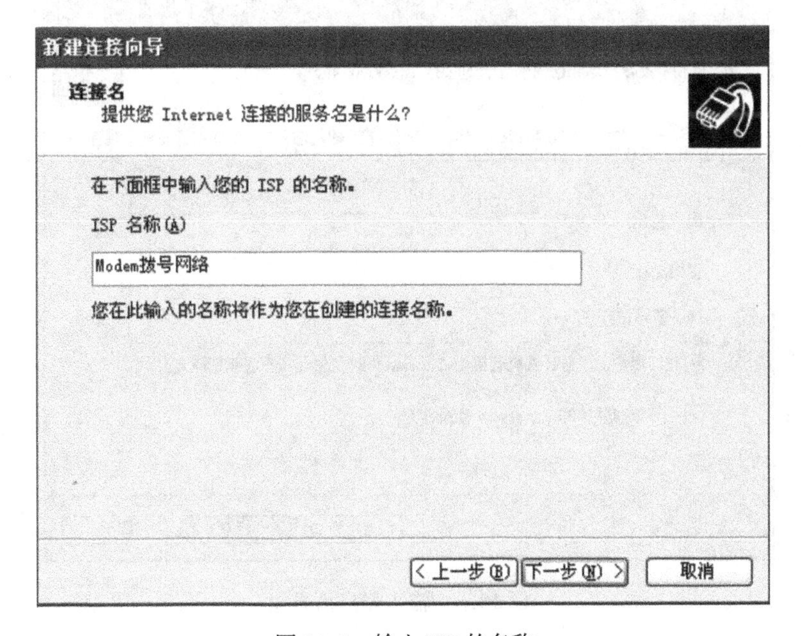

图 14.6　输入 ISP 的名称

输入用户的 ISP 电话号码，譬如 68778170，单击“下一步”，显示如图 14.8。

输入用户向 ISP 登记的账户信息(用户名和密码)，单击“下一步”，显示如图 14.9。

单击“完成”。此时，在桌面上可见 Modem 的网络连接图标“Modem 拨号网络”。

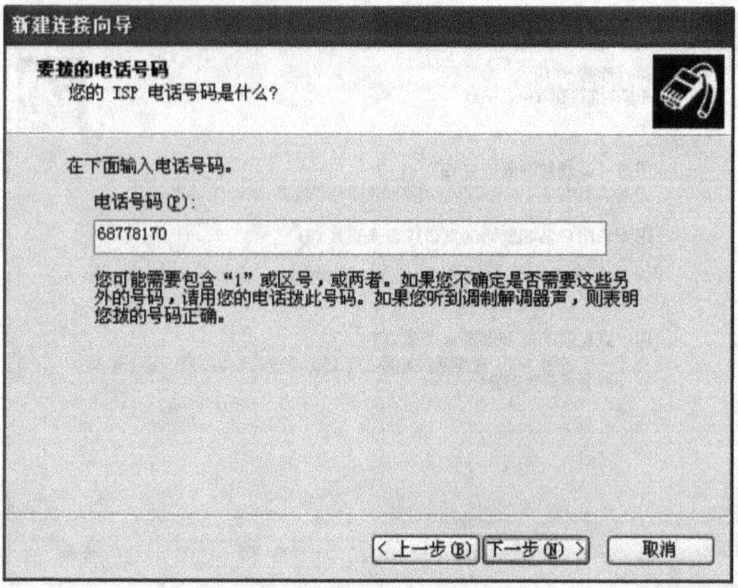

新建连接向导

要拨的电话号码
您的 ISP 电话号码是什么?

在下面输入电话号码。
电话号码(P):
68778170

您可能需要包含“1”或区号，或两者。如果您不确定是否需要这些另外的号码，请用您的电话拨此号码。如果您听到调制解调器声，则表明您拨的号码正确。

< 上一步(B)　下一步(N) >　取消

图 14.7　输入 ISP 电话号码

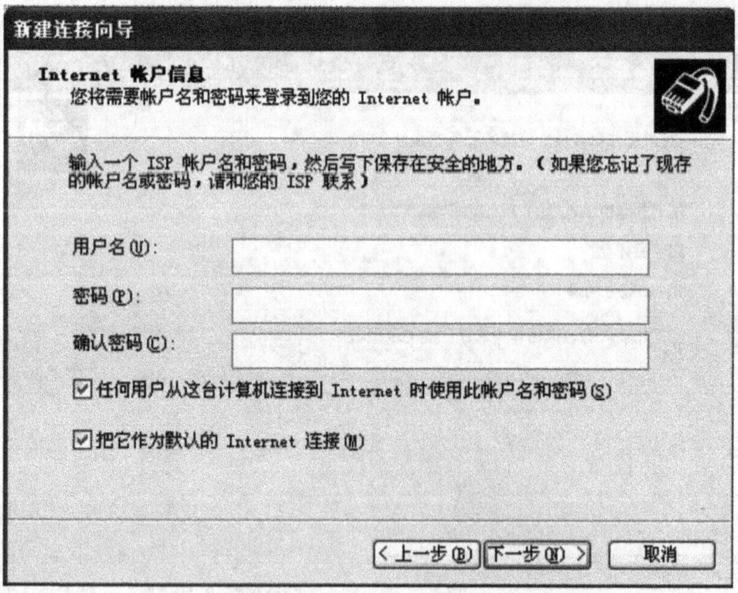

新建连接向导

Internet 帐户信息
您将需要帐户名和密码来登录到您的 Internet 帐户。

输入一个 ISP 帐户名和密码，然后写下保存在安全的地方。(如果您忘记了现存的帐户名或密码，请和您的 ISP 联系)

用户名(U):
密码(P):
确认密码(C):
☑任何用户从这台计算机连接到 Internet 时使用此帐户名和密码(S)
☑把它作为默认的 Internet 连接(M)

< 上一步(B)　下一步(N) >　取消

图 14.8　输入账户信息

4. 使用 Modem 网络连接

双击 Modem 的网络连接图标“Modem 拨号网络”,输入口令,单击“连接”,连接后即可上网工作。

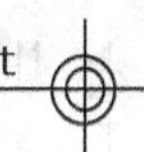

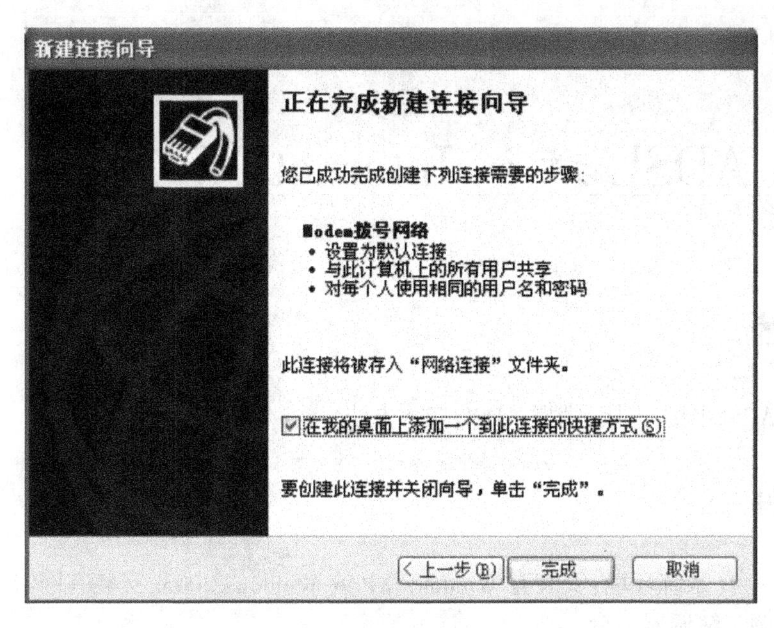

图 14.9 添加快捷方式即建立桌面图标

六、实验拓展

有条件的情况下,请尝试在 Windows Server 2000/2003 系统上配置拨号远程访问服务器,并通过另一台计算机访问配置好的服务器。完成该实验需要两条电话线路,具体做法如下:

(1)在 PC1(安装有 Modem,并与一条电话线连接)上安装 Windows Server 2003(或 Windows 2000 Server),启用并配置其"路由和远程访问服务(RRAS)",具体配置方法可参考 Windows 帮助系统。

(2)在 PC2(安装有 Modem,并与另一条电话线连接)上按照本实验指导配置拨号网络,所用拨号电话号码为与 PC1 连接的线路号码,用户名和密码根据 PC1 上配置"路由和远程访问服务(RRAS)"时的设置情况而定。

实验 15 ADSL 接入 Internet

一、实验目的

学会创建 ADSL 网络连接,掌握 ADSL 接入方法。

二、实验条件

(1)PC 机一台(系统环境:安装有 Windows XP 或 Windows 2003,安装有网卡)。
(2)ADSL 调制解调器一台。
(3)滤波分离器一个。
(4)电话线路一条。
(5)网线一根。
(6)一个 ADSL 网络账号。

三、实验内容

(1)将计算机、ADSL Modem(调制解调器)、滤波分离器和电话线路连接起来。
(2)在桌面建立 ADSL 网络连接图标。
(3)使用 ADSL 网络连接上网。

四、预备知识

ADSL(Asymmetric Digital Subscriber Line,非对称数字用户专线)是用普通电话线作为传输介质,采用先进的调制解调技术,实现了数字和语音同时传送的一种接入技术,比用普通调制解调器上网要快 200 倍以上。

ADSL 的工作原理为:计算机信号经 ADSL 调制解调器编码后通过电话线及滤波分离器,传到电信局后将语音信号传到电话交换机上,将数字信号接入 Internet。

ADSL 有两种接入方式:专线接入和虚拟拨号。专线接入的用户只要开机即可接入 Internet。虚拟拨号需要设置 ADSL 接入的 IP 地址(通常为自动获取 IP 地址),输入用户名与密码。一般采用虚拟拨号方式。

ADSL 用户端设备包括 ADSL 调制解调器和滤波分离器,目前由电信局提供和安装。

五、实验指导

1. 单机用户的 ADSL 安装

将电信局提供的电话外线连接到滤波分离器,再将电话机和 ADSL Modem 分别连到滤波分离器的相应端口,然后用交叉双绞线将计算机与 ADSL Modem 连接。如图 15.1 所示。

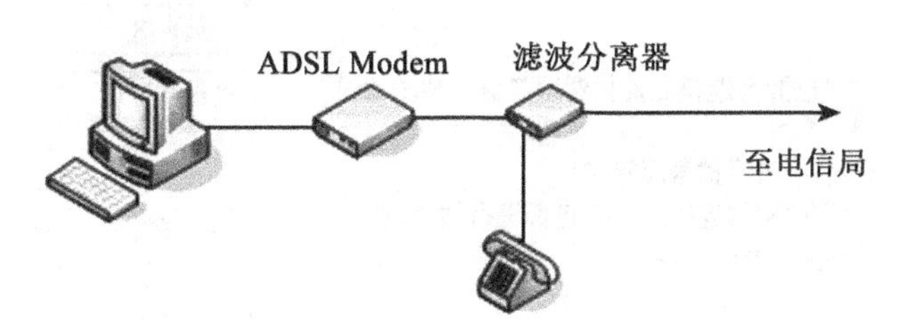

图 15.1　单机用户的 ADSL 安装

2. 多用户的 ADSL 安装

与单机用户没有太大区别,可以加一个宽带路由器或集线器,用平行双绞线将它和每台计算机相连接。如图 15.2 所示。

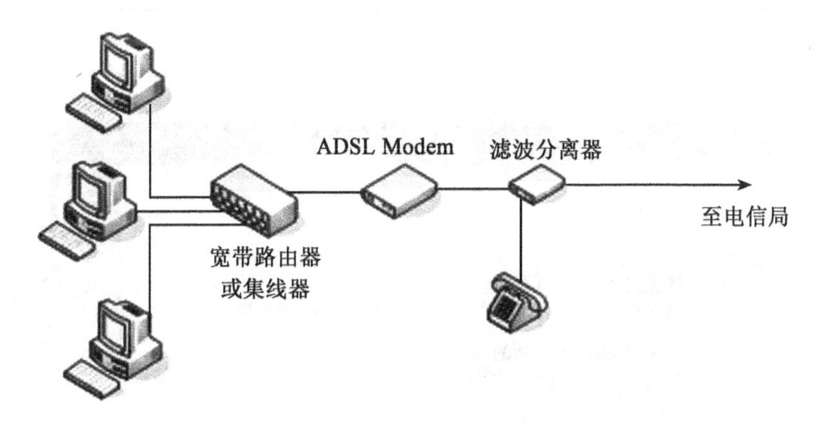

图 15.2　多用户的 ADSL 安装

3. 设置 ADSL 网络连接

在桌面上,双击"Internet Explorer"(浏览器),单击"工具"、"Internet 选项"、"连接",可见"建立连接"按钮,如图 15.3 所示。

单击"建立连接",进入"建立连接"向导,单击"下一步",显示如图 15.4。

选择"连接到 Internet",单击"下一步",显示如图 15.5。

选择"手动设置我的连接",单击"下一步",显示如图 15.6。

选择"用要求用户名和密码的宽带连接来连接",单击"下一步",显示如图 15.7。

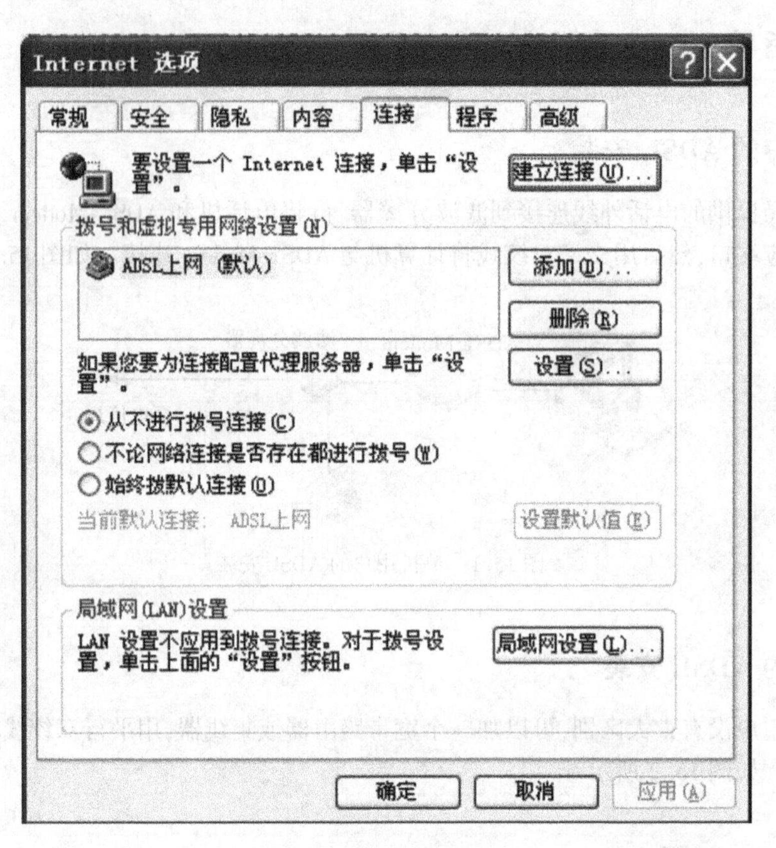

图 15.3 “建立连接”按钮

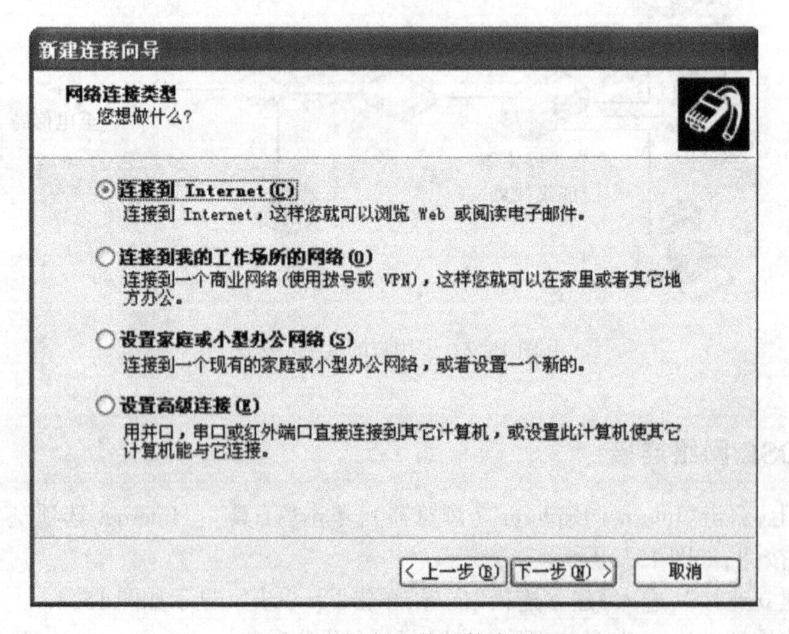

图 15.4 选择网络连接类型

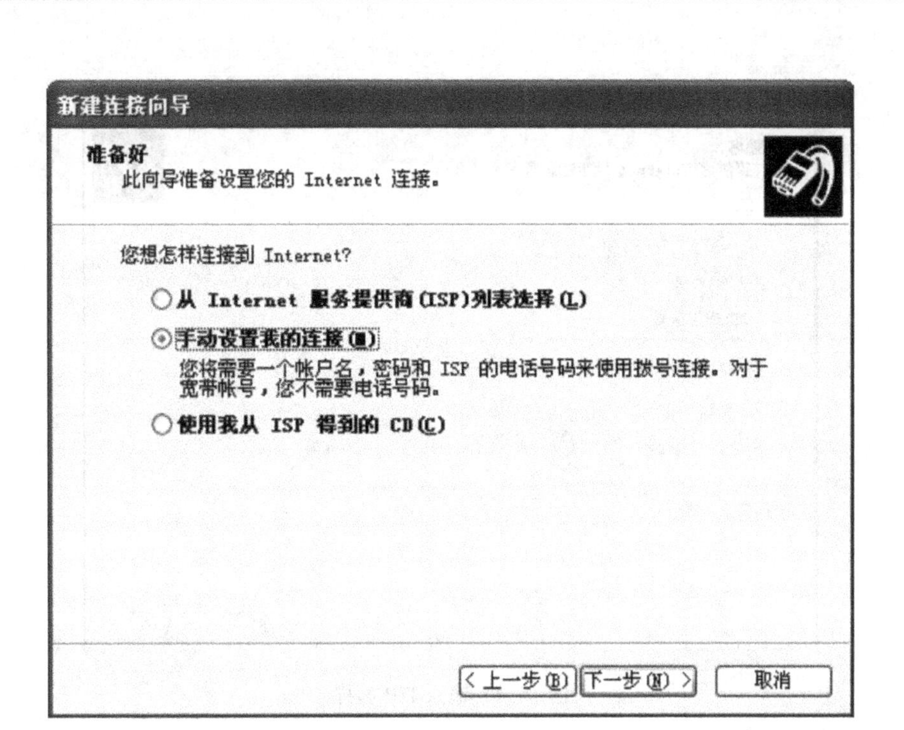

图 15.5　选择设置方式

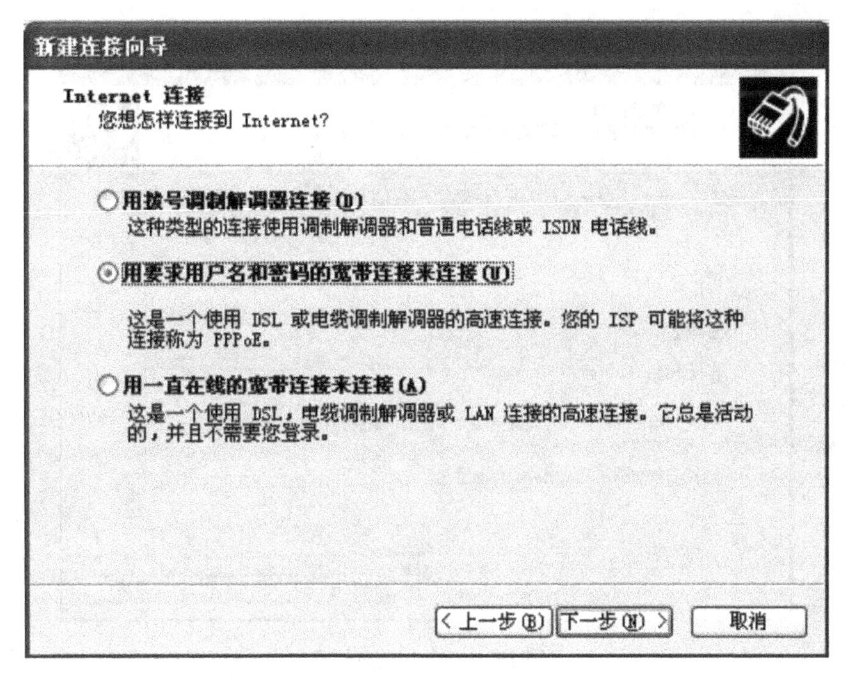

图 15.6　选择连接方式

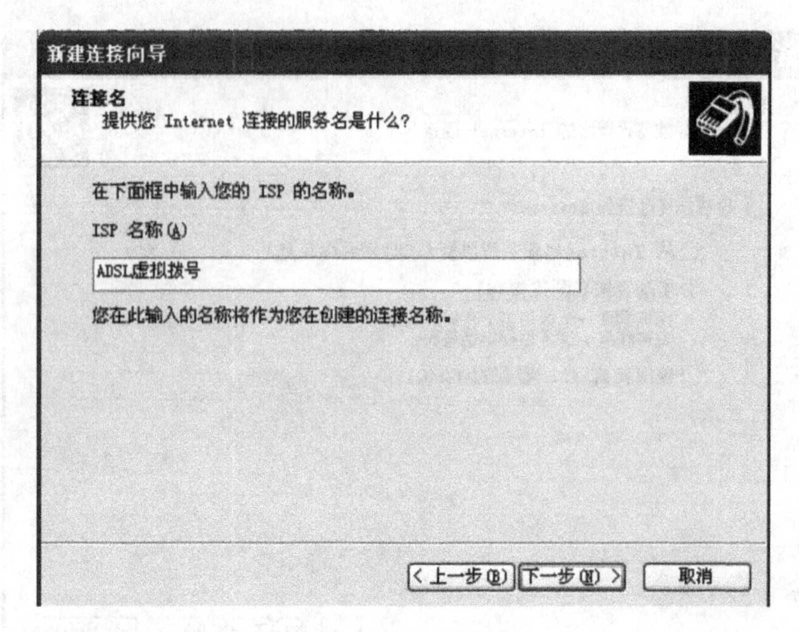

图 15.7　输入 ISP 名称

输入 ISP 名称(即桌面图标名),图中为“ADSL 虚拟拨号”,单击“下一步”,显示如图 15.8。

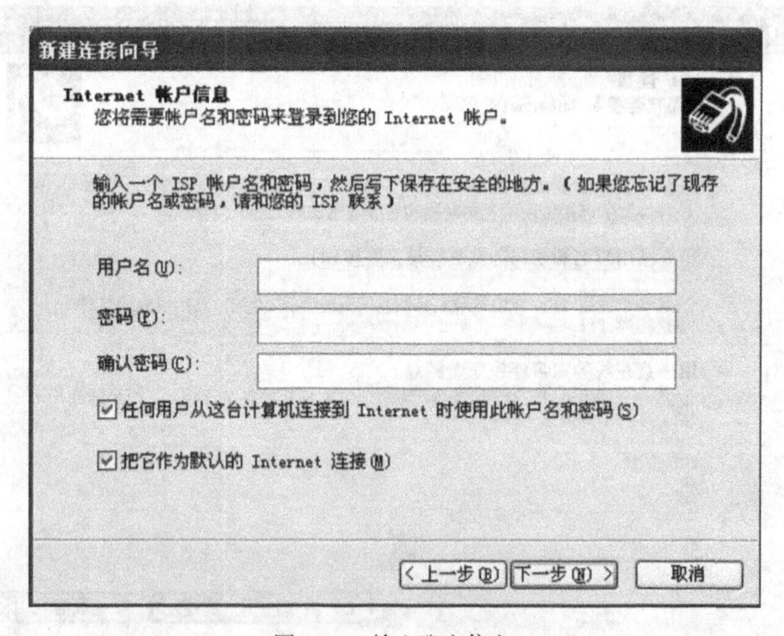

图 15.8　输入账户信息

输入用户在 ISP(电信局)登记的账户信息,单击“下一步”,显示如图 15.9。

单击“完成”。此时,在桌面上可见 ADSL 的网络连接图标“ADSL 虚拟拨号”。

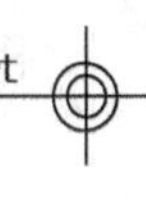

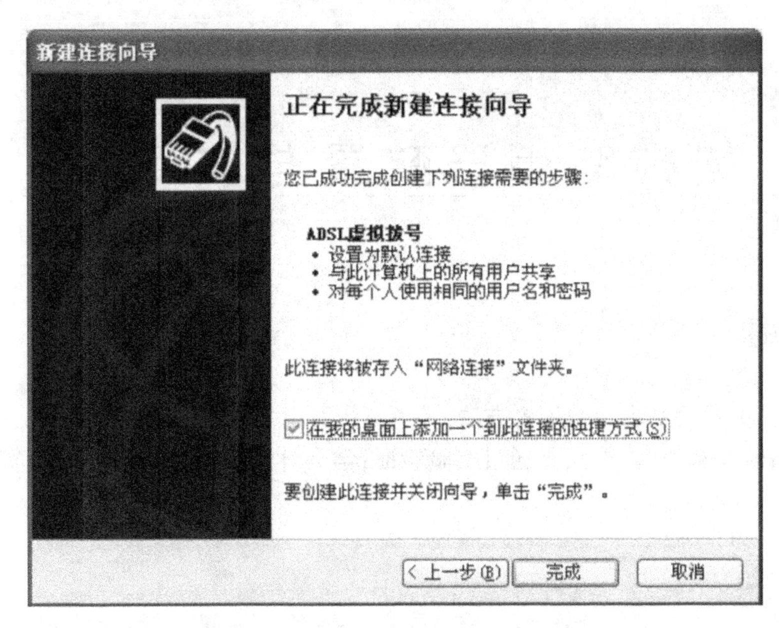

图 15.9　添加快捷方式(即建立桌面图标)

4. 使用 ADSL 网络连接

双击 ADSL 的网络连接图标"ADSL 虚拟拨号",输入口令,单击"连接",连接后即可上网工作。

六、实验拓展

(1)查找资料,了解 ADSL 分离器的原理和作用,在什么情况下可以不要分离器?

(2)用一个多端口 RJ-11 接线盒代替分离器,在上网的同时拨打电话,看看会出现什么情况,为什么?

实验 16　宽带路由器配置与应用

一、实验目的

掌握宽带路由器的基本参数配置方法；了解宽带路由器的各项功能（DHCP、NAT、路由表、访问限制、端口转发和 DMZ 等），并通过实验验证；学会计算机网络方案设计与实验室验证的基本方法。

二、实验条件

（1）宽带路由器一台（本实验指导中以 Linksys firewall router 为例）；
（2）PC 机两台（系统环境：安装有 IIS 的 Windows XP 或 Windows 2003）；
（3）平行双绞线跳线四条；
（4）外网（校园网或公网）RJ-45 接口两个；
（5）以太网集线器或交换机一台（可选）。

三、实验内容

（1）宽带路由器配置。
① 宽带路由器基本参数配置；
② DHCP 服务配置及应用；
③ 启用 NAT 和查看路由表；
④ 访问限制（Restrict Access）；
⑤ 端口转发（Port Forwarding）和 DMZ 端口的应用。
（2）宽带路由器应用设计并实验验证。
设校园网网络中心布设了一条以太网双绞线到你所在寝室，并分配了如下网络参数：

IP 地址：202.114.112.100　　子网掩码：255.255.255.0
默认网关：202.114.112.254　　DNS：202.114.96.2

现寝室内有三台 PC 都想连到校园网上，请你给出实现方案（设备连接图和网络参数配置方案），并在实验室环境中验证（提示：实现方案和实验验证方案要在实验前准备好）。

四、预备知识

宽带路由器也称 SOHO 宽带路由器，是专为家庭或小型办公室用户而设计的一种简化的

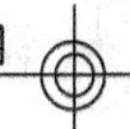

路由器，它可以实现多台计算机共享一条 Internet 连接。

1. 宽带路由器的接口

如图 16.1 所示，宽带路由器通常有 1～2 个外网接口，设备上标识为“Internet”或“WAN”，用以连接 ISP 提供的外部网络；有 4 个或更多内网接口，用以连接用户的计算机。两类接口都是以太网 RJ-45 接口，因此，当用户使用的是 ADSL 时，要求 ADSL Modem 与计算机的接口是 RJ-45 接口而不能是其他方式（如 USB）。

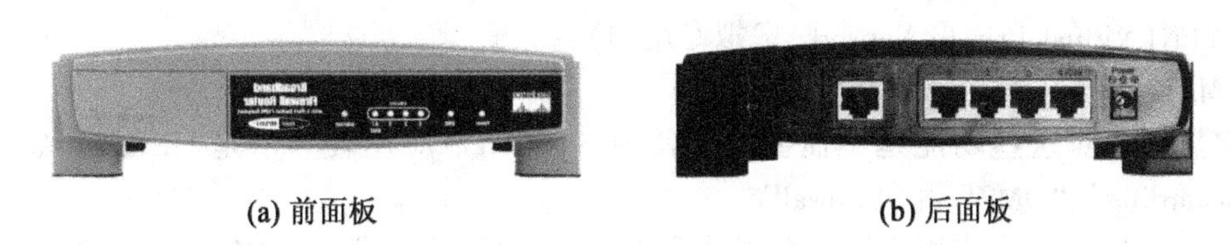

(a) 前面板　　(b) 后面板

图 16.1　Linksys 宽带路由器的外观

宽带路由器的内网接口构成一台以太网交换机，实现数据链路层交换，可以当做普通的交换机使用。

此外，目前市场上还有无线宽带路由器。无线宽带路由器除了具备上述 RJ-45 接口外，还增加了无线接入功能（如图 16.2 所示），即允许装有无线网卡的计算机与装有以太网网卡的计算机共同共享一条 Internet 连接。

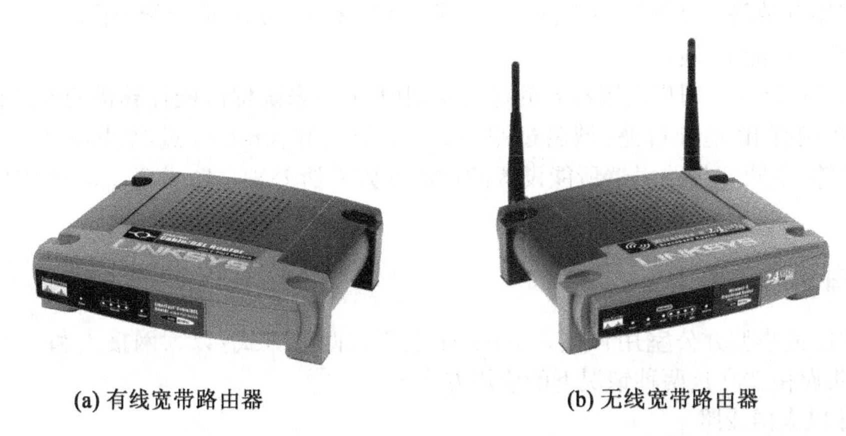

(a) 有线宽带路由器　　(b) 无线宽带路由器

图 16.2　同一产品的有线和无线宽带路由器实物图

2. 宽带路由器的功能

(1) 基本功能

不管是哪一家的产品，宽带路由器均具有以下基本功能：

- IP 路由；
- NAT（Network Address Translation，网络地址转换）；
- DHCP（Dynamic Host Configuration Protocol，动态主机配置协议）服务。

上列基本功能保证了宽带路由器的基本应用。涉及的有关知识请参考其他教材，这里不再赘述。

(2)高级功能

宽带路由器还常常具有以下功能(不是每个产品都全部具备,有的产品只具备其中的一个子集):

- Restrict Access(访问限制);
- Port Forwarding(端口转发,允许外网访问内网制定的服务);
- DMZ(De-Militarized Zone,非军事区);
- Firewall(防火墙);
- VPN(Virtual Private Network,虚拟专用网);
- MAC 克隆。

大多数用户对这些功能是不需要的。其中,普通用户应用较多的是"Restrict Access"、"Port Forwarding"、"DMZ"和"Firewall"。

"Restrict Access"允许用户针对内网计算机、互联网服务的端口、URL 以及关键词来限制内网计算机对外网的访问。

"DMZ"和"Port Forwarding"功能都允许用户实现内部计算机向外网提供网络服务。所不同的是"Port Forwarding"只能对设定主机上的设定端口进行转发,即外网只能访问设定主机上的特定端口(一个或多个),而"DMZ"可以同时转发设定主机上所有端口的数据,即外网可以访问 DMZ 主机上的所有已开放端口。DMZ 功能是通过宽带路由器上的特定接口提供的,只有当主机连接到该接口时,启用 DMZ 功能才对该主机(且只对该主机)有效。需要指出的是,不管是使用"DMZ"还是"Port Forwarding"向外提供服务,外网计算机访问设定主机上的服务时,都需要使用宽带路由器外网接口(Internet 或 WAN 接口)的 IP 地址作为目的 IP 地址,而不是用设定主机自身的 IP 地址。

"Firewall"功能允许用户设置额外的过滤规则(Filter)来确保内网计算机的安全性。可能设置的过滤规则有 IP 地址过滤、域名过滤、MAC 地址过滤、Cookies 过滤、Java Applets 过滤、ActiveX 过滤等,不同宽带路由器所能设置的过滤规则有所差别。防火墙设置对 DMZ 主机不起作用。

3. 宽带路由器的应用

目前,家庭或小型办公室用户接入 Internet 主要有两种方式:以太网接入和 ADSL 接入。下面给出宽带路由器在这两种情况下的应用方式。

(1)连接以太网线路

当用户使用的是以太网接入方式时,只需要将 ISP 提供的双绞线连到宽带路由器的"Internet"接口(如图 16.3 所示),并按照 ISP 提供的网络参数设置路由器上的 Internet 接口参数即可。

(2)连接 ADSL 线路

当用户使用的是 ADSL 接入方式时,宽带路由器必须与 ADSL 调制解调器一起使用,连接方式如图 16.4 所示。这时,宽带路由器上的 Internet 接口参数取值与用一台计算机通过 ADSL 接入 Internet 时计算机上的配置参数类似。

4. 宽带路由器的管理

宽带路由器使用 Web 管理方式,用户可以通过 IE 浏览器对宽带路由器进行管理,实现各

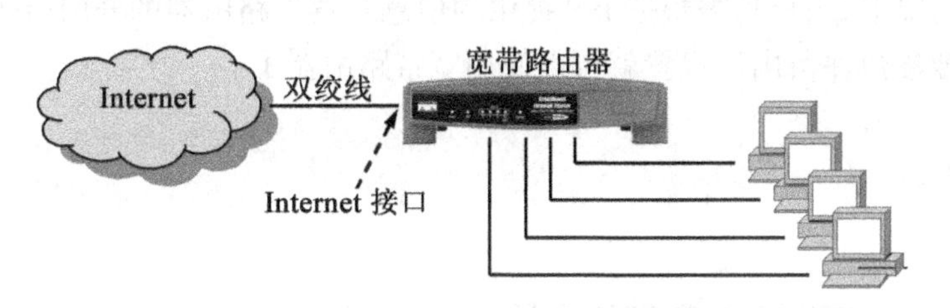

图 16.3　通过以太网接入 Internet 时宽带路由器的应用

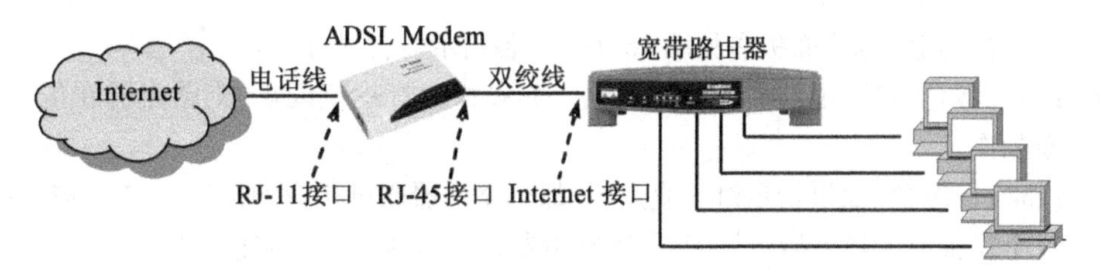

图 16.4　通过 ADSL 接入 Internet 时宽带路由器的应用

种参数的配置和修改。

宽带路由器在出厂时已设置好其内部 IP 地址以及管理用的用户名和密码，用户可以查阅所购产品的"用户手册"获知。通常，厂家将宽带路由器的内部 IP 地址设置为保留地址"192.168.1.1"，并启用宽带路由器的 DHCP 服务。当用户按照图 16.3 或图 16.4 连接好计算机后，即可自动获得一个与 192.168.1.1 同网段的 IP 地址，这时，打开 IE 浏览器，输入地址 http://192.168.1.1，即可与宽带路由器建立连接，出现如图 16.5 所示的界面。在"用户名"和"密码"对话框中输入正确的值（可从产品的"用户手册"中获知，初始设置通常均为"admin"，登录后用户可修改），即可进入宽带路由器的管理界面。

图 16.5　用 IE 浏览器管理宽带路由器

简单应用情况下,用户只需根据 ISP 提供的信息对宽带路由器的外网(Internet 接口)参数进行配置而其他参数保留出厂设置就可以使用宽带路由器了。

五、实验指导

1. 观察 Linksys BEFSX41 宽带路由器

(1)前面板指示灯介绍

Linksys 宽带路由器前面板参见图 16.1(a),各指示灯含义如下:

- Power 绿色:在路由器启动的时候亮。如果指示灯一直闪烁,则路由器在执行一个诊断操作。
- Ethernet 绿色:如果指示灯一直点亮,那么路由器通过相应的接口(1、2、3 或 4)连接到一个设备上。如果指示灯闪烁,则路由器正在该接口发送或接收数据。
- Internet 绿色:当连接到 ADSL MODEM 或局域网时亮。如果指示灯闪烁,则路由器正在该接口发送或接收数据。
- DMZ 绿色:表示启用了 DMZ 功能。

(2)后面板介绍

Linksys 宽带路由器后面板参见图 16.1(b),各接口和按钮的用途如下:

- Reset:复位按钮,可用于重启路由器。
- Internet 端口:用于连接到 ADSL MODEM 或局域网。
- Ethernet 1 ~4:用于连接内网设备,如 PC 机、交换机、集线器等。
- Power:电源接口。

2. 连接设备

按照如下的方法连接设备(参见图 16.6):

- 将一台 PC 机(图中的 PC1)连接到宽带路由器的 1/2/3/4 接口之一;
- 将外网网线(实验室墙上 RJ-45 插座引出的网线)连接到宽带路由器的 Internet 接口;
- 另一台 PC 机(图中的 PC2)连接到实验室墙上的 RJ-45 插座上,以模拟外网计算机;
- 接通电源。

3. 进入宽带路由器的管理界面

(1)将 PC1 的网络参数设置如下(也可用"自动获得 IP 地址"):

IP 地址:192. 168. 1. 2
子网掩码:255. 255. 255. 0
默认网关:192. 168. 1. 1
DNS 服务器:202. 114. 64. 2(根据本地域名服务器的 IP 地址而定)

用命令"ping 192. 168. 1. 1"测试 PC1 与宽带路由器的连通性,若正常则进入下一步。

(2)在 PC1 上打开 IE 浏览器,输入地址"http://192. 168. 1. 1",打开如图 16.5 所示的认证界面,在"用户名"和"密码"对话框中均输入"admin"。

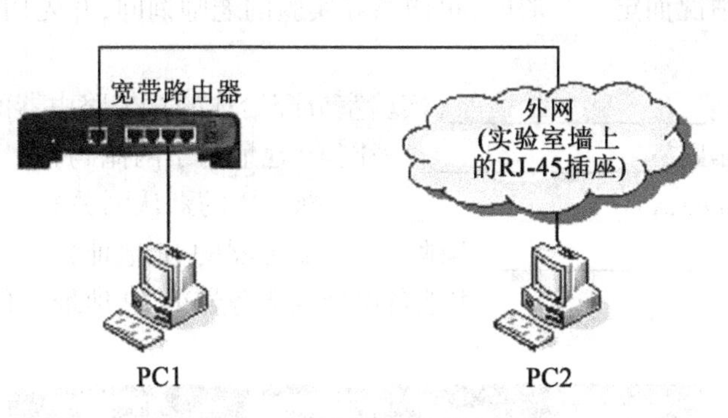

图 16.6　实验用设备及其连接图

4. 基本网络参数配置(Basic Setup)

在打开的管理界面中选择“Setup”→“Basic Setup”,出现如图 16.7 所示的界面。在该界面中,可以对宽带路由器的下列参数进行配置:

- 外网参数(“Internet Setup”区域)
- 内网参数(“Network Setup”区域)
- DHCP 服务参数(“Network Address Server Settings”区域)。

(注意,以下各步均需及时用屏幕下方的“Save Settings”按钮保存设置。)

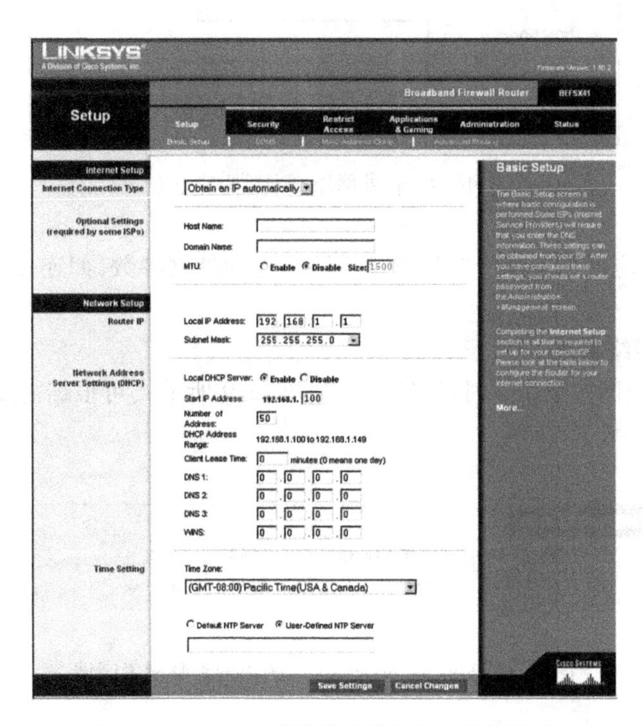

图 16.7　Linksys 宽带路由器的基本设置界面

(1)设置外网网络参数

本实验中,选择“Static IP”,即将外网接口设置为静态 IP 地址,如图 16.8 所示,其他参数根据实验室的具体情况而定。实验时,可向指导实验的老师询问,并先用笔填写在下列对应项的横线上。

IP address:＿＿＿＿＿＿＿＿＿(实验室分配给你的宽带路由器的外网 IP 地址)
Subnet Mask:＿＿＿＿＿＿＿＿＿(外网 IP 地址的子网掩码)
Default Gateway:＿＿＿＿＿＿＿＿＿(外网使用的默认网关)
DNS 1:＿＿＿＿＿＿＿＿＿(本地主域名服务器的 IP 地址)
DNS 2:＿＿＿＿＿＿＿＿＿(本地备份域名服务器的 IP 地址,可不填)

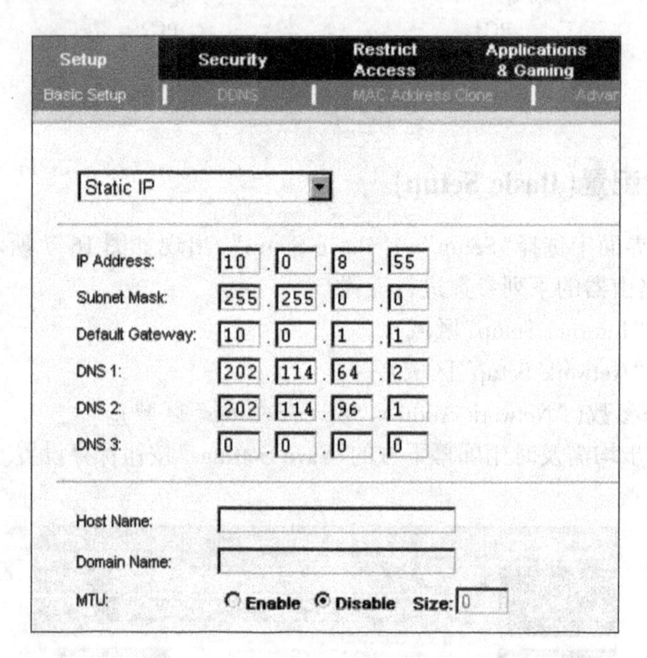

图 16.8　将外网端口配置为静态 IP

在实际应用中,应根据具体情况配置宽带路由器的外网参数,如连接 ADSL 时,可能需要选择“PPPOE”。

(2)配置内网网络参数

宽带路由器的内网参数出厂时已设置好(如图 16.9 所示),可根据需要进行修改(建议不修改)。

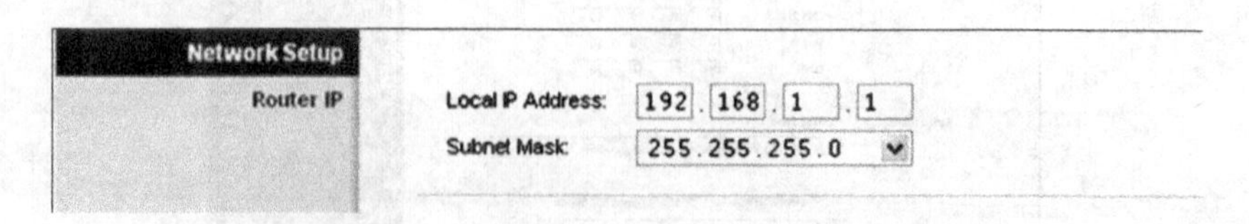

图 16.9　Linksys 宽带路由器的内网参数配置区域

(3)配置 DHCP 服务参数

查看 DHCP 服务及其参数,如未启用则启用,并将 DHCP 的开始地址设置为 192.168.1.100(最后一个字节也可设为其他数值),如图 16.10 所示。

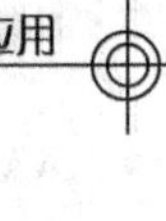

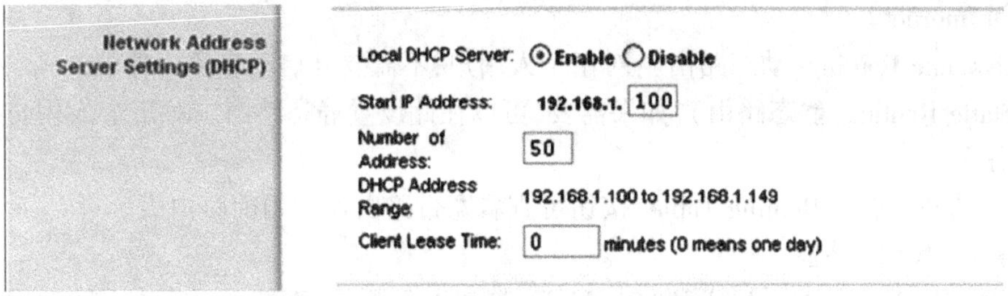

Network Address Server Settings (DHCP)

Local DHCP Server: ⦿ Enable ○ Disable

Start IP Address: 192.168.1. 100

Number of Address: 50

DHCP Address Range: 192.168.1.100 to 192.168.1.149

Client Lease Time: 0 minutes (0 means one day)

图 16.10　Linksys 宽带路由器的 DHCP 服务配置区域

(4)测试 DHCP 服务

将 PC1 的网络参数设置为“自动获得 IP 地址”。在 PC1 上用“ipconfig/all”命令查看该机获取到的 IP 地址等信息,并记录结果。

IP address:________________

Subnet Mask:________________

Default Gateway:________________

DHCP Server:________________

DNS Servers:________________;________________;________________

想一想,以上结果是否是你的预期值?

再用命令“ping 192.168.1.1”测试 PC1 与宽带路由器的连通性,若正常则说明 DHCP 服务配置成功。

5. 高级路由设置(Advanced Routing)

通常情况下,用户可以不必修改该项参数(即保留出厂设置)即可使用宽带路由器。

(1)查看路由设置

选择“Setup”→“Advanced Routing”,打开如图 16.11 所示的路由功能配置界面。在该界面中,包括以下三个区域:

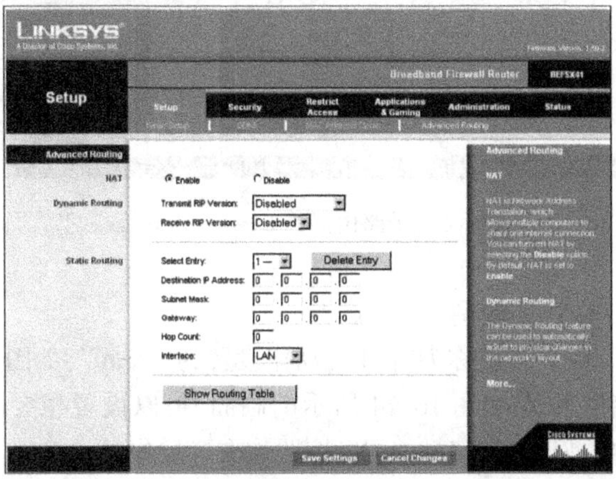

图 16.11　Linksys 宽带路由器的路由功能配置界面

- NAT(网络地址转换):出厂时该功能已开启(Enable),且必须开启该功能用户才能访问 Internet。
- Dynamic Routing(动态路由):对于个人用户,不需要开启动态路由协议。
- Static Routing(静态路由):如果需要,可以在此设置静态路由。对于个人用户,通常不需要。

点击下方的“Show Routing Table”按钮可查看宽带路由器的当前路由表。

(2)验证“NAT”功能

分别将“NAT”功能“Enable”和“Disable”,在 PC1 上测试,看能否访问外网(如用 IE 浏览器连接 http://www. whu. edu. cn),并记录结果。

NAT Enable 时,________________访问外网;

NAT Disable 时,________________访问外网。

6. 访问限制(Restrict Access)

通过 IE 再次打开宽带路由器的管理界面,选择“Restrict Access”,打开如图 16.12 所示的界面。在该界面中,可以针对内网计算机、服务端口、URL 以及关键词进行访问限制。

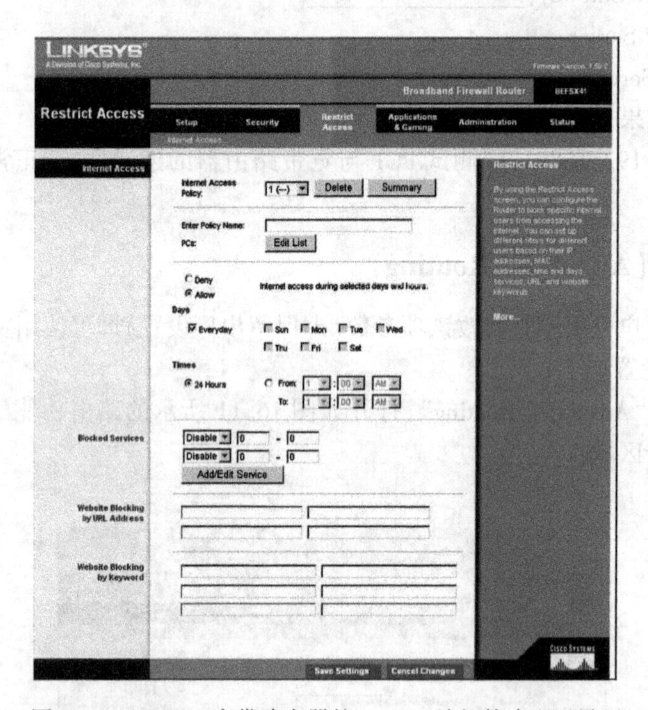

图 16.12 Linksys 宽带路由器的 Internet 访问策略配置界面

(1)限制内网指定 PC 访问外网

设置 Internet 访问策略 1 的名称为“pc1”,动作设置为“Deny”,如图 16.13 所示。

点击“Edit List”按钮,出现如图 16.14 所示的画面,可以设置想要限制的内网主机列表。如设定限制的 IP 为 PC1 的 IP:192. 168. 1. X(按照你在实验中的 PC1 当时实际使用的 IP 地址设置,图 16.14 中为 192. 168. 1. 2)。

点击“Apply”按钮保存访问控制列表后,在 PC1 上测试能否访问外网(如 http://

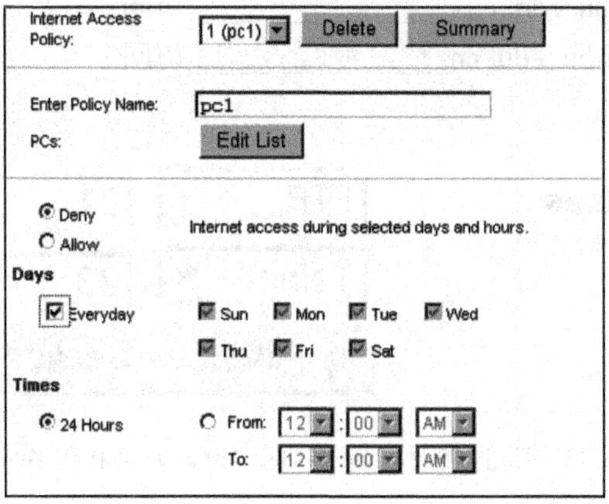

Internet Access Policy: 1 (pc1) Delete Summary
Enter Policy Name: pc1
PCs: Edit List
Deny
Allow
Internet access during selected days and hours.
Days
Everyday　Sun　Mon　Tue　Wed　Thu　Fri　Sat
Times
24 Hours　From: 12 : 00 AM　To: 12 : 00 AM

图 16.13　将策略“pc1”设置为在一周内的哪几天的指定时间段内不能访问 Internet

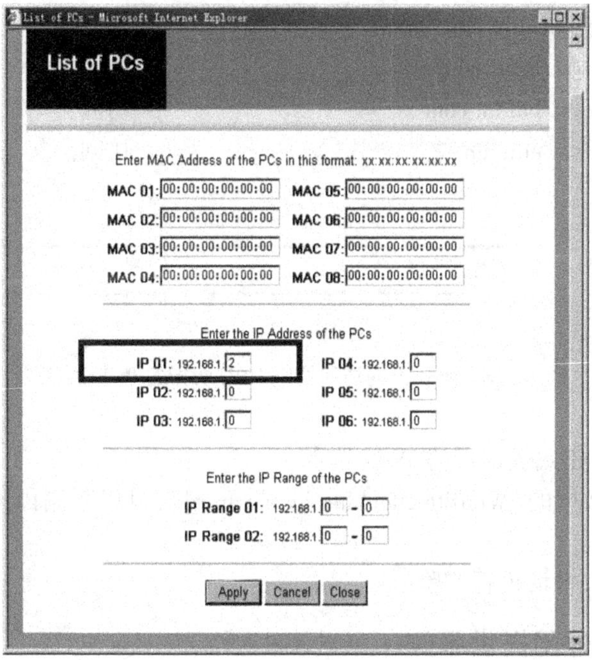

List of PCs - Microsoft Internet Explorer
List of PCs
Enter MAC Address of the PCs in this format: xx:xx:xx:xx:xx:xx
MAC 01: 00:00:00:00:00:00　MAC 05: 00:00:00:00:00:00
MAC 02: 00:00:00:00:00:00　MAC 06: 00:00:00:00:00:00
MAC 03: 00:00:00:00:00:00　MAC 07: 00:00:00:00:00:00
MAC 04: 00:00:00:00:00:00　MAC 08: 00:00:00:00:00:00
Enter the IP Address of the PCs
IP 01: 192.168.1.2　IP 04: 192.168.1.0
IP 02: 192.168.1.0　IP 05: 192.168.1.0
IP 03: 192.168.1.0　IP 06: 192.168.1.0
Enter the IP Range of the PCs
IP Range 01: 192.168.1.0 - 0
IP Range 02: 192.168.1.0 - 0
Apply　Cancel　Close

图 16.14　编辑想要限制的内网主机 IP 地址列表

www.whu.edu.cn)，并记录结果：________________。

在如图 16.13 所示的界面中，修改对 PC1 的访问控制策略为“Allow”，在 PC1 上测试能否访问外网(如 http://www.whu.edu.cn)，并记录结果：________________。

(2) 限制访问某些服务端口

设置“Blocked Services”，如图 16.15 所示，在 PC1 上测试能否访问以下站点，看看有些服务是否被阻止，并记录结果。

ftp ftp.pku.edu.cn　　________________访问；

telnet bbs. whnet. edu. cn________________访问；

telnet bbs. whu. edu. cn________________访问；

http://bbs. whu. edu. cn________________访问。

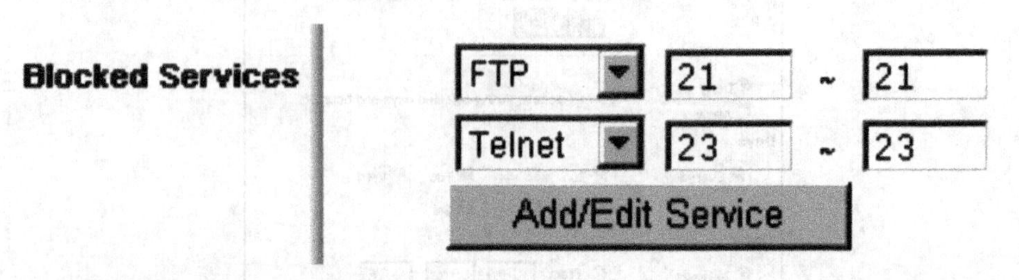

图 16. 15　阻止访问指定服务（图中设置为 FTP 和 Telnet）

(3)限制访问指定 URL 的 Web 站点

通过设置“Website Blocking by URL Address”，可以限制内网主机访问某些 Web 站点。如图 16. 16 所示进行设置，在 PC1 上测试能否访问以下 Web 站点，并记录结果。

http://www. whu. edu. cn　________________访问；

http://www. hust. edu. cn　________________访问；

http://www. baidu. com　________________访问；

http://www. edu. cn　________________访问。

Website Blocking by URL Address

whu. edu. cn

hust. edu. cn

图 16. 16　阻止内网访问给定 URL 所指的 Web 站点

(4)限制访问含有指定关键词的 Web 站点

通过设置图 16. 12 中的“Website Blocking by Keyword”，可以限制内网计算机访问含有指定关键词的 Web 站点。

请自己设想一个关键词进行实验。

7. 允许内网主机向外网提供服务

内网主机向外网提供服务可以通过两种方式实现：设置端口转发和设置 DMZ 主机（有些宽带路由器只能实现端口转发）。需要再次强调的是，用这两种方式提供的服务，当从外网访问时，目的地址要用宽带路由器的外网地址，而不是提供服务的内网主机自身的地址。

(1)设置端口转发（Port Forwarding）

将 PC1 的 IP 参数恢复为如下静态设置：

IP 地址：192. 168. 1. 2

子网掩码：255. 255. 255. 0

默认网关：192. 168. 1. 1

在 PC1 上配置 Web 服务并在内网测试通过（参见实验 18）。想想如何让外网能够访问

PC1 上的 Web 服务。

打开路由器管理界面，在“Applications & Gaming”的“Port Range Forwarding”中如图 16.17 所示进行设置，即将外网对路由器 80 端口的访问转发到内网 192.168.1.2 机器上，并点击“Save Settings”保存。

Setup　Security　Restrict Access　Applications & Gaming　Ad

Port Range Forwarding | Port Triggering | UPnP Forwarding |

Application	Port Range Start	End	TCP UDP	IP Address	Enabled
web	80	80	Both	192.168.1.2	☑
	0	0	Both	192.168.1.0	☐
	0	0	Both	192.168.1.0	☐
	0	0	Both	192.168.1.0	☐
	0	0	Both	192.168.1.0	☐
	0	0	Both	192.168.1.0	☐
	0	0	Both	192.168.1.0	☐
	0	0	Both	192.168.1.0	☐
	0	0	Both	192.168.1.0	☐
	0	0	Both	192.168.1.0	☐

图 16.17　将外网对路由器 80 端口的访问转发到内网 192.168.1.2 机器上

在 PC2 上访问 PC1 提供的 Web 服务，并记录结果：

http://10.0.8.X(宽带路由器的外网地址)：________________

(2) 设置 DMZ 主机

将 PC1 接在宽带路由器的 DMZ 端口，然后在路由器管理界面的“Applications & Gaming”的“DMZ Port”中选中“Enable”，如图 16.18 所示。

在 PC1 上配置 FTP 服务(参见实验 21)，并在内网测试通过。

在 PC2 上访问 PC1 提供的 FTP 服务，并记录结果：

ftp://10.0.8.X(宽带路由器的外网地址)：________________

8. 实验验证

用组内设备验证实验内容(2)(应用设计并实验验证)的设计方案，并做好实验记录。

六、实验报告

根据实验情况完成实验报告，实验报告应包括的内容如下：

(1) 实验名称、小组成员(学号与姓名)。

(2) 实验内容(根据实际情况填写)。

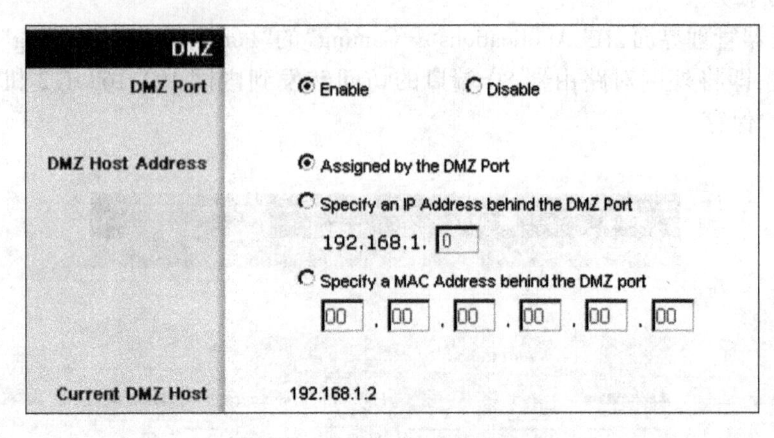

图 16.18　打开 DMZ 端口

(3)实验方法与步骤。

概略说明第 1 项实验内容的方法与步骤;详细说明第 2 项实验内容的方法与步骤,包括:

① 设计方案——设计思路、设备连接图、网络参数配置方案;

② 实验室验证方案——实验验证时用的设备连接图、参数设置方案与验证操作步骤。

(4)实验总结与心得。

(5)所使用的软硬件环境(按照实际情况填写)。

第四单元 Internet服务配置与应用

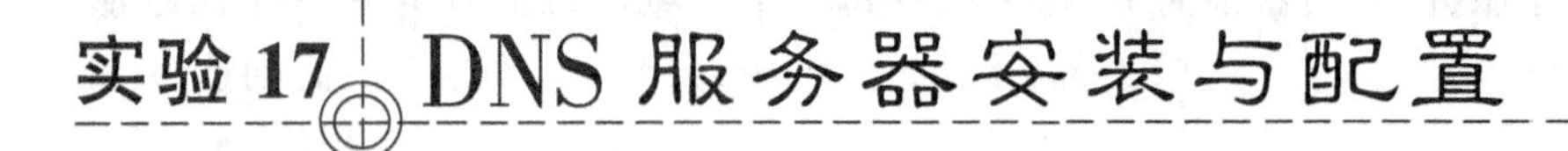

实验17　DNS服务器安装与配置

一、实验目的

通过安装与配置DNS服务器，进一步理解DNS的有关概念和工作原理，掌握在Windows Server 2003上实现DNS服务器的方法和配置一台DNS服务器需要设置的主要内容。

二、实验条件

(1)安装Windows Server 2003的计算机一台，用做DNS服务器(设置为静态IP地址)；
(2)安装Windows的客户机一台，并与DNS服务器计算机连通(可选)；
(3)Windows Server 2003系统安装盘或安装源文件；
(4)Internet环境。

三、实验内容

(1)安装Microsoft DNS服务组件。
(2)创建DNS区域。
(3)为主DNS区域添加资源记录。
(4)设置DNS服务器的属性。
① 配置"转发器"选项卡；
② 配置"根提示"选项卡；
③ 配置"监视"选项卡：监视DNS服务器的运行情况和测试DNS服务器的配置是否正确。
(5)查看并理解DNS数据文件的内容。
(6)用客户端验证DNS服务器。

四、预备知识

1. DNS概述

为了解决IP地址难以记忆的问题，Internet引入了域名系统(Domain Name System,DNS)，使得用户可以通过字符串形式的名字来连接一台主机。

Internet域名系统使用层次型的命名机制，通过名字服务器(Name Server,通常也称为DNS Server,即DNS服务器或域名服务器)实现主机名和其IP地址之间的映射。因此，名字服务器上存放着主机名和 IP 地址的对应信息，称为“资源记录(Resource Record)”。

Internet 上有许许多多的 DNS 服务器，和 DNS 的层次型命名机制类似，这些 DNS 服务器也形成一个层次型结构，如图 17.1 所示。在整个 Internet 上，维护着一组根服务器(目前有 13 台)，作为顶级域的名字服务器；沿着根向下，每一级的每一个子域都维护着至少一台 DNS 服务器，通常为两台或更多，一台为“主服务器(Primary Master，PM)”，其他为“辅助服务器(Secondary Master，SM)”。

- 主服务器(Primary Master)：主服务器上的资源记录必须由管理员手工加入和更新。
- 辅助服务器(Secondary Master)：辅助服务器可以从主服务器自动下载和更新资源记录，不必手工添加和修改。

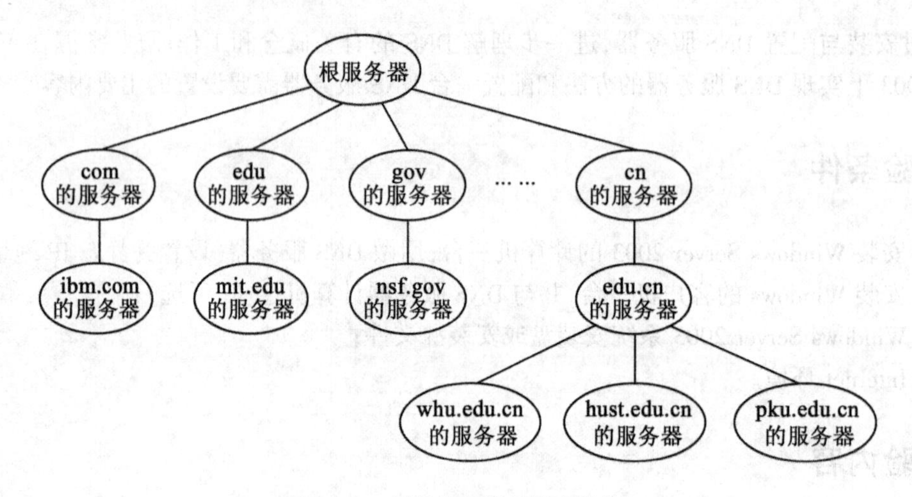

图 17.1　域名服务器的层次结构

有时，为了提高查询效率，有些组织也常常会建立域名缓冲服务器。纯缓冲服务器不对任何主机授权，仅仅缓冲从其他域名服务器来的信息。事实上，PM 和 SM 也同时具有缓冲功能。

2. DNS 的管理单位——区域(Zone)

在 DNS 服务器上，是以“区域”(Zone)为单位进行管理的，每个区域具有部分域名空间的完整信息。这样的域名服务器就称对该区具有授权(Authority)。一台域名服务器可以具有多个区域的授权。

事实上，DNS 服务器除了能够响应由主机名到 IP 地址的查询请求外，还可以响应由 IP 地址到主机名的查询请求。前者称为“正向查找”，后者称为“反向查找”；相应地，在 DNS 上，存在“正向查找区域”和“反向查找区域”。在配置 DNS 服务器时，正向查找区域是必须配置的，反向查找区域则可以根据需求配置或不配置。

(1) 正向查找区域

一个正向查找区域对应域名系统中某一级的一个域，如以 whu. edu. cn 域为例，通常存储了如下三方面的内容：

- 该域中这一层上的所有主机的资源记录，如主机 www. whu. edu. cn、ftp. whu. edu. cn 等。
- 下级域域名服务器的资源记录。例如，如果 whu. edu. cn 有一个子域 cc. whu. edu. cn，

且 cc. whu. edu. cn 有独立管理的 DNS 服务器,则该服务器必须在 whu. edu. cn 的 DNS 服务器上有相关记录。

- 也可以存储其子域中主机的资源记录。例如,如果 whu. edu. cn 有另一个子域 xyz. whu. edu. cn,而 xyz. whu. edu. cn 的管理者又不想维护域名服务器,则可以将 xyz. whu. edu. cn 域中的主机 abc. xyz. whu. edu. cn 的资源记录存放在 whu. edu. cn 区域中。

(2)反向查找区域

一个反向查找区域对应一个 IP 子网。如果组织内所维护的正向查找区域包含了多个 IP 子网的话,则每一个 IP 子网都必须单独对应一个反向查找区域。例如,whu. edu. cn 域内就包含了多个 IP 子网,尽管 whu. edu. cn 的管理者只需要维护一个正向查找区域,但却必须分别为组织内的每一个子网建立反向查找区域(如果需要实现反向查找的话),当然,也可以只为需要提供反向查找服务的子网建立相应的区域而不必为全部子网都建立。

不管是正向查找区域还是反向查找区域,每个区域中包含的信息都可以实现在两台或多台服务器上。需要手工维护每一条资源记录的就是该区域的主服务器,从主服务器自动获取资源记录的就是该区域的辅助服务器。可见,主服务器和辅助服务器也是针对区域的,因此,一台 DNS 服务器可以同时作为某些区域的主服务器和另一些区域的辅助服务器。

3. DNS 的资源记录(Resource Record)类型

前面已经指出,与域名相关的数据是通过资源记录存储在 DNS 服务器上的数据文件中的。资源记录分为几种类型,每种都对应于一个存储在域名空间中的不同的数据变量。常用资源记录类型如下:

- 授权开始(SOA):即 Start of Authority。SOA 标明区域数据的开始,定义区域的域名、该区域的授权服务器的主机名,并定义影响整个区域的参数,包括序列号、刷新时间、重试时间、过期时间、默认 TTL。
- 名称服务器(NS):即 Name Server。NS 用于标记被指定为区域权威服务器的 DNS 服务器名称。
- 主机(A):即 Address。A 记录用来映射主机名到 IP 地址。任何给定的主机都只能有一个 A 记录,因为这个记录被认为是授权信息。这个主机的任何附加名称都必须用 CNAME 类型给出。
- 主机信息(HINFO):即 Host Information。HINFO 用于标记描述主机硬件和操作系统信息的记录。
- 规范名(CNAME):即 Canonical Name。CNAME 记录是 A 资源记录的补充,用于给出主机的别名,故也称 CNAME 记录为别名记录。这些记录允许使用多个名称指向单个主机。例如,whu. edu. cn 域中有一台主机 sun 同时提供 Web 服务和 FTP 服务,在 DNS 服务器上,已经为这台主机用 A 记录定义了主机名 sun. whu. edu. cn 到 IP 地址的映射,但为了网络用户访问方便,就可以增加 CNAME 记录给出其别名 www. whu. edu. cn 和 ftp. whu. edu. cn。
- 邮件交换器(MX):即 Mail Exchange。MX 记录标明发往给定域名的邮件应该传送到的邮件服务器名字及其优先级。可以指定多个邮件交换器,这种情况下,到达给定域的邮件首先被发给优先级最高的邮件交换器。每个邮件交换器都必须在有效区域中有一个相应的 A 资源记录。

- 指针(PTR):即 Pointer。PTR 记录用来映射 IP 地址到主机名,用于反向搜索区域中。注意此记录中的主机名必须是 A 记录中用的主机名而不能是别名。此记录允许客户通过 IP 地址定位计算机并为该计算机将信息解析为 DNS 域名。

4. 资源记录的格式

DNS 的资源记录包括 5 个字段,格式为:

[***name***][***ttl***][***class***] ***type value***

在 DNS 的数据文件中,各个字段之间由空格分隔。各字段的含义如下:

- ***name***:资源记录引用的域对象的名字。它可以是单台主机,也可以是整个域。作为 name 输入的字符串除非是以一个点结束,否则就是为当前域所写的。如果 name 字段是空的,那么该记录应用于其上面(资源记录)最近命名的域对象。
- ***ttl***:生存时间记录字段。它以秒为单位定义该资源记录中的信息存放在高速缓存中的时间长度。通常该字段是空字段,这表示使用 SOA 记录中为整个区域设置的缺省 ttl 值。
- **class**:指定网络的地址类型。在 TCP/IP 网络中使用 IN。如果没有给出类,就使用前一个资源记录的类。由于目前整个 Internet 用的都是 TCP/IP 协议,因此只使用了 IN。
- **type**:标识资源记录的类型,如 SOA、NS、A、MX 等。
- **value**:指定与这个资源记录有关的数据。这个值是必要的。数据字段的格式取决于类型字段的内容。

下面是几个典型的资源记录(已用"$ ORIGIN wuhee. edu. cn. "指定域):

①	localhost	IN	A	127. 0. 0. 1
②	s1000e	IN	A	202. 114. 96. 1
③		IN	MX 10	s1000e. wuhee. edu. cn.
④		IN	MX 20	sun20. wuhee. edu. cn.
⑤		IN	HINFO	"SPARCserver-1000e" "Solaris"
⑥	mailhost	IN	CNAME	s1000e. wuhee. edu. cn.
⑦	dns	IN	CNAME	s1000e. wuhee. edu. cn.

上列资源记录都省略了 ttl 字段;第③~⑤记录省略了 name 字段,表示都应用于 s1000e;第③和第④记录中 MX 后的数值表示优先级。

五、实验指导

1. 为服务器配置静态 TCP/IP 参数

(1)确保在 Windows Server 2003 服务器中安装了 TCP/IP。

(2)参照本书实验 2,为服务器设置静态 TCP/IP 参数。DNS 服务器不应该使用动态分配的 IP 地址,因为地址的动态更改会使客户端与 DNS 服务器失去联系。

在实验室里实验时,TCP/IP 参数由指导老师给出,请记录在下面对应的横线上。

IP 地址:________________

子网掩码:________________

默认网关:________________

首选 DNS 服务器:______________(上级域主域名服务器的 IP 地址)

备用 DNS 服务器:______________(上级域辅助域名服务器的 IP 地址,可不填)

在实际中,服务器的 TCP/IP 参数需要根据实际情况设置,并且 IP 地址必须是 Internet 分配的有效 IP 地址。本实验指导中,以如下 TCP/IP 参数为例进行设置:

IP 地址:192. 168. 1. 200

子网掩码:255. 255. 255. 0

默认网关:192. 168. 1. 1

DNS:202. 114. 64. 2

2. 安装 Microsoft DNS 服务组件

在 Windows Server 2003 系统中,默认没有安装 DNS 服务组件,需要手动把该组件添加进来。

添加 DNS 服务组件的方法与添加 DHCP 服务组件类似,只需要在"网络服务的子组件"列表中换成勾选"域名系统(DNS)"复选框即可,步骤简述如下:单击"开始"→"控制面板"→"添加或删除程序"→"添加/删除 Windows 组件",双击"网络服务"选项,勾选"域名服务(DNS)"复选框,依次单击"确定"→"下一步"→"完成"按钮。详细操作参见实验 10。

3. 创建 DNS 区域

(1)依次单击"开始"→"管理工具"→"DNS",打开"DNS"管理控制台窗口,如图 17.2 所示。在左窗格中,可以看到"正向查找区域"和"反向查找区域"。由于正向查找更普遍一些,下面将以创建"正向查找区域"为例给出指导。创建"反向查找区域"的操作基本类似,请读者自行练习。

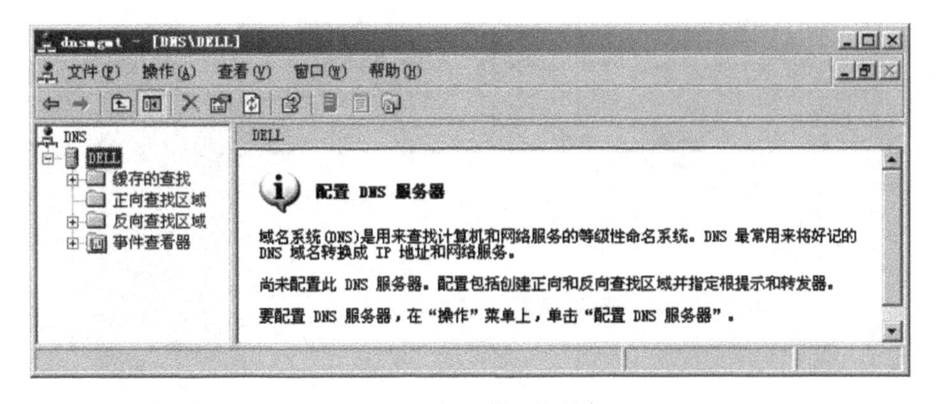

图 17.2　DNS 管理控制台

(2)在左窗格中用鼠标右键单击"正向查找区域",执行"新建区域"命令,当"新建区域向导"启动后,单击"下一步",打开选择"区域类型"向导页,如图 17.3 所示。

(3)根据需要选择区域类型。若选择"主要区域",则该服务器就是该区域的主服务器,必须在此服务器上手工添加该区域的资源记录;若选择"辅助区域",则该服务器就是该区域的

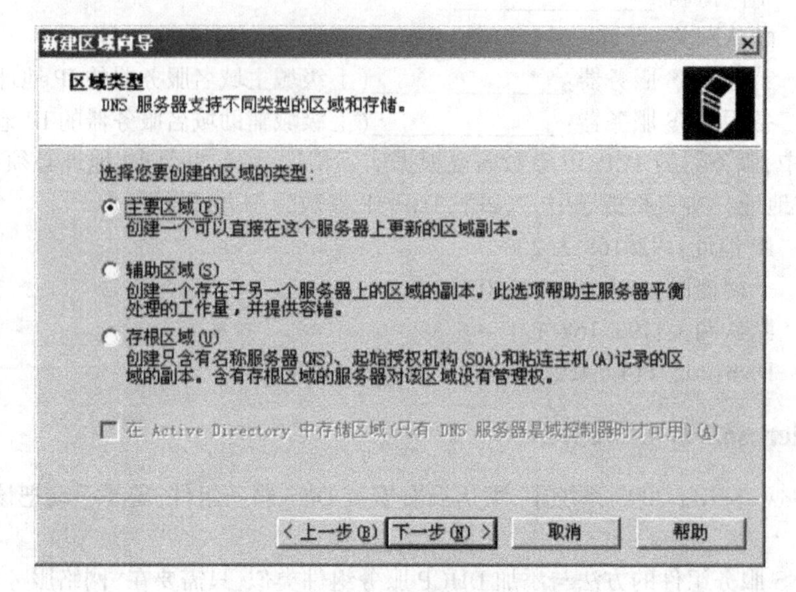

图 17.3　选择“区域类型”向导页

辅助服务器,区域数据只能从主服务器上复制,不能在此服务器上修改;若选择“存根区域”,则该服务器就是一台纯缓冲服务器。下边以“主要区域”为例给出指导。

选择“主要区域”,然后单击“下一步”,打开要求输入“区域名称”的向导页(见图 17.4),在文本框中输入标识该 DNS 区域的名称(本例为“cc. whu. edu. cn”),单击“下一步”。

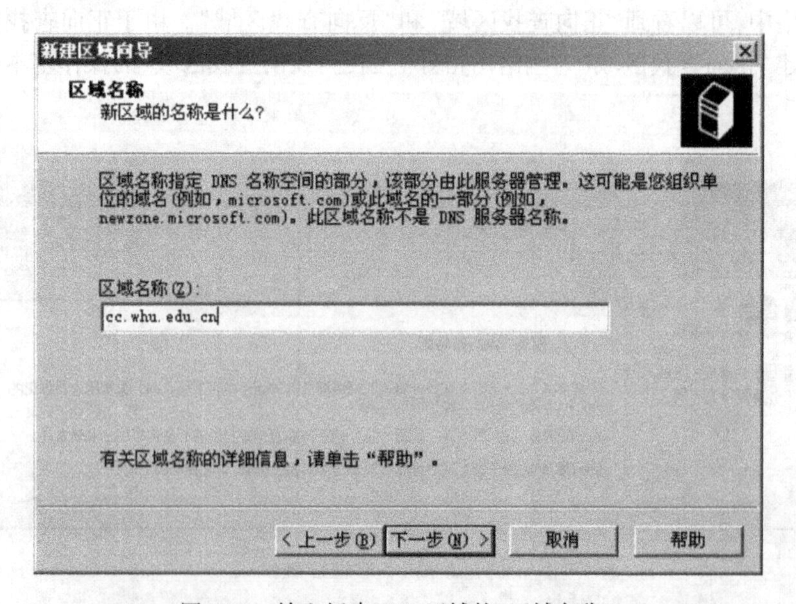

图 17.4　输入新建 DNS 区域的“区域名称”

(4)在打开的“区域文件”向导页(见图 17.5)中,根据需要和实际情况选择“创建新文件,文件名为”,并接受新区域文件的默认名称,或选择“使用此现存文件”,单击“下一步”。

(5)在打开的“动态更新”向导页(见图 17.6)中,根据需要选择相应选项,不过通常选择

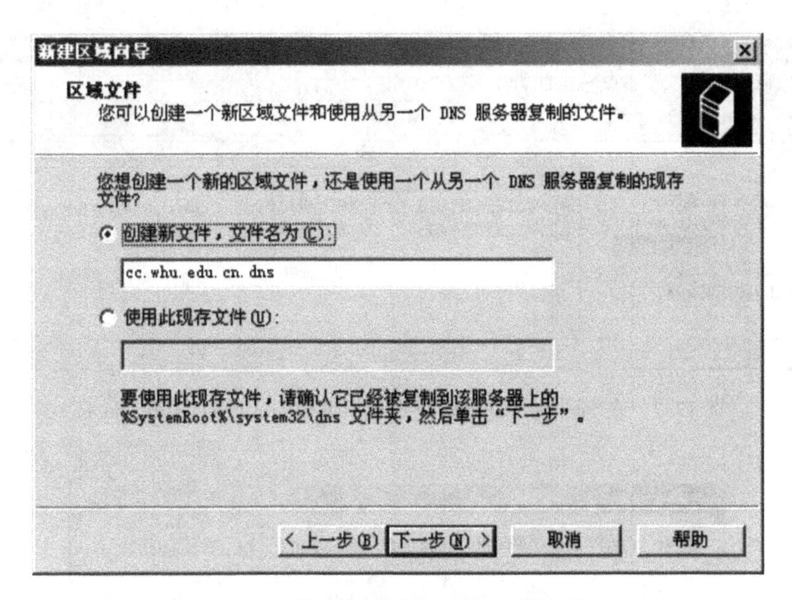

图 17.5　指定新区域使用的“区域文件”

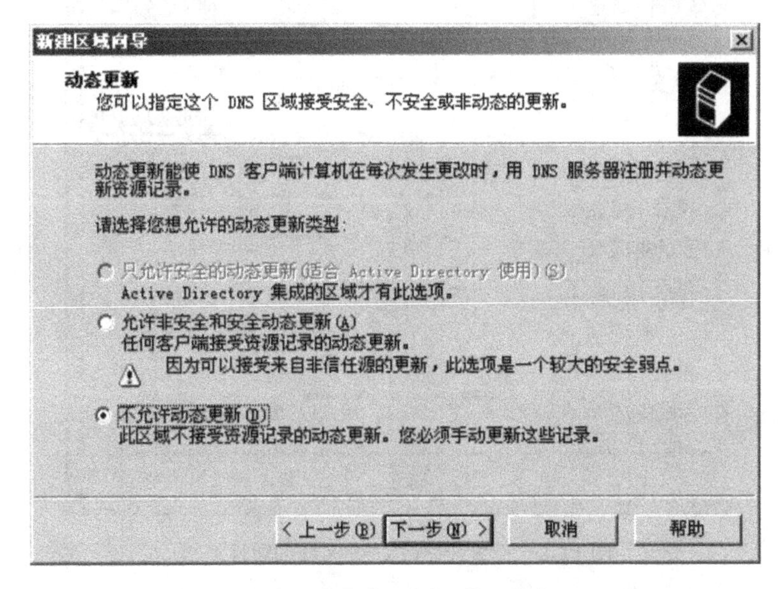

图 17.6　指定“动态更新”方式

默认的“不允许动态更新”，依次单击“下一步”→“完成”，新创建的 DNS 区域即会出现在控制台的“正向查找区域”（或“反向查找区域”）文件夹下，并为新建区域自动创建 SOA 和 NS 两个资源记录，如图 17.7 所示。

SOA 和 NS 资源记录是任何区域都需要的记录，并且是文件中列出的第一个资源记录。默认情况下，在 DNS 控制台中创建新区域时会自动创建 SOA 和 NS 记录。通过鼠标右击区域名称，执行“属性”命令打开如图 17.8 所示的窗口，可以修改已创建的资源记录的属性。

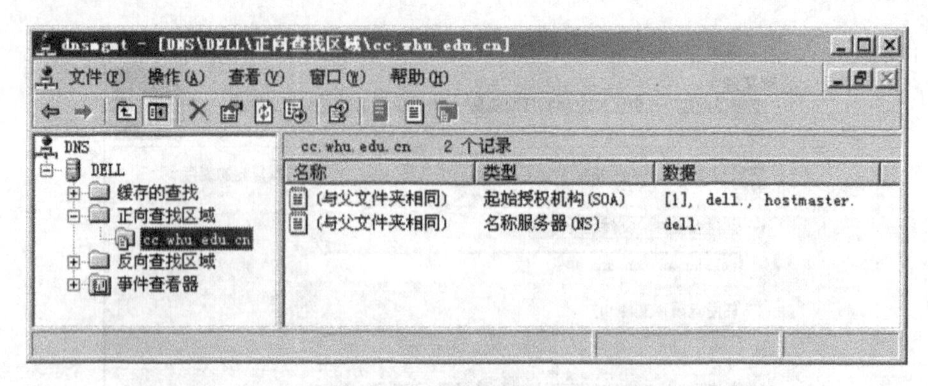

图 17.7 在“正向查找区域”下出现新创建的区域 cc. whu. edu. cn

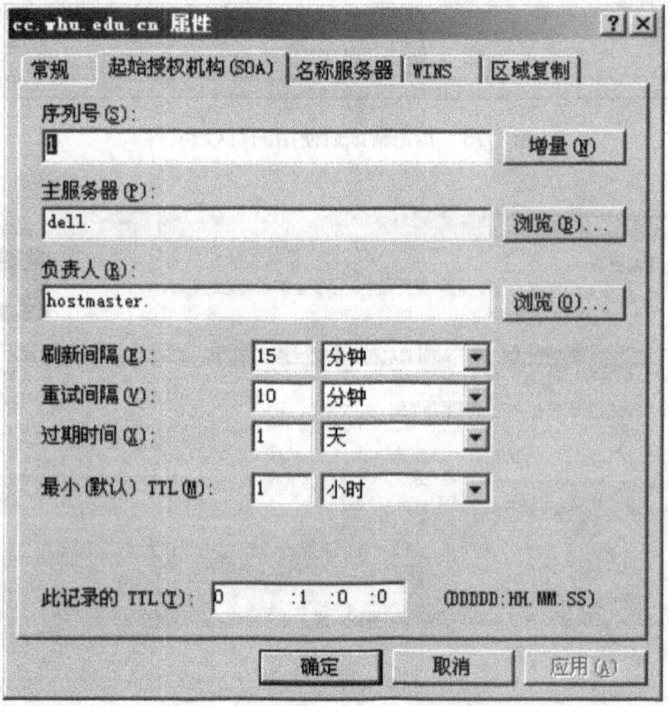

图 17.8 设置或修改 DNS 区域的属性窗口

4. 为主 DNS 区域添加其他资源记录

对于标准主要区域,创建区域之后,还需要向该区域添加其他资源记录,特别是“主机(A)”资源记录。

为选定区域添加资源记录有如下两种途径:

(1)在 DNS 控制台中,使用鼠标右键单击相应的区域,然后单击“其他新记录”,打开如图 17.9 所示的“资源记录类型”选择窗口,在“选择资源记录类型”列表框中选择要添加的资源记录的类型,单击“创建记录”按钮,将打开对应的“新建资源记录”窗口(如图 17.10 所示),输入完成资源记录所需的信息并“确定”,再单击“完成”。

在新建主机资源记录时，若想要自动为反向搜索创建一个 PTR 记录，在图 17.10 中选定“更新相关的指针(PTR)记录”复选框，但必须事先创建一个反向搜索区域以创建 PTR 记录。

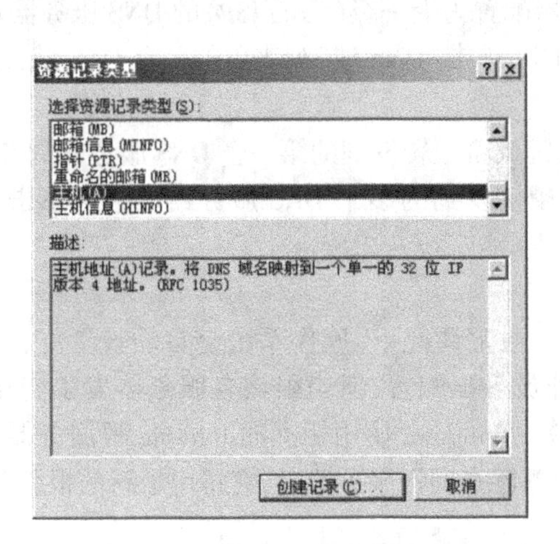

图 17.9　“选择资源记录类型”窗口

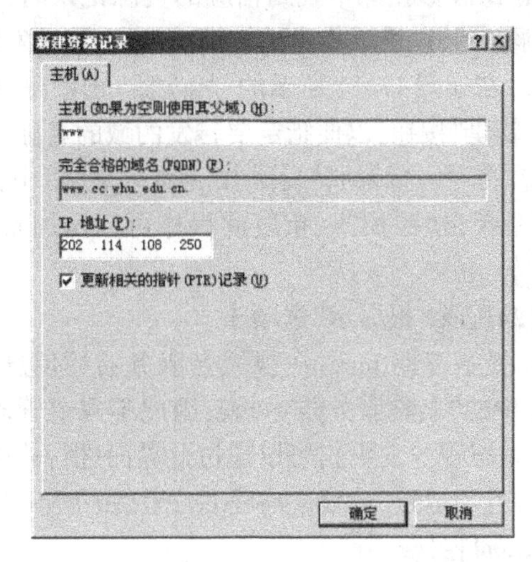

图 17.10　新建主机资源记录对话窗口

(2)在 DNS 控制台中，使用鼠标右键单击相应的区域，然后单击“新建主机(A)”或“新建别名(CNAME)”或“新建邮件交换器(MX)”，将直接打开相应的单类别资源记录添加对话框(如选择“新建主机”则打开类似图 17.10 中的“新建主机”窗口)，输入必要的信息完成该类别资源记录的添加。

5. 设置 DNS 服务器的属性

在完成了上面的有关 DNS 服务器的创建工作后，还需要对 DNS 服务器的一些重要的属性进行设置，因为属性设置是保证 DNS 服务器稳定、安全运行的必要条件。

在 DNS 控制台的左窗格中选定服务器，单击右键，选择“属性”打开该服务器的属性对话框，其中最重要的是“转发器”(见图 17.11)和“根提示”(见图 17.12)两个选项。

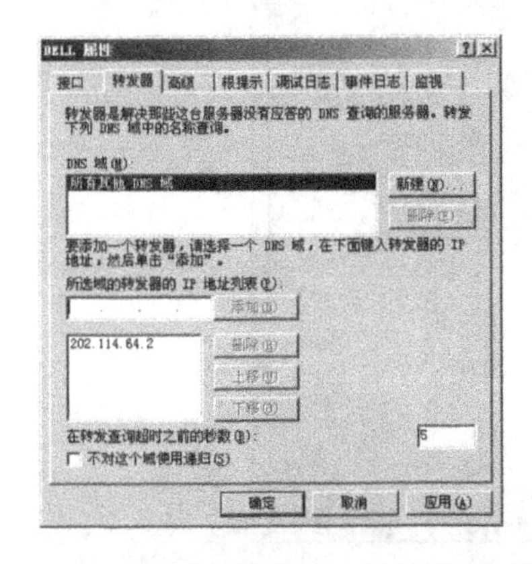

图 17.11　DNS 服务器属性的“转发器”选项窗口

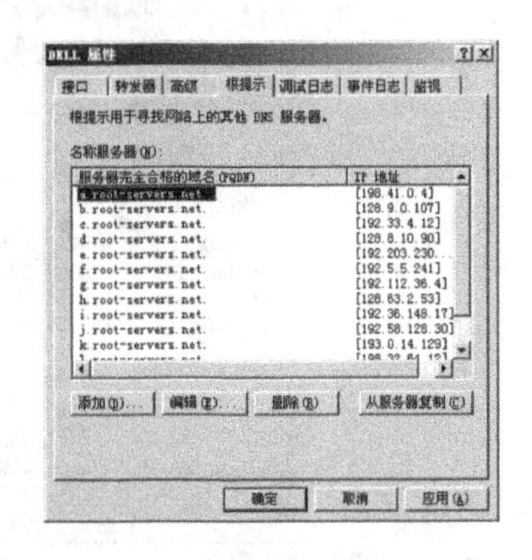

图 17.12　DNS 服务器属性的“根提示”选项窗口

(1)配置“转发器”选项卡

DNS转发功能可以将DNS请求转发到本域外的其他DNS服务器。即当DNS服务器无法在本地DNS数据库中找到相应的资源记录时,可以将请求转发给“转发器”中指定的另一台DNS服务器,以进一步尝试解析。通常,将转发器配置为上一级(您的ISP)的DNS服务器。

① 在如图17.11所示的“转发器”选项窗口中,单击“DNS域”列表中的一个DNS域,或者单击“新建”按钮,以便指定要转发的域的名称。

② 在“所选域的转发器IP地址列表”框中,键入希望转发到的第一个DNS服务器的IP地址,然后单击“添加”。重复此操作可以添加希望转发到的多个DNS服务器。最后单击“确定”。

(2)配置“根提示”选项卡

根提示存储Internet根域名服务器的信息。通常情况下,操作系统会自动设置好,如图17.12中的“名称服务器”列表,因此不需要管理员手工配置,但当根域名服务器发生变化时(这种情况很少发生),可以通过此界面进行修改。Windows使用标准的Internic根服务器(13台),并且当运行Windows Server 2003的DNS服务器查询根服务器时,它将用最新的根服务器列表更新自身。

(3)配置“监视”选项卡

DNS服务器属性的“监视”选项卡主要用于帮助用户监视DNS服务器的运行情况,如图17.13所示。

通过此界面,也可以测试DNS服务器的配置是否正确:在“选择一个测试类型”下方,将两种类型都选中,单击“立即测试”按钮,若在“测试结果”显示列表中的相应列(“简单查询”和“递归查询”)显示“通过”,则表示该服务器运行正常。

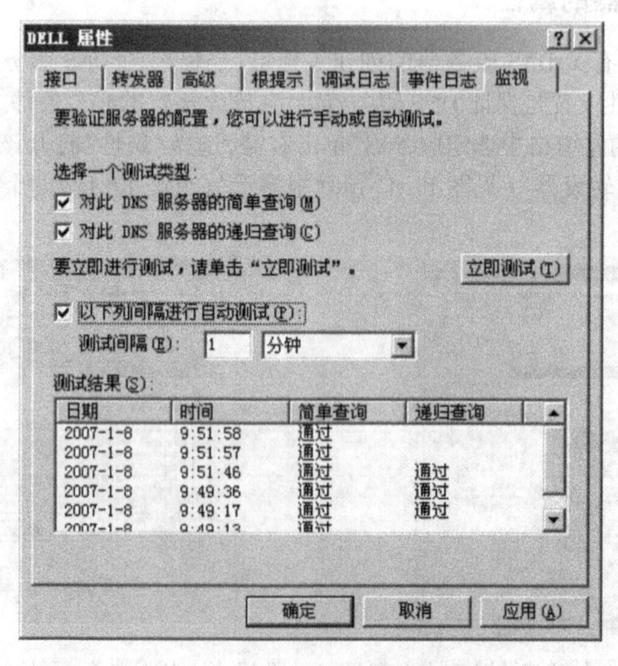

图17.13 监视DNS服务器的运行情况

对于 DNS 属性中的其他选项(接口、高级、调试日志、事件日志),请读者自行练习,通常情况下可以保留默认配置。

6. 查看数据文件

Windows Server 2003 的 DNS 数据文件存放在目录% SystemRoot% \system32\dns\下,请打开阅读各数据文件的内容并尝试理解其含义。

7. 用客户端验证 DNS 服务器

(1)选定一台客户机(既可以用服务器自身,也可以用另一台计算机),按照实验 2 的方法,将客户机的 TCP/IP 属性的 DNS 设置为刚配置好的 DNS 服务器的 IP 地址。

(2)用 ping 命令测试 DNS 服务器 IP 地址,确保客户机与服务器是连通的。如果收不到响应,要么服务器关机,要么网络连接有问题。若收到响应,进入下一步。

(3)用 ping 命令测试 DNS 服务器的主机名称,若测试失败,则说明名称解析服务有问题。若测试通过,再进一步在客户机上用域名访问 Internet,若能正常访问,则说明服务器配置成功。

(4)此外,还可以在客户机上执行如下命令来进行测试:

```
nslookup 目标主机名称    /* 测试正向查找区域 */
nslookup 目标 IP 地址    /* 测试反向查找区域。要正常执行该命令,在 DNS
                           服务器上必须创建目标 IP 地址的 PTR 记录。 */
```

关于 nslookup 命令的使用方法,请读者参考操作系统提供的帮助系统。

六、实验拓展

请尝试配置反向查找主区域、正向查找辅助区域和存根区域,并查看结果(% SystemRoot% \system32\dns\下的数据文件及内容)。

实验 18 Web 服务器安装与配置

一、实验目的

掌握在 Windows 操作系统上建立 Web 服务器的方法，学会设置默认网站主目录、创建虚拟目录，领会虚拟目录和实际目录的关系。

二、实验条件

(1) PC 机一台(系统环境：安装有 Windows 2003 或 Windows XP 或 Windows 2000)。

(2) 与系统版本相同的 Windows XP 或 Windows 2003 安装光盘一张。

三、实验内容

(1) 用 Windows 操作系统建立 Web 服务器。可安装下列系统之一：

① Windows Server 2003 及其 IIS 5.0。

② Windows XP 专业版 及其 IIS 5.1。

③ Windows 2000 Server 及其 IIS 5.0。

(2) 创建虚拟目录。

① 建立一个实际目录 d:\x1 及一个网页文件 test. htm(存放于 d:\x1 文件夹中)。

② 建立一个虚拟目录 zhang，并且通过虚拟目录 zhang 访问实际目录 d:\x1 中的网页文件 test. htm。

四、预备知识

1. Web 的工作方式

Web 的工作方式采用“客户机/服务器”模式，如图 18.1 所示。

网页存放在称为 Web 服务器(Web Server)的计算机上，等待用户访问。在客户机上，访问网页的专用软件称为 Web 浏览器(Web Browser，如 Internet Explorer)。Web 服务器也称为 HTTP 服务器，它是响应来自 Web 浏览器的请求，并且发送出网页的软件。浏览器/服务器的通信过程如下：

(1) 用户启动计算机的浏览器(如 Internet Explorer)。

(2) 用户在浏览器的地址文本框中输入一个网址即 URL，或者单击在浏览器中打开的网

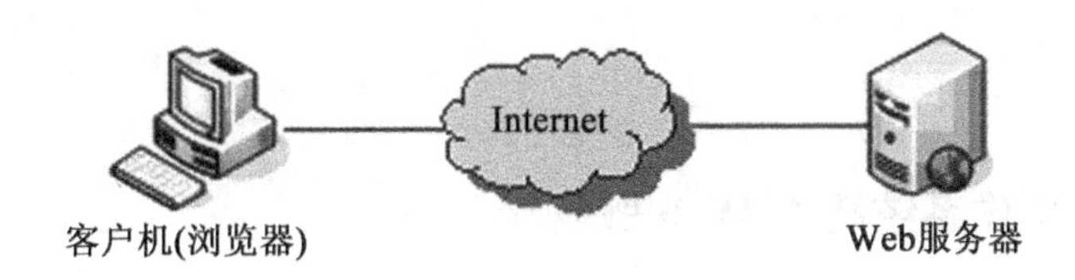

图 18.1　Web 系统

页上的某个链接,浏览器将生成一个请求并把它发送到指定的 Web 服务器。

(3)服务器在响应该请求之后将首页即主页(Home page)发回浏览器,浏览器将其显示在屏幕上。在网页源文件中,如果遇到调用生成动态网页的应用程序(如 ASP 程序段,即脚本),则会自动经应用程序服务器甚至数据库服务器处理,动态生成网页或数据库查询结果并发回浏览器。如图 18.2 所示。

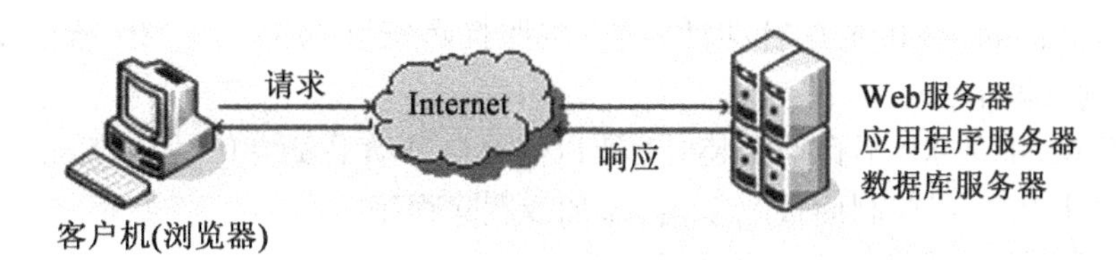

图 18.2　动态 Web 系统

2. Web 服务器、应用程序服务器和数据库服务器

常见的 Web 服务器有 Microsoft Internet Information Server(IIS)、Microsoft Personal Web Server(PWS)、Apache HTTP Server、Netscape Enterprise Server 和 Sun ONE Web Server。

在 Windows 操作系统光盘中,含有 IIS 和 ASP 软件。IIS 软件可以建立 Web 服务器,ASP 软件可以建立 Web 应用程序服务器。随着 Windows 版本不同,IIS 的安装情况有所不同。

(1)对于 Windows 2000 Server,IIS 会随之自动安装和启动。

(2)对于 Windows 2003 和 Windows XP,不自动安装和启动 IIS,需要专门添加 IIS 组件。添加 IIS 所使用的 Windows 光盘要和安装 Windows 时的光盘软件版本相同。

ASP 软件会随着 IIS 自动安装。

Web 服务器用来存放网页源文件,Web 应用程序服务器用来处理动态网页。此外,数据库服务器用来存放数据库,通过 Web 应用程序可以访问数据库,并且在网页上显示结果。

3. 实际目录和虚拟目录

实际目录是事先在某个磁盘中建立的存放网页源文件的目录,如 d:\x1。虚拟目录在磁盘中并不存在,而是在 IIS 中建立的目录别名,如 zhang,它可用在网址中代表实际目录。

五、实验指导

1. 用 Windows 操作系统建立 Web 服务器

方法一：安装和配置 Windows Server 2003 和 IIS 5.0，步骤如下：

(1)使用 Windows Server 2003 光盘启动计算机，按照提示安装 Windows Server 2003(若已安装 Windows Server 2003，则仅做第(2)步)。

(2)由于 Windows Server 2003 不自动安装 IIS，所以需要自己动手安装 IIS。将 Windows Server 2003 光盘插入光驱，单击"开始"→"程序"→"管理工具"→"配置服务器"，选择"高级"选项，打开显示可供安装的组件的对话框；也可以在控制面板中使用"添加/删除程序"，其余操作与方法二第(3)~(7)步雷同。注意：ASP 软件随着 IIS 自动安装。

方法二：安装和配置 Windows XP 和 IIS 5.1，步骤如下：

(1)使用 Windows XP 光盘启动计算机，按照提示安装 Windows XP(若已安装 Windows Server 2003，则仅做第(2)~(7)步)。

(2)由于 Windows XP 不自动安装 IIS，所以需要自己动手安装 IIS。将 Windows XP 光盘插入光驱，单击"开始"→"控制面板"，双击"添加或删除程序"。

(3)单击"添加/删除 Windows 组件"。

(4)出现"Windows 组件向导"，单击"下一步"。

(5)在"Windows 组件"列表中，选中"Internet 信息服务(IIS)"，如图 18.3 所示。

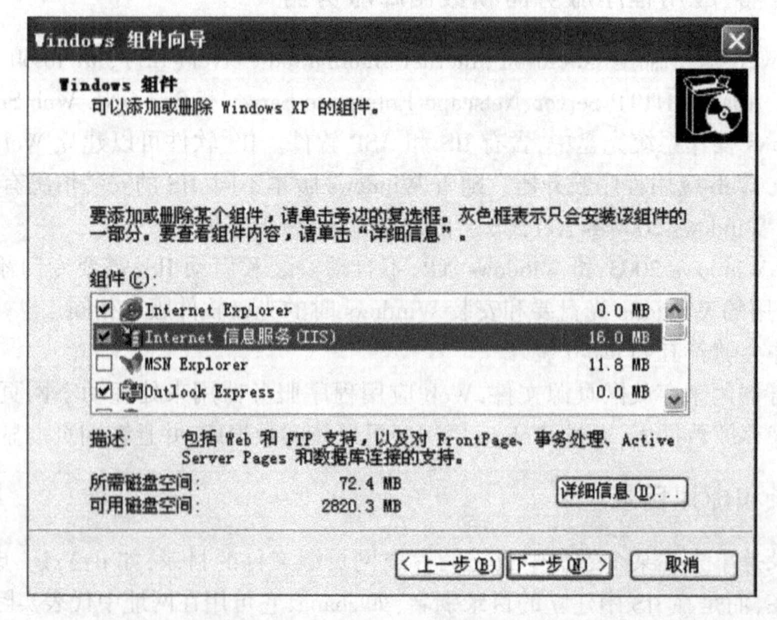

图 18.3 在 Windows XP 中添加 IIS 组件

(6)单击"下一步"，然后根据提示操作。

安装后，可以启动浏览器，输入地址 localhost。若显示其网页，则表示 IIS 正常安装。

假定读者将 Windows XP 操作系统安装在计算机的 d:盘中,那么系统会自动创建根文件夹 d:\Inetpub\wwwroot\。

(7)设置默认网站主目录(根文件夹路径)。

① 单击“开始”→“控制面板”→“性能和维护”→“管理工具”→“Internet 信息服务”;展开“本地计算机”列表,展开“Web 站点”文件夹,然后展开“默认 Web 站点”文件夹;右击“默认网站”,单击“属性”,如图 18.4 所示。

② 输入默认网站 IP 地址(如 127.0.0.1,用于对本机——Web 服务器的测试地址)。如图 18.5 所示。

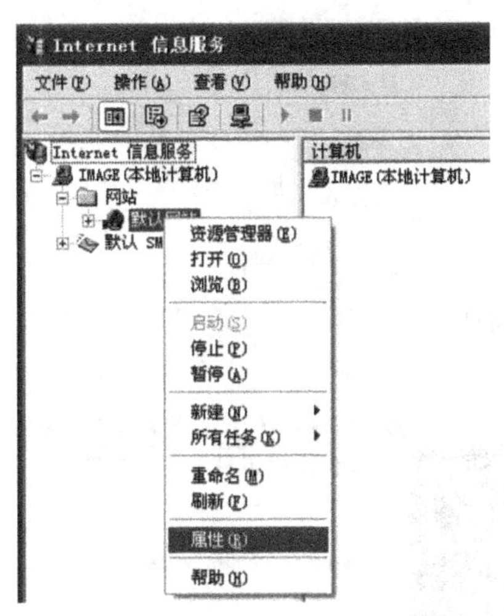

图 18.4　设置默认网站的属性

图 18.5　设置 Web 服务器的 IP 地址

③ 输入默认网站的主目录,以及为该文件夹启用脚本权限,如图 18.6 所示。

在“执行权限”下拉列表框中,确保选择了“纯脚本”选项(出于安全原因,请不要选择“脚本和可执行文件”选项)。然后,单击“确定”。

现在已完成了 Web 服务器的安装和配置。Web 服务器将根据 Web 浏览器的 HTTP 请求,提供根文件夹中的网页。假如建立了网页文件 test.htm,将它存放到默认网站的主目录 d:\inetpub\wwwroot 下。那么,其浏览地址为:http://127.0.0.1/test.htm。

2. 创建虚拟目录

(1)在 d:盘上新建文件夹 x1,即建立一个实际目录 d:\x1。

(2)启动 Word 或者 FrontPage,输入文字“虚拟目录是网址中代表实际目录的别名。”,设置字体为斜体,保存为网页文件:d:\x1\test.htm。

(3)设置默认网站的虚拟目录,具体操作如下:

单击“开始”→“控制面板”→“性能和维护”→“管理工具”→“Internet 信息服务”;展开,右击“默认网站”;单击“新建”→“虚拟目录”。创建过程如图 18.7 ~ 图 18.12 所示。

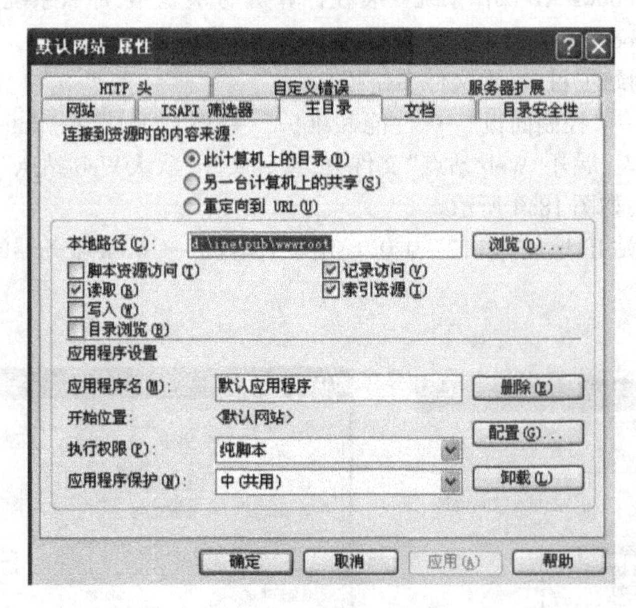

图 18.6 设置本地路径

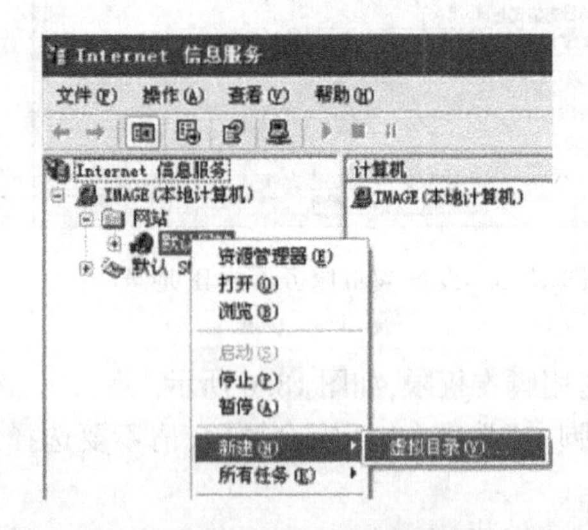

图 18.7 "新建"→"虚拟目录"

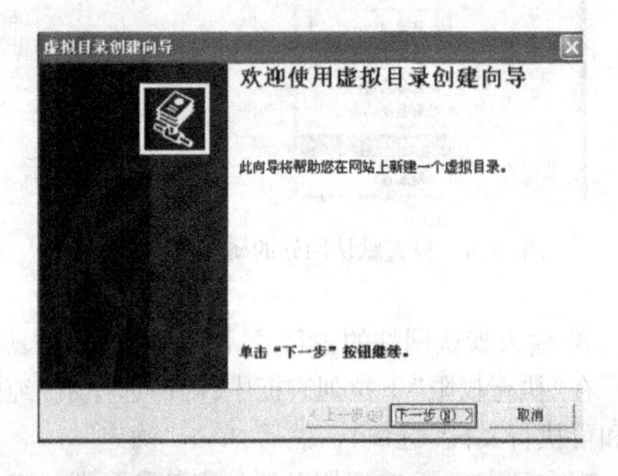

图 18.8 进入"下一步"

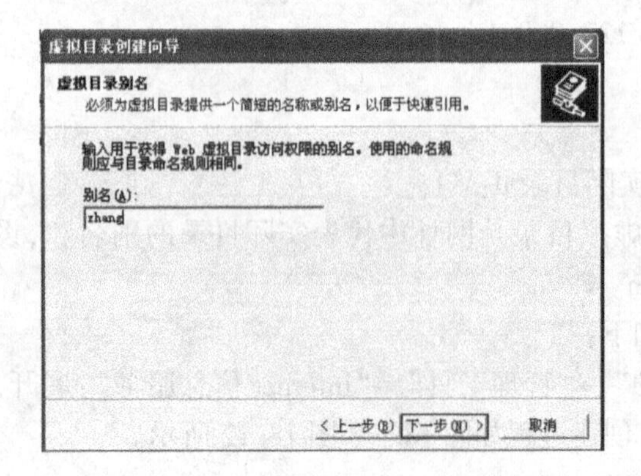

图 18.9 输入别名 zhang(虚拟目录名)

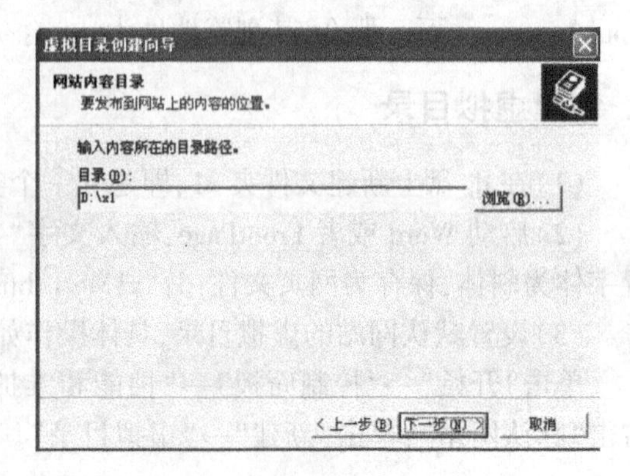

图 18.10 输入实际目录 D:\x1

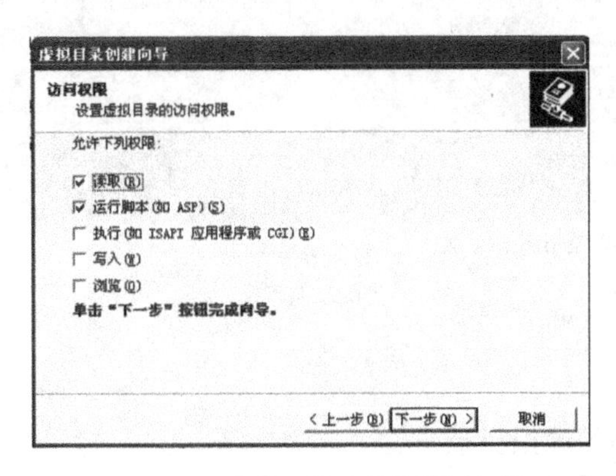

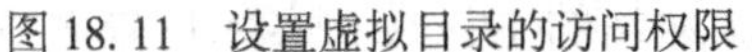
图 18.11 设置虚拟目录的访问权限

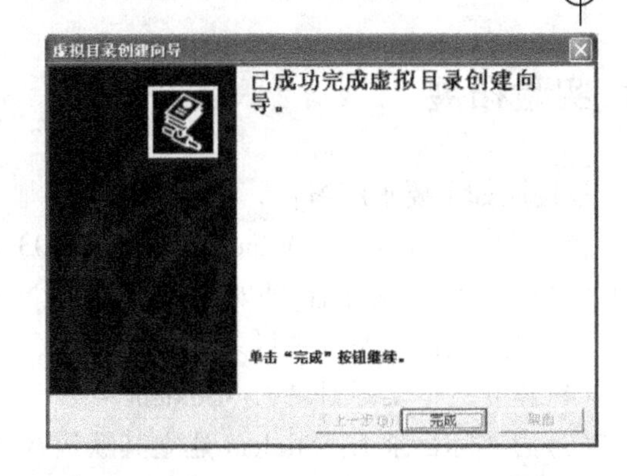

图 18.12 "完成"虚拟目录创建向导

在图 18.13 左边的窗口中显示新建的虚拟目录 zhang,右边的窗口中显示其实际目录 d:\x1 中的文件名 test. htm。其实际目录 d:\x1 及网页文件 test. htm 如图 18.14 所示。

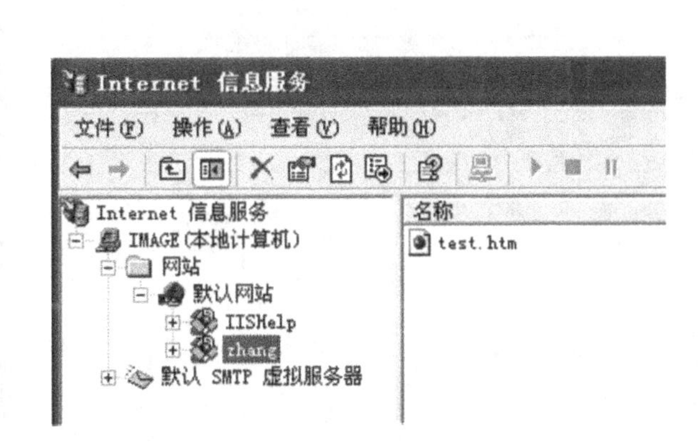

图 18.13 已建立的虚拟目录 zhang

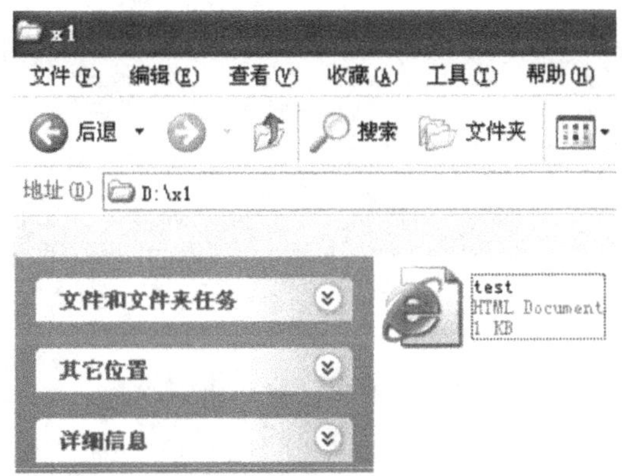

图 18.14 实际目录 d:\x1 及网页文件 test. htm

在浏览器中输入地址:http://127. 0. 0. 1/zhang/test. htm,结果如图 18.15 所示。

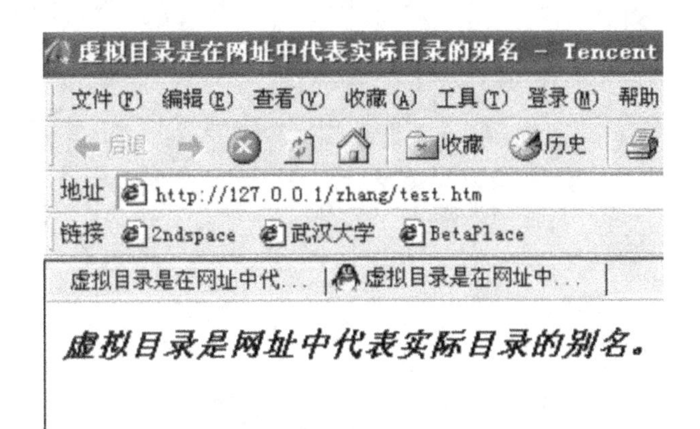

图 18.15 浏览结果

六、实验拓展

请按照如下要求练习：

(1)安装 Windows,如 Windows Server 2003 或 Windows XP。

(2)建立 Web 服务器,即安装和启动 IIS。

(3)设置默认网站的主目录。

(4)建立一个实际目录 E:\Student。

(5)为实际目录 E:\Student 建立其默认网站的虚拟目录 Stu。

(6)用 FrontPage 建立一个网页文件,分别放到默认网站的主目录和实际目录 E:\Student 中,并且分别浏览该网页。

实验19　电子邮件客户软件的使用

一、实验目的

掌握电子邮件客户软件 Outlook Express 的使用方法；了解 Foxmail 的使用方法。

二、实验条件

(1)PC 机一台(系统环境：安装有 Windows XP 或 Windows 2003，且 Outlook Express 已自动随着 Windows 安装到"程序"文件夹中)。

(2)可以从网络下载 Foxmail，然后安装到桌面。

(3)电子邮箱一个，并能通过网络访问。

三、实验内容

(1)在 Outlook Express 中添加邮件账号。

(2)Outlook Express 的日常应用。

(3)在 Foxmail 中添加邮件账号。

(4)Foxmail 的日常应用。

四、预备知识

电子邮件是传统邮件的电子化，它既可以传送文本信息，也可以传送任何二进制信息，包括数字化声音、图形、图像等。

使用电子邮箱的方法目前主要有两种：

(1)通过浏览器使用邮箱，即 Webmail，如 163. com 或 sohu. com 的免费邮箱都提供这种使用方式。

(2)通过专门的 E-mail 客户软件使用邮箱，如微软公司开发的 Outlook Express 和腾讯公司开发的 Foxmail。

1. 电子邮件使用的协议

SMTP(Simple Mail Transfer Protocol)，即简单邮件传送协议，用来从邮件客户向邮件服务器传送邮件，或从一个邮件服务器向另一个邮件服务器发送邮件。这些发送邮件的服务器也称 SMTP 服务器。

POP3(Post Office Protocol 3),即邮局协议第3版,是个邮件检索协议,用来从邮件服务器接收邮件。这些接收邮件的服务器也称POP3服务器。

2. 电子邮件发送与接收方式

电子邮件发送与接收方式为“客户/服务器”(C/S)方式,如图19.1所示。凡是发送或接收邮件都要经过邮件服务器。

E-mail客户软件Outlook Express或Foxmail安装在客户机中,使发送方与接收方可以用E-mail系统发送与接收邮件。

在客户机中,设有本地文件夹,例如Outlook Express的发件箱、收件箱等。在邮件服务器中,对于每个E-mail地址有一个信箱,用于保存所发送或接收的邮件。

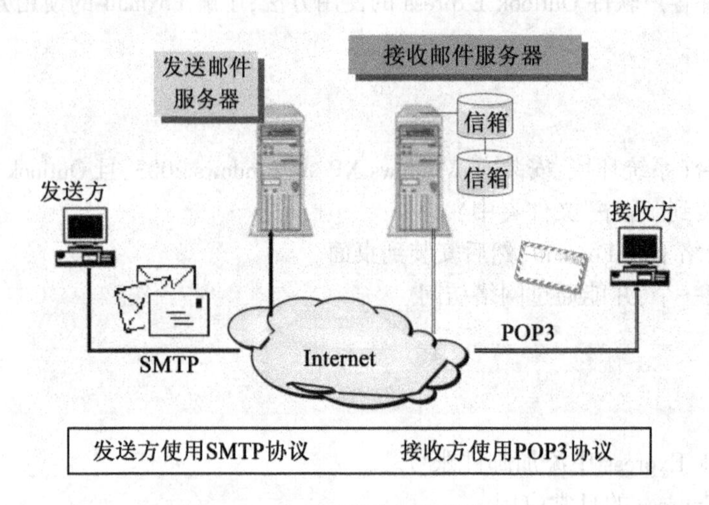

图19.1 电子邮件发送与接收方式

3. 电子邮件发送与接收过程

(1)用户通过客户端程序撰写电子邮件。

(2)用户通过客户端程序将邮件送往SMTP服务器。

(3)SMTP服务器根据收件人地址将其转发。

(4)邮件被送到收件人邮箱所在的POP3服务器,并被保存在收件人的信箱内。

(5)收件人向POP3服务器发出取信请求,并发送用户名和口令进行身份认证。

(6)通过身份认证后,POP3服务器将邮件传给用户的邮件客户端程序。

(7)收件人通过客户端程序浏览邮件内容。

4. Outlook Express 简介

Microsoft Outlook Express 具有以下功能特点:

(1)管理多个电子邮件和新闻组账户

如果你有几个电子邮件或新闻组账户,可以在一个窗口中处理它们,也可以为同一个计算机创建多个用户或身份。每一个身份皆具有惟一的电子邮件文件夹和一个单个通讯簿。多个身份使你轻松地将工作邮件和个人邮件分开,也能保持单个用户的电子邮件是独立的。

(2) 轻松快捷地浏览邮件

邮件列表和预览窗格允许在查看邮件列表的同时阅读单个邮件。文件夹列表包括电子邮件文件夹、新闻服务器和新闻组，而且可以很方便地相互切换。也可以创建新文件夹以组织和排序邮件，然后可设置邮件规则，这样接收到的邮件中符合规则要求的邮件会自动放在指定的文件夹里。还可以创建自己的视图以自定义邮件的浏览方式。

(3) 在服务器上保存邮件以便从多台计算机上查看

如果 Internet 服务提供商(ISP)提供的邮件服务器使用 Internet 邮件访问协议(IMAP)来接收邮件，那么不必把邮件下载到计算机上，在服务器的文件夹中就可以阅读、存储和组织邮件。这样，就可以从任何一台能连接邮件服务器的计算机上查看邮件。

(4) 使用通讯簿存储和检索电子邮件地址

在答复邮件时，既可将姓名与地址自动保存在通讯簿中，也可以从其他程序中导入姓名与地址；在通讯簿中直接键入；通过接收到的电子邮件添加或在搜索普通 Internet 目录服务(空白页)的过程中添加它们。通讯簿支持轻型目录访问协议(LDAP)以便查看 Internet 目录服务。

(5) 在邮件中添加个人签名或信纸

可以将重要的信息作为个人签名的一部分插入到发送的邮件中，而且可以创建多个签名以用于不同的目的，也可以包括有更多详细信息的名片。为了使邮件更精美，可以添加信纸图案和背景，还可以更改文字的颜色和样式。

(6) 发送和接收安全邮件

可使用数字标识对邮件进行数字签名和加密。数字签名邮件可以保证收件人收到的邮件确实是你发出的。加密能保证只有预期的收件人才能阅读该邮件。

(7) 查找感兴趣的新闻组

想要查找感兴趣的新闻组时，可以搜索包含关键字的新闻组或浏览由 Usenet 提供商提供的所有可用新闻组。查找需要定期查看的新闻组时，可以将其添加至您的“已订阅”列表，以方便日后查找。

(8) 有效地查看新闻组对话

不必翻阅整个邮件列表，就可以查看新闻组邮件及其所有回复内容。查看邮件列表时，可以展开和折叠对话，以便更方便地找到感兴趣的内容。也可以使用视图来显示要阅读的邮件。

(9) 下载新闻组以便脱机阅读

为有效地利用联机时间，可以下载邮件或整个新闻组，这样无需连接到 ISP 就可以阅读邮件。可以只下载邮件标题以便脱机查看，然后标记希望阅读的邮件，这样下次连接时，Outlook Express 就会下载这些邮件的文本。另外还可以脱机撰写邮件，然后在下次连接时发送出去。

5. Foxmail 6.0 简介

Foxmail 为免费软件，Foxmail 6.0 致力于更便捷和更舒适地使用，各项新的功能如下：

(1) 在邮件阅读和管理之余，可以进行 RSS 阅读

RSS 是简易信息聚合(Really Simple Syndication，RSS)的英文缩写，对于用户来说，RSS 是一种订阅咨询的功能，就如同线下订阅报纸、杂志一样，并且更加地便捷。通过这种订阅功能，可以订阅喜欢的内容，例如门户网站新闻、个人 Blog(博客)、支持 RSS 的论坛等。

Foxmail 6.0 可以自动收集好用户订阅的最新信息，保持新闻内容的及时性，无需再逐个访问网站,目标性强,可节省宝贵的时间。在该软件中,使用 RSS 功能和使用邮件功能是很类似的,不用专门学习就可以自如地使用。

Foxmail 6.0 已经默认订阅了一些内容,用户也可以自行订阅您喜欢的内容。RSS 订阅功能操作便捷,无需提供 E-mail 地址及任何个人信息即可完成。如果看到网页上有类似这样的标识:RSS、XML、ATOM、OPML,就意味着这些网站可以被订阅。

(2)首创自动化智能学习,轻松获得理想的反垃圾效果

Foxmail 6.0 继 Foxmail 5.0 后,在反垃圾功能上又有了一次飞跃。它具有自动学习功能,将反垃圾功能的应用和配置复杂度降低到 0。用户不再需要手工配制和学习,就可以准确地判别垃圾信件。

Foxmail 研发团队开发出了自动地智能化学习算法,该算法在用户进行日常邮件操作和管理的同时可自动进行分析判定,使用户在使用 Foxmail 软件一段时间后(视收发邮件的频繁程度,可能需要数周的学习积累时间)就能达到比较理想的反垃圾邮件的效果,并且效果还将越来越好,得心应手。反垃圾邮件性能的提升是伴随着使用时间的增加而不断优化的,用户不需要做任何额外的事情。

(3)增强安全性,看 HTML 邮件不再有风险

不良的 HTML 邮件可能携带具有破坏能力的 ActiveX 控件或者 Script 恶意代码,Foxmail 6.0 能在显示 HTML 邮件的同时,有效阻止这些控件和代码运行,从而避免自动激活附件病毒或木马,保障邮箱以及电脑的安全。

(4)提供四种显示布局,更新的视觉经验

传统方式的主界面布局中,内容预览窗是放置于界面下方的,用户也可以将其放置于界面右方。选择这种方式时邮件或文章列表的显示信息将被部分缩减,但带来了易于一次性阅读更多邮件或 RSS 文章内容的便利效果。另外也可以将内容预览窗隐藏或是放大,满足用户不同需要。

用户可以在主界面最下方的状态栏找到四个代表不同布局的小图标,通过点击相应图标可以方便地切换到相应的布局。

(5)分组管理,邮件管理更清晰

为方便对邮件的日常管理和阅读,Foxmail 6.0 提供了邮件分组功能。所有邮件自动按照一定的组别进行排列(例如时间的组别就包括"今天"、"昨天"、"星期几"、"上周"、"更早",还可以按照其他的要素——例如发件人来分组显示),使得浏览邮件一目了然。

(6)过滤显示,浏览邮件更方便

过滤显示功能能方便地精简所关注邮件或文章的数量,提高浏览效率。在邮件或 RSS 文章列表上方的"过滤与搜索工具栏"(可通过菜单"查看"中打开这一栏)的左端下拉框中提供了该项过滤显示的功能,包括按特定条件如"未读的"、"设置有标签的"、"今天的"、"本周内的"、"本月内的"来过滤显示邮件或文章列表内容。

五、实验指导

1. 在 Outlook Express 中添加自己的邮件账号

Outlook Express 是 Windows XP 或 Windows Server 2003 自带的 E-mail 客户软件,并随 Windows XP 或 Windows 2003 自动安装到“程序”文件夹中。使用 Outlook Express 的第一件事情，就是添加自己的邮件账号。要添加邮件账户，需要知道所使用的邮件服务器的类型(POP3、IMAP 或 HTTP)、账户名和密码，以及接收邮件服务器的名称和发送邮件服务器的名称。若要添加新闻组，则需要所要连接的新闻服务器的名称，如果必要，还需要账户名和密码。

(1)单击“开始”→“所有程序”→“Outlook Express”，即可启动它，如图 19.2 所示。可以去掉其中复选框的勾，单击“是”或“否”。

图 19.2　Outlook Express 启动时

(2)单击“工具”→“账户”→“添加”→“邮件”，输入自己的姓名，如图 19.3 所示。

(3)单击“下一步”，输入自己的允许使用 E-mail 客户端软件的电子邮件地址，例如 xyz@whu.edu.cn，单击“下一步”，如图 19.4 所示。输入电子邮件服务器名，例如接收和发送邮件服务器名均为 whu.edu.cn，单击“下一步”。

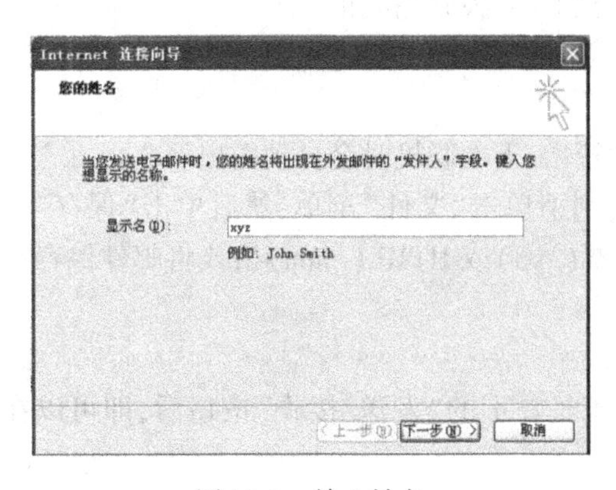

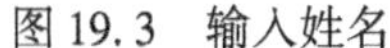
图 19.3　输入姓名

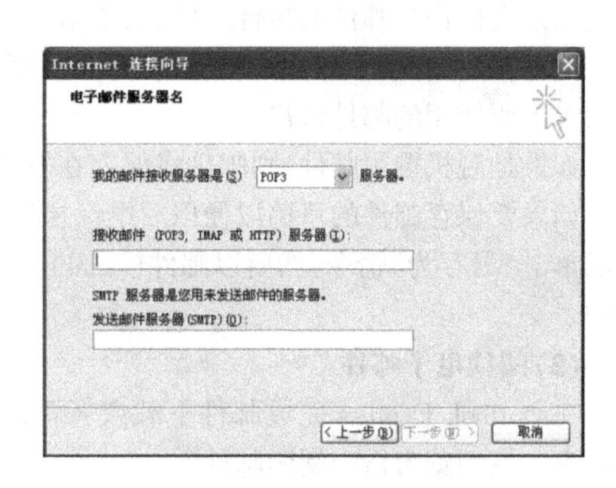

图 19.4　输入电子邮件服务器名

(4)如图 19.5 所示，输入账户名和密码，例如 xyz 和 abcde，单击“下一步”。

(5)单击“完成”，单击“邮件”选项卡，显示已添加的账户 whu.edu.cn，如图 19.6 所示，单击“关闭”。

(6)单击账户 whu.edu.cn，单击“属性”→“高级”选项卡，可选择“在服务器上保留邮件副本”→“确定”，使得 Outlook Express 在接收(即下载)邮件后，服务器上仍保留邮件。

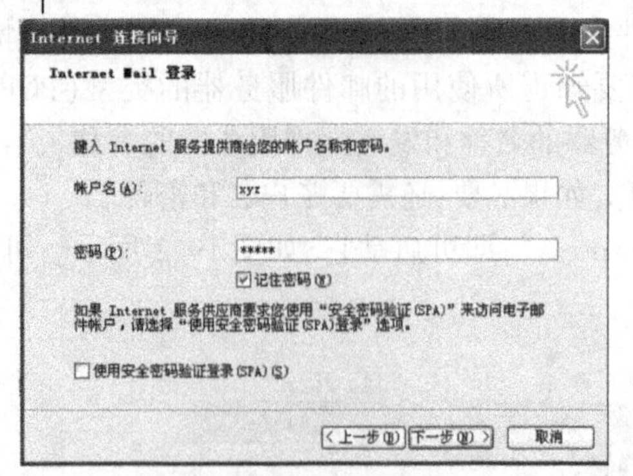

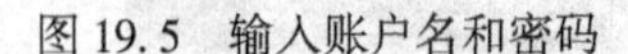
图 19.5　输入账户名和密码

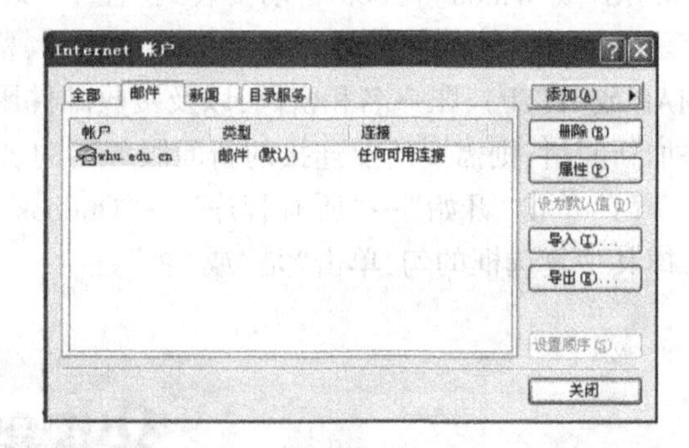

图 19.6　已添加的账户 whu. edu. cn

2. Outlook Express 的日常应用

(1)撰写和发送电子邮件

① 在工具栏上,单击"创建邮件"按钮。

② 在"收件人"或"抄送"框中,键入每位收件人的电子邮件地址,分别用英文逗号或分号隔开。若要从通讯簿中添加电子邮件地址,则单击"新邮件"窗口中"收件人"、"抄送"和"密件抄送"旁的书本图标,然后选择所需的地址。

③ 要使用"密件抄送"框,请单击"查看"菜单,然后选择"所有邮件标头"。

④ 在"主题"框中,键入邮件主题。

⑤ 撰写邮件。若需发送存放在计算机硬盘上的文件,单击"插入"菜单→"文件附件",则可插入某文件作为邮件的附件。然后,单击工具栏上的"发送"按钮。

注意:如果有多个邮件账户设置,并要使用默认账户以外的账户,则请单击"发件人"框,然后单击要使用的邮件账户。

如果是脱机撰写邮件,则邮件将保存在发件箱中,下次联机时会自动发出。

如果要保存邮件的草稿以便以后继续撰写,则请单击"文件"菜单,然后单击"保存"。也可以单击"另存为"命令,然后以邮件(. eml)、文本(. txt)或 HTML(. htm)格式将邮件保存在文件中。

(2)阅读电子邮件

在 Outlook Express 完成邮件下载或者单击工具栏上的"发送/接收"按钮后,即可以在单独的窗口或预览窗格中阅读邮件。

① 单击 Outlook 栏或文件夹列表中的"收件箱"图标。

② 若要在预览窗格中查看邮件,则在邮件列表中单击该邮件。若要在单独的窗口中查看邮件,则在邮件列表中双击该邮件。

注意:要查看有关邮件的全部信息(如发送邮件的时间),请单击"文件"菜单,然后单击"属性"。

要将邮件存储在文件中,请单击"另存为",然后选择格式(邮件、文本文件或 HTML 文件)和存储位置。

(3)阅读 Outlook Express 的帮助

单击"帮助"菜单,然后单击"目录和索引",可以进一步了解 Outlook Express 的使用方法。

3. 在 Foxmail 中添加自己的邮件账号

在 Foxmail 安装完毕后，第一次运行时，系统会自动启动向导程序，引导用户添加第一个邮件账户。

（1）通过“百度”搜索“Foxmail”，下载 Foxmail 软件，例如 Foxmail6. 0beta4. exe，将其解压缩到当前文件夹，安装到桌面，运行它，即可建立新的用户账户，如图 19.7 所示。请按照对话框输入自己的账户信息。

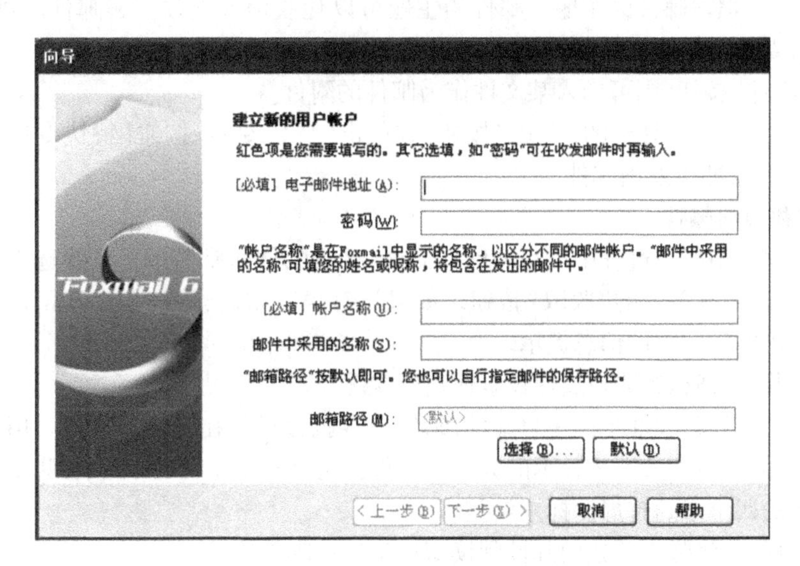

图 19.7　在 Foxmail 中添加邮件账户

（2）显示 Foxmail 主窗口，如图 19.8 所示。

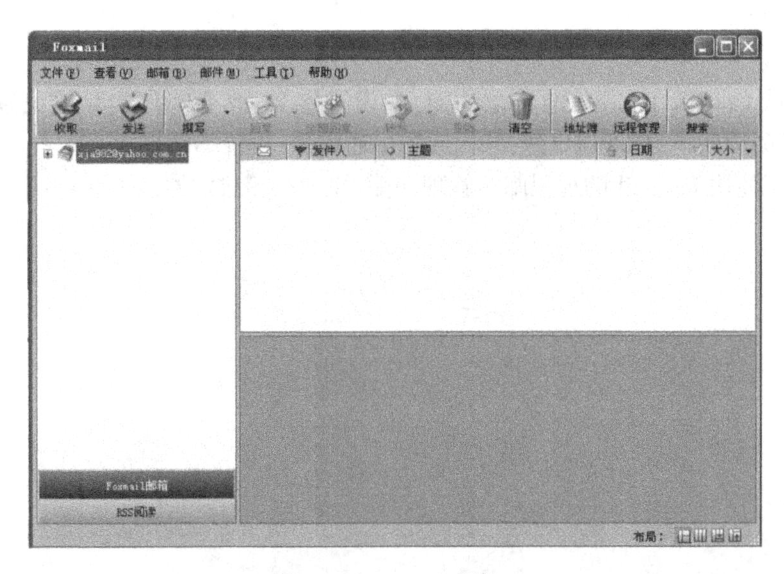

图 19.8　Foxmail 主窗口

4. Foxmail 的日常应用

(1)撰写和发送邮件

单击按钮工具条上的“撰写”按钮,打开写邮件窗口,在这里可以撰写和发送邮件。

在写邮件窗口上方的“收件人”栏,填写该邮件接收人的 E-mail 地址。如果需要把邮件同时发给多个收件人,可以用英文逗号分隔多个 E-mail 地址。

在“抄送”栏,填写其他联系人的 E-mail 地址,邮件将抄送给这些联系人。可以不填写。

在“主题”栏,填写邮件的主题。邮件的主题可以让收信人大致了解邮件的可能内容,也可以方便收信人管理邮件。可以不填写。

若单击“附件”按钮,则可插入某文件作为邮件的附件。

写好邮件后,单击工具栏的“发送”按钮,或单击“特快专递”按钮(特快专递功能请参见“邮件特快专递”),即可发送邮件。

(2)接收和阅读邮件

如果在建立邮箱账户过程中填写的信息无误,接收邮件非常简单。只要选中某个邮箱账户,然后单击按钮工具条上的“收取”按钮。如果没有填写密码,系统会提示用户输入。接收过程中会显示进度条和邮件信息提示。

如果不能收取,请检查账户属性设置或连网状况。

用鼠标点击邮件列表框中的一封邮件,邮件内容就会显示在邮件预览框。用鼠标拖动两个框之间的边界,可以调整框体显示的大小。邮件预览框显示位置的布局,可以通过主界面最底部状态栏里的四个小的布局图标来调整。

双击邮件标题,将弹出单独的邮件阅读窗口来显示邮件。

(3)阅读 Foxmail 的帮助

单击“帮助”菜单,然后单击“帮助主题”,可以进一步了解 Foxmail 的使用方法。

六、实验拓展

(1)请尝试 Outlook Express 的其他功能,如设置签名、改变邮件的存放位置(存储文件夹)、设置请求阅读回执;管理通讯簿,导入或导出通讯簿;设置邮件规则。

(2)请尝试使用 Foxmail 的远程邮箱管理功能,设置邮箱过滤器。

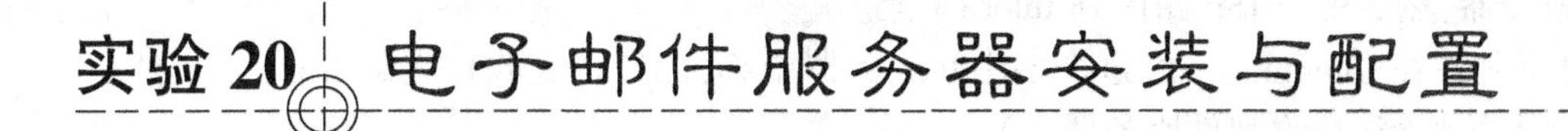

实验 20　电子邮件服务器安装与配置

一、实验目的

通过实验，进一步理解电子邮件发送协议 SMTP（简单邮件传输协议）和电子邮件接收协议 POP 3（邮局协议 3），掌握在 Windows Server 2003 上安装与配置电子邮件服务器的方法。

二、实验条件

（1）PC 机一台（系统环境：安装有 Windows Server 2003，且 Outlook Express 已自动随着 Windows Server 2003 安装到"程序"文件夹中）。

（2）Windows Server 2003 安装光盘一张（版本应与系统使用的相同）。

三、实验内容

（1）安装邮件服务器组件或程序。

（2）配置 POP 3 邮件接收服务器——新建 POP3 邮件服务器域名和邮箱名。

（3）配置 SMTP 邮件发送服务器——设置默认 SMTP 虚拟服务器属性。

（4）配置 Outlook Express 邮件客户端软件，使用前面配置的邮件服务器发送/接收邮件。

四、预备知识

1. 电子邮件系统

电子邮件系统是包括发送和接收的、"客户机/服务器"式的 Internet 应用系统，如图 20.1 所示。

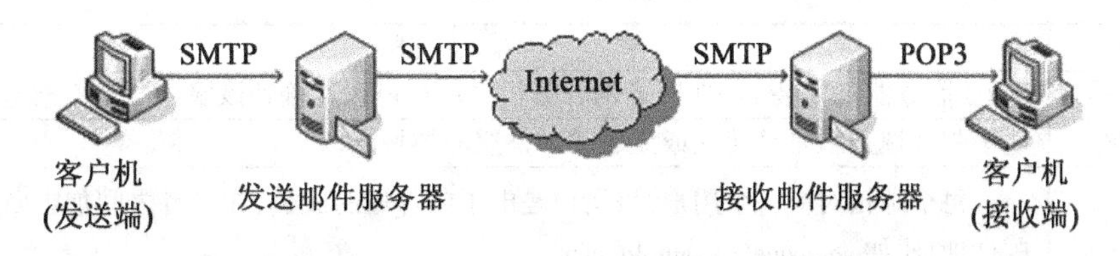

图 20.1　POP3 电子邮件系统

图 20.1 给出了电子邮件从发件人传送到收件人的过程。

(1)发件人的客户端计算机通过 Internet 服务提供商(ISP)连接到 Internet。发件人使用电子邮件客户端发送电子邮件。通过 SMTP 协议,电子邮件被提取,并传送到发件人的 ISP 的发送邮件服务器,然后由该 ISP 路由到 Internet 上。

(2)电子邮件在 Internet 上,经过许多中间服务器中继,才传送到收件人的 ISP 网络,然后被放入收件人的邮箱(接收邮件服务器上)。

(3)当收件人的计算机连接到他的 ISP 时,通过 POP3 协议,电子邮件就从该 ISP 传送到收件人本地计算机的电子邮件客户端上。

2. POP3 电子邮件系统的组成

POP3 电子邮件系统由以下三个部分组成:电子邮件客户端(通常既是 SMTP 服务的客户端也是 POP3 服务的客户端,如 Outlook Express)、简单邮件传输协议(SMTP)服务以及邮局协议 3(POP3)服务,如表 20.1 所示。

表 20.1 **POP3 电子邮件系统的组成**

组成部分	描　述
电子邮件	电子邮件客户端是用于读取、撰写以及管理电子邮件的软件,安装在用户计算机上。
客户端	电子邮件客户端从接收邮件服务器检索电子邮件,并将其传送到用户的本地计算机上,然后由用户进行管理。也可以撰写电子邮件并将其传送给发送邮件服务器。 例如,Microsoft Outlook Express 就是一种支持 POP3 和 SMTP 协议的电子邮件客户端。
SMTP 服务	SMTP 服务指使用 SMTP 协议将发送的电子邮件路由到收件人的电子邮件传输系统。 用户在电子邮件客户端撰写电子邮件,然后,当用户通过 Internet 或网络连接来连接到发送邮件服务器时,SMTP 服务将提取电子邮件,并通过 Internet 将其传送到收件人的接收邮件服务器。
POP3 服务	POP3 服务指使用 POP3 协议将电子邮件从邮件服务器下载到用户本地计算机上的电子邮件检索系统。 用户的 POP3 电子邮件客户端和存储电子邮件的服务器之间的连接是由 POP3 协议控制的。

管理员可以使用 POP3 服务存储以及管理邮件服务器上的电子邮件账户,并且可在三个层次或组织级别上管理 POP3 服务:POP3 服务器、电子邮件域以及邮箱,如表 20.2 所示。

表 20.2 **POP3 服务的组成**

组成部分	描　述
POP3 服务器	POP3 服务器是安装 POP3 服务的计算机。用户可以连接到该服务器来检索电子邮件。
电子邮件域	电子邮件域必须是已建立或注册的邮件服务器域名。
邮　　箱	每个邮箱对应一个用户,该用户是电子邮件域的成员,在二者之间加上@ 构成电子邮件地址,如 someone@ example. com。 用户的邮箱对应 POP3 服务器上邮件存储区的一个目录,该目录用于在用户检索电子邮件之前存储这些电子邮件。

3. 关于 SMTP 协议

简单邮件传输协议(SMTP)控制电子邮件通过 Internet 传送到目标服务器的方式。SMTP 在服务器之间接收和发送电子邮件。在计算机操作系统中,例如 Windows Server 2003,SMTP 服务与 POP3 服务一起安装以便提供完整的电子邮件服务。

SMTP 服务自动安装在安装了 POP3 服务的计算机上,从而允许用户发送传出电子邮件。使用 POP3 服务创建一个域时,例如 example. com,该域也被添加到 SMTP 服务中,以允许该域的邮箱发送传出电子邮件。邮件服务器的 SMTP 服务接收传入邮件,并将电子邮件传送到邮件存储区。

4. 关于 POP3 协议

邮局协议 3(POP3)是检索电子邮件的标准协议。POP3 协议控制 POP3 电子邮件客户端和存储电子邮件的服务器之间的连接。POP3 服务使用 POP3 协议将电子邮件从邮件服务器检索到 POP3 电子邮件客户端。

POP3 协议在处理邮件服务器和 POP3 电子邮件客户端之间的连接时,会经历以下三个状态:身份验证状态、事务状态以及更新状态。

(1)在身份验证状态下,连接到服务器的 POP3 电子邮件客户端必须先接受身份验证,然后用户才能检索电子邮件。如果电子邮件客户端提供的用户名和密码与服务器上的匹配,则用户通过身份验证,然后进入事务状态。如果不匹配,用户会收到错误消息,不允许连接和检索电子邮件。

为防止对邮件存储区的破坏,客户端通过身份验证后,POP3 服务会锁定用户的邮箱。用户通过身份验证后,由于邮箱已被锁定,除非该连接被终止,否则不能下载提交到邮箱的新电子邮件。同样,每次只允许一个客户端连接到邮箱,其他连接邮箱的请求都会被拒绝。

(2)在事务状态下,客户端发送 POP3 命令,同时服务器会根据 POP3 协议接收命令并作出响应。如果服务器接收的任一客户端请求不符合 POP3 协议,就会被忽略,并返回错误消息。

(3)更新状态关闭客户端与服务器端之间的连接。这是客户端发送的最后命令。

连接关闭后,邮件存储区会更新,以反映用户连接到邮件服务器后的变化情况。例如,除非用户的电子邮件客户端配置成执行其他操作,否则在用户成功检索电子邮件后,已检索的电子邮件将被标记成删除,然后从邮件存储区中删除。

5. 邮件存储区

邮件存储区是一个硬盘目录或路径,用于 POP3 服务存储所有的电子邮件,直到用户将其检索到客户端计算机。

邮件存储区(即根邮件目录)的基本结构是本地硬盘上存储所有电子邮件的目录。

创建域时,POP3 服务将在为邮件存储区指派的目录下创建相应的目录。在域目录中,POP3 为域中每个拥有邮箱的用户创建一个目录。用户收到的电子邮件以单个文件的形式存放在用户的目录中,直到用户用 POP3 电子邮件客户端检索该邮件。

例如,下面是邮件存储区中一封电子邮件的路径:

C:\inetpub\mailroot\mailbox\example. com\P3_someone. mbx\P347865. eml

此处,mailroot 是邮件存储目录,example. com 是域目录,P3_somone. mbx 是邮箱名为 someone 的目录,P347865. eml 是保存的某个电子邮件。

6. 建立电子邮件服务的准备工作——联系 ISP

在安装和配置 POP3 服务之前,必须联系 Internet 服务提供商(ISP),并且完成如表 20.3 所描述的步骤(注:学生实验仅建立一个本地邮件服务器,不使用 DNS,不必向 ISP 注册电子邮件域名)。

表 20.3　　建立电子邮件服务的准备工作

步　骤	描　述
注册一个电子邮件域名。	电子邮件域名必须是已注册的域名,并与 ISP 创建的 MX 记录相匹配。如果还没有一个电子邮件域名,可以联系 ISP,以便注册域名。
您的 ISP 是否为您的与运行 POP3 服务的邮件服务器名相匹配的电子邮件域创建了邮件交换器(MX)记录。	MX 记录为发送到该域名的电子邮件提供到邮件交换器主机的电子邮件路由。例如,在域 example. com 中,邮件服务器可能为 mailserver1. example. com。ISP 会为 example. com 创建一个指向 mailserver1. example. com 的 MX 记录。发送到 someone@ example. com 的电子邮件将被路由到 mailserver1. example. com。此服务器运行 POP3 服务,并且用户可以连接到该服务器检索电子邮件。
获得配置邮件服务器静态寻址的信息。	ISP 必须为要安装 POP3 服务的每个邮件服务器提供一个惟一的静态 IP 地址。要获得静态 IP 地址,也必须从 ISP 处获得子网掩码、默认网关以及首选的 DNS 服务器地址。这样,每个邮件服务器就会配置成使用惟一的静态 IP 地址。

阅读 POP3 服务和 SMTP 服务软件的“帮助”,可以进一步了解邮件服务器的知识。

五、实验指导

在 Windows Server 2003 下架设邮件服务器,可以用系统自带的 POP3 及 SMTP 服务建立,也可以借助第三方软件实现。

本实验利用 Windows Server 2003 自带的 POP3/SMTP 服务安装和配置一个本地邮件服务器(注意:不用 DNS)。主要操作步骤如下:

(1)安装 Windows Server 2003 自带的 POP3/SMTP 服务组件。

(2)在“POP3 服务”中,新建邮件服务器域名 example. com,添加邮箱名 someone。

(3)在“Internet 信息服务管理器”中,设置“默认 SMTP 虚拟服务器”。

(4)在 Outlook Express 中,设置邮件账号,使用电子邮件地址 someone@ example. com 发送和接收邮件。

1. 安装 POP3/SMTP 服务

在默认情况下,Windows Server 2003 没有安装 POP3 和 SMTP 组件,我们必须手工添加。

(1)单击“开始”→“控制面板”→“添加/删除程序”→“Windows 组件”。

(2)选择“电子邮件服务”→“详细信息”→“POP3 服务”和“POP3 服务 WEB 管理”→“确定”。

(3)选择“应用程序服务器”→“详细信息”→“Internet 信息服务”→“详细信息”→“SMTP service”→“确定”。

如果需要对邮件服务器进行远程 WEB 管理,还要选中“万维网服务”→“远程管理(HTML)”。

等待安装完毕即可。

2. 配置 POP3 服务

依次单击“开始”→“管理工具”→“POP3 服务”,打开“POP3 服务”主窗口;然后在窗口左面单击 POP3 服务下的主机名(本机名),再在其右边单击“新域”,如图 20.2 所示;在弹出的“添加域”对话框内输入欲建立的邮件服务器主机域名,如 example. com(即@后面的部分),确定。

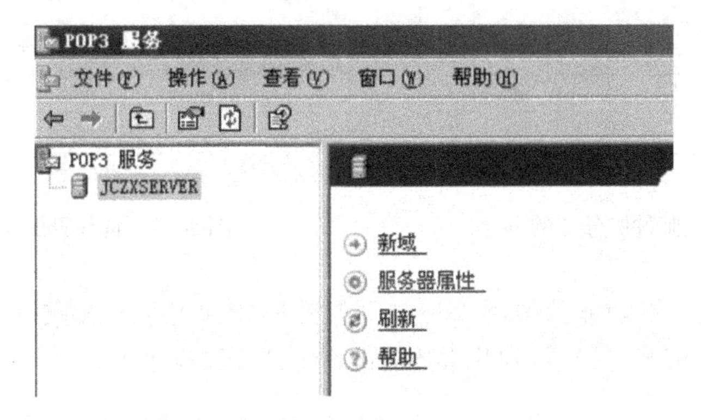

图 20.2　新建邮件服务器主机域名

接着创建邮箱。在左边点击刚才建好的域名,选择“添加邮箱”,在弹出的对话框内输入邮箱名(即@前面部分),并设定邮箱使用密码,如 a1234,确定。最终设定如图 20.3 所示。

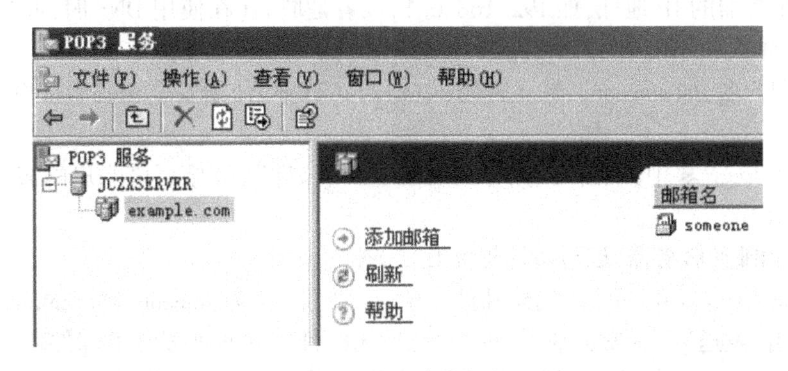

图 20.3　新建邮箱名

3. 配置 SMTP 服务

依次单击“开始”→“程序”→“管理工具”→“Internet 信息服务管理器”,在窗口左面“SMTP 虚拟服务器”上点右键选“属性”,在“常规”选项卡下的“IP 地址”下拉列表框中选择此邮件服务器的 IP 地址,并且可以设定允许的最大连接数和分钟数,如图 20.4 所示。

接着,单击“访问”→“身份验证”→选择“匿名访问”,确定。如图 20.5 所示。

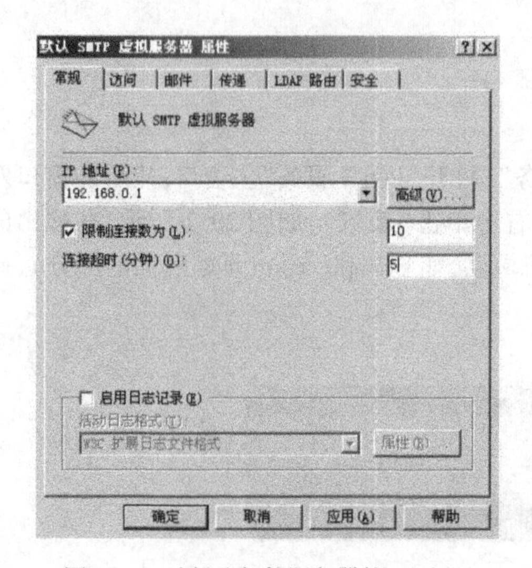

图 20.4 选择此邮件服务器的 IP 地址

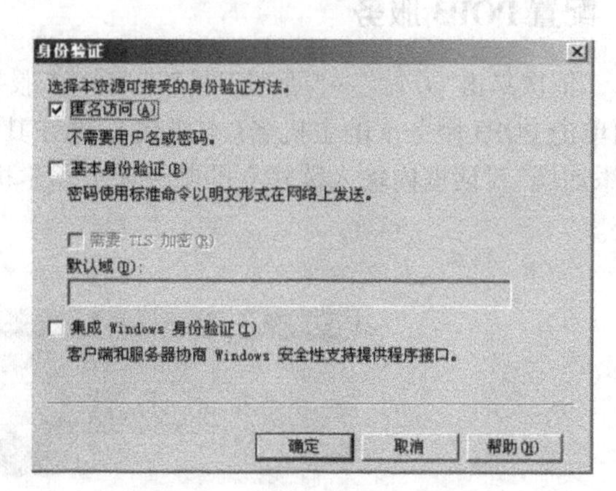

图 20.5 选择身份验证方法

经过以上三步,一个功能简单的本地邮件服务器就建好了。大家可用邮件客户端软件 Outlook Express 建立账号,并连接到此服务器进行邮件收发应用了。

4. 用 Outlook Express 建立账号,连接到邮件服务器进行邮件收发

(1)用 Outlook Express 建立账号

① 启动 Outlook Express,单击“工具”→“账户”→“邮件”→“添加”→“邮件”。

② 输入用户名(即显示名),如 stu;输入电子邮件地址,如 someone@example.com。

③ 输入服务器的 IP 地址,如 192.168.0.1,或者是域名(在使用 DNS 时,此处可使用服务器的域名。因本实验不能使用 DNS,故直接使用服务器的 IP 地址)。

④ 输入用户名,如 someone,输入密码,如 a1234,选中“使用安全密码验证登录”,确定,完成。

在 Outlook Express 中,单击“工具”→“账户”→“邮件”,可显示该账户的属性,如图 20.6 和图 20.7 所示。

(2)连接到邮件服务器,进行本地邮件收发测试

在 Outlook Express 中,单击“创建邮件”,输入“收件人”为 someone@example.com、主题和邮件内容,单击“发送”。正常完成后,单击“已发送邮件”,可见所发送的邮件。

在 Outlook Express 中,单击“发送/接收”。正常完成后,单击“收件箱”,可见所接收的邮件。

若不能正常完成发送/接收,则按照上述步骤,检查 POP3/SMTP 服务安装是否完整,POP3

服务是否已启动,POP3/SMTP 服务和账号设置是否正确,“刷新”后再进行测试。

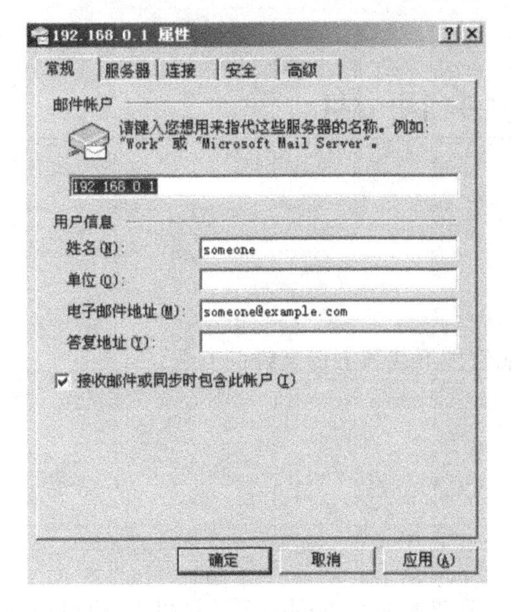

图 20.6　“常规”属性

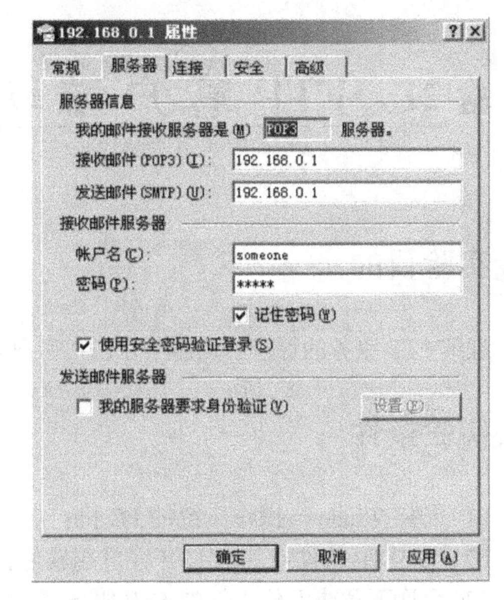

图 20.7　“服务器”属性

六、实验拓展

试从网上下载第三方软件(非 Windows Server 2003 自带组件),如 Imail705cn. rar,解压后阅读里面的 readme. txt 文件,实现“实验内容”中要求的四项工作。

实验 21 FTP 客户端软件使用

一、实验目的

理解 FTP 服务的原理;掌握利用 FTP 客户端软件下载和上传文件的方法。

二、实验条件

(1)安装 Windows 操作系统的 PC 机;

(2)CuteFTP 软件或其他 FTP 客户端软件;

(3)允许下载或上传文件的 FTP 服务器(可以和客户软件在同一台计算机上,也可以在网络上)一台。

三、实验内容

(1)CuteFTP 软件的安装。

(2)利用 CuteFTP 软件连接 FTP 服务器,并向 FTP 服务器上传文件和从 FTP 服务器下载文件。

四、预备知识

FTP 服务基于 FTP 协议。使用 FTP 服务可以通过三种方式:命令行方式、利用 FTP 客户端软件和通过 IE 浏览器。利用 FTP 客户端软件使用 FTP 服务是一种较常用的方法,尤其适用于上传或下载文件较多的情况。

目前的 FTP 客户端软件很多,常用的有 CuteFTP、LeapFTP、FlashFXP、PowerFTP、WS-FTP、AbsoluteFTP 等。通过 FTP 客户端软件的图形界面,用户可以很方便地与 FTP 服务器建立连接,向 FTP 服务器上传文件(需要权限允许)或从 FTP 服务器下载文件。此外,FTP 客户端软件一般都具有断点续传的功能,即当用户下载文件中断时,软件可自动或手动与 FTP 服务器再次建立连接,继续下载文件的剩余部分。

CuteFTP 是由 Globalscape 公司开发的一款专业的 FTP 软件,操作方便,很受欢迎。CuteFTP 软件同其他 FTP 客户端软件一样,可通过网络下载,用户可通过 Google 或百度搜索,下载安装试用。

五、实验指导

1. CuteFTP 软件主界面

CuteFTP 软件基于 Windows 操作系统，以 CuteFTP Pro v8.0.2 为例，在 PC 机上安装成功后主界面如图 21.1 所示。

主界面分四个工作区：

- 本机目录窗口：默认显示的是本机的整个磁盘目录，可以通过下拉菜单选择用于上传或下载的文件目录。
- FTP 服务器目录窗口：用于显示 FTP 服务器上的目录信息，包括文件名称、大小、类型、最后更改日期等。
- 登录信息窗口：FTP 命令行状态显示区，可了解目前的操作进度。
- 队列窗口：显示上传或下载队列的处理状态。

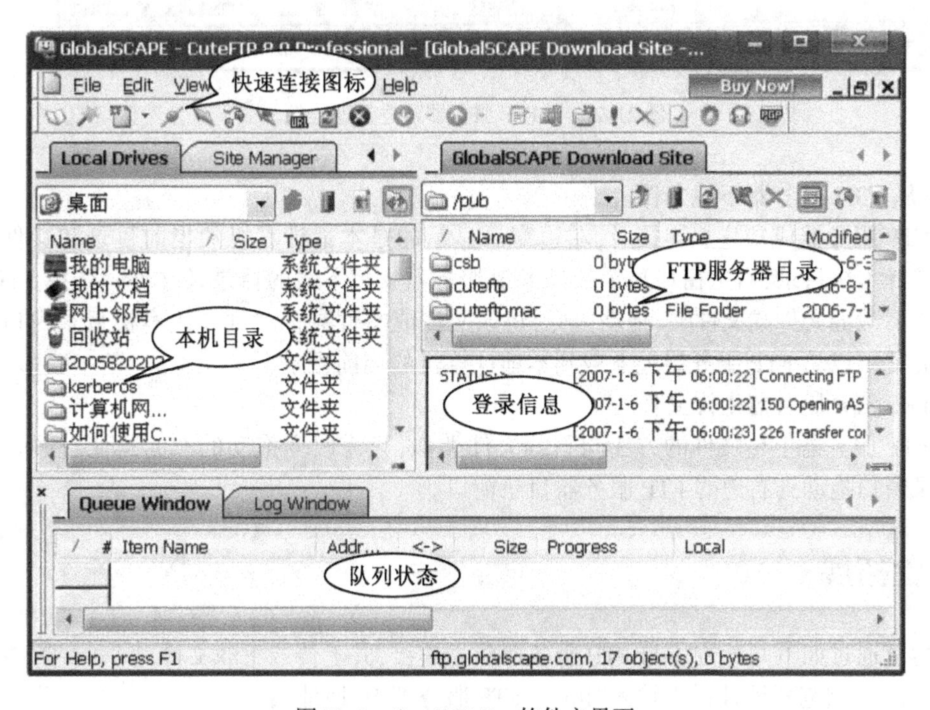

图 21.1　CuteFTP Pro 软件主界面

2. CuteFTP 的使用

(1) 添加 FTP 服务器站点，与 FTP 服务器建立快速连接

单击“文件”菜单下的“连接”→“快速连接”，或工具栏中的“快速连接”图标，则 CuteFTP 主窗口中会出现“主机、用户名、密码、端口号(默认为 21)”一栏。在其中输入要连接的 FTP 服务器的域名或 IP 地址，例如假设实验中 FTP 服务器的 IP 地址是 202.114.96.15，则在主机栏中填写该 IP 地址，接着填写 FTP 服务器上授权的用户名和密码，然后单击右方的“建立连

接"图标,即可和 FTP 服务器快速建立连接,如图 21.2 所示。如果是匿名连接,则无需填写用户名和密码,否则,用户需要在连接前从 FTP 服务器管理员处获得 FTP 账号和密码。

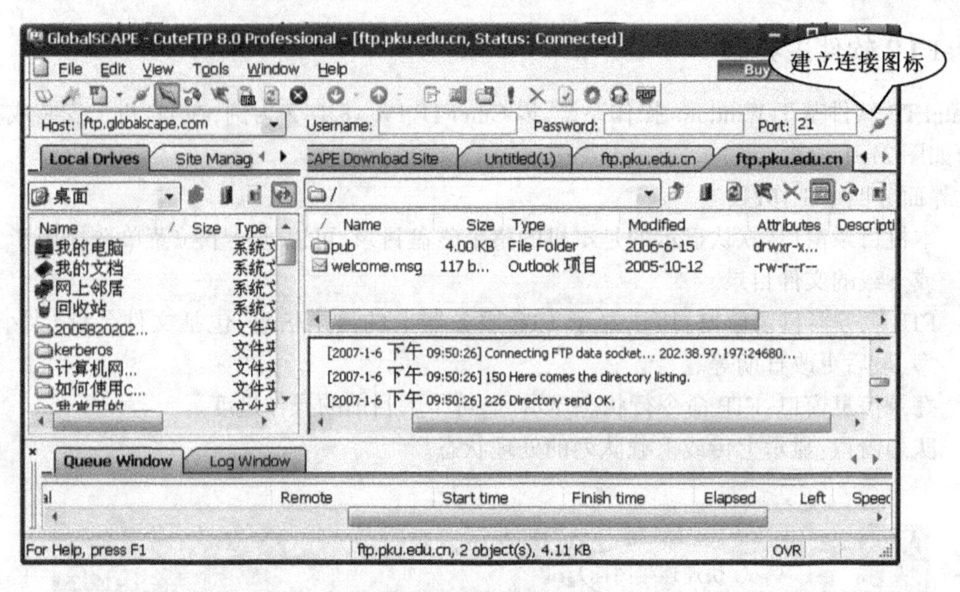

图 21.2　与 FTP 服务器建立快速连接

(2)从 FTP 服务器下载文件

与 FTP 服务器成功建立连接后,左边窗口显示的是本地计算机的当前目录和文件,用户可重新选择本机目录,右边窗口显示的是 FTP 服务器上可下载的目录及文件。选择 FTP 服务器上需要下载的文件或文件夹,拖动鼠标,将该文件或文件夹拖动到左边本机目录窗口,文件或文件夹就可以从 FTP 服务器上下载到本地计算机的当前目录下。

(3)向 FTP 服务器上传文件

向 FTP 服务器上传文件的方法同下载文件类似,只需改变拖动的方向,将文件从左边的本机目录窗口拖动到右边的 FTP 服务器目录窗口。

六、实验拓展

请尝试通过如下两种方式与 FTP 服务器建立连接,并上传或下载文件。

(1)在 IE 浏览器地址栏中输入"ftp://FTP 服务器 IP 地址";

(2)单击 Windows 的"开始"→"运行",输入"ftp FTP 服务器 IP 地址",打开 FTP 命令程序窗口。

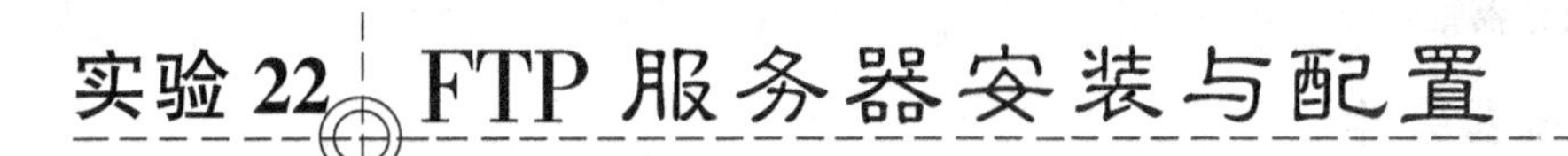

实验22 FTP服务器安装与配置

一、实验目的

了解FTP服务的原理;掌握Windows环境下安装与配置FTP服务器的方法。

二、实验条件

(1)安装Windows Server 2003或Windows XP Professional操作系统的PC机及其操作系统安装盘;

(2)FTP服务器端软件Serv-U。

三、实验内容

(1)熟悉实验指导中介绍的两种构建FTP服务器的方法:利用IIS组件建立FTP服务器和利用Serv-U软件建立FTP服务器。

(2)根据实际情况,用以上两种方法或选择其中一种方法完成FTP服务器的安装和配置。

(3)通过IE浏览器访问FTP服务器的方式,测试FTP服务是否正常启动及FTP账号的使用权限。

四、预备知识

FTP服务基于客户机/服务器工作模式。提供FTP服务的计算机称为FTP服务器,该计算机运行着FTP服务程序。FTP服务程序等待来自客户机的FTP请求,并负责处理它们。用户(客户机)运行着FTP客户程序,通过FTP客户程序向FTP服务器发送文件传输请求命令。FTP服务器处理该请求信息,然后将结果返回给客户机。

建立FTP服务器主要有两种方法:通过操作系统自带的FTP服务组件建立FTP服务器和通过第三方FTP服务器软件建立FTP服务器。

1. Windows系统自带的FTP服务器组件

大部分操作系统软件,尤其是服务器操作系统都包含了构建FTP服务器的FTP服务组件,如Microsoft的Windows NT、Windows 2000 Server、Windows Server 2003、Windows XP Professional等操作系统都提供了可建立FTP服务器的组件IIS(Internet Information Server)。用户只要在安装操作系统时,同时安装IIS的FTP服务组件,然后进行简单的配置,启动FTP服务程序,该计算机即可作为 FTP 服务器向用户提供 FTP 服务。

IIS 是 Windows 操作系统的 Internet 服务组件,其中包括 Web 服务器组件、FTP 服务器组件、新闻服务器组件和 SMTP 服务器组件。利用这些组件可构建 Web 服务器、FTP 服务器、新闻服务器和 SMTP 服务器。

2. 第三方 FTP 服务器软件

除利用操作系统组件建立 FTP 服务器外,还可以利用很多专用的 FTP 服务器软件建立 FTP 服务器,常用的基于 Windows 操作系统的 FTP 服务器软件如 Serv-U、WS-FTP Server、Crob FTP Server 等。

Serv-U 是目前常用的一个 FTP 服务器端软件,支持 Windows 9x/ME/NT/2K/XP。Serv-U 设置简单,功能强大,性能稳定。用户安装 Serv-U 后可通过 FTP 协议在 Internet 上共享文件。Serv-U 并不是一个仅仅简单地提供文件下载功能的软件,它还为用户的系统安全提供了相当全面的保护,例如可以设定多个 FTP 服务器、限定每个登录用户的权限、登录主目录及空间大小等。

五、实验指导

1. 利用 IIS FTP 服务组件建立 FTP 服务器

本实验指导以 Windows Server 2003 为例,Windows XP Professional 或其他 Windows 操作系统中 FTP 服务器的配置与此类似。

(1)FTP 服务组件的安装

IIS6.0 是 Windows Server 2003 的 Internet 服务组件,在“典型”安装时,系统默认没有安装该组件,我们可在“开始”→“管理工具”下查看,是否存在“Internet 信息服务管理器”。如果系统没有安装该组件,则通过“控制面板”→“添加/删除程序”→“添加或删除 Windows 组件”→“应用程序服务器”来安装。安装时选中“应用程序服务器”,并单击其“详细信息”,选择“Internet 信息服务(IIS)”,进一步单击“详细信息”,在 IIS 组件中选择“文件传输协议(FTP)服务”,如图 22.1 所示,然后将 Windows Server 2003 操作系统安装盘放入光驱中,“确定”后,即可完成 FTP 服务程序的安装。

(2)FTP 服务器的主要配置

- 新建 FTP 站点

打开“控制面板”→“管理工具”→“Internet 信息服务(IIS)管理器”,出现如图 22.2 所示的 IIS 管理器主界面,可见到已建立了一个默认 FTP 站点,其 FTP 服务主目录为系统盘的\Inetpub\ftproot 目录,用户直接对该站点进行配置即可。

如果不想使用默认站点设置,可以新建 FTP 站点,方法是在“默认 FTP 站点”上,单击鼠标右键选择“新建 FTP 站点”,在“FTP 站点创建向导”中重新定义 FTP 站点的相关设置,建立新站点。

- IP 地址及主目录设置

以默认 FTP 站点为例,选中“默认 FTP 站点”,单击鼠标右键,选择“属性”,弹出如图 22.3 所示的“默认 FTP 站点属性”对话框。在“FTP 站点”选项卡中设置 FTP 服务器的 IP 地址为本

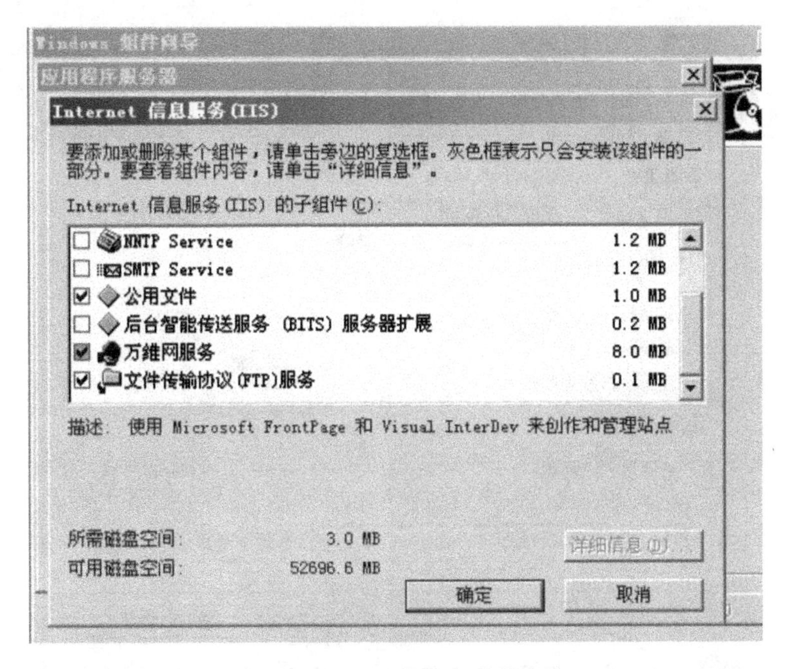

图 22.1　IIS FTP 服务组件的安装

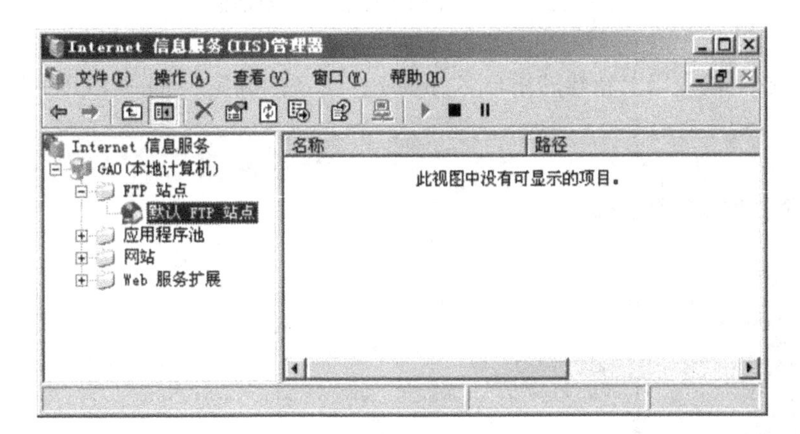

图 22.2　IIS 管理器主界面

机 IP 地址，FTP 服务端口默认为 21。在"主目录"选项卡中设置 FTP 服务的主目录及其权限（即是否允许 FTP 用户对该主目录进行读取和写入）。此外，还可以在"消息"选项卡中设置 FTP 用户登录后看到的提示信息。

- FTP 账号及权限设置

打开"开始"→"管理工具"→"计算机管理"→"用户"，新建一个隶属于 user 组的账号，如 ftpuser，并设置密码。然后，打开"Internet 信息服务（IIS）管理器"→"FTP 站点"，选择"默认 FTP 站点"，并单击鼠标右键，在快捷菜单中选择"权限"，出现如图 22.4 所示的 FTP 主目录"安全"对话框。

在"安全"对话框中选中"users"组，然后单击"添加"按钮，在如图 22.5 所示的"选择用户

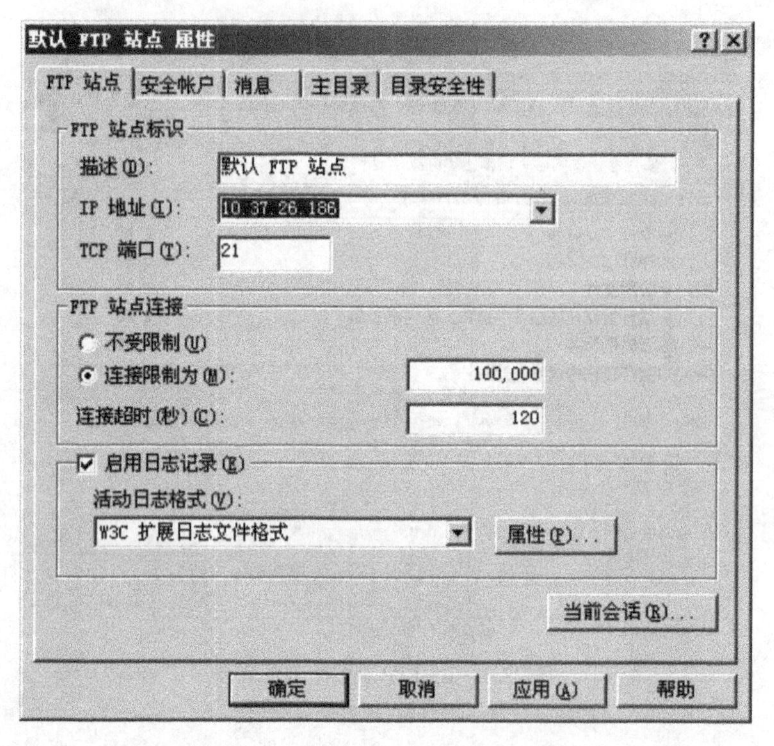

图 22.3 "默认 FTP 站点属性"对话框

和组"的对话框中,输入以上新建的用户名"ftpuser",然后"确定",回到 FTP 主目录"安全"对话框中。

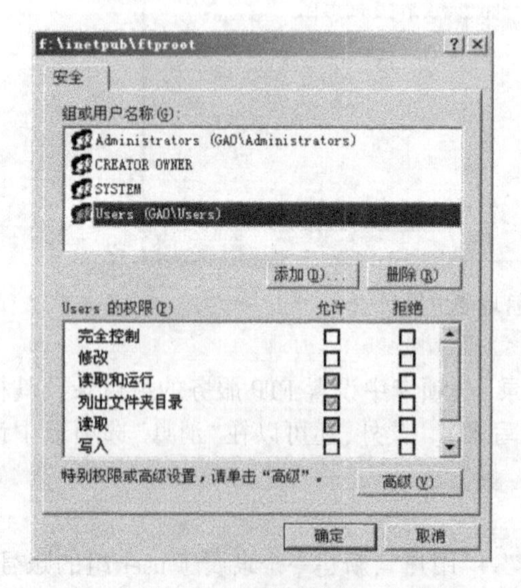

图 22.4 FTP 主目录"安全"对话框

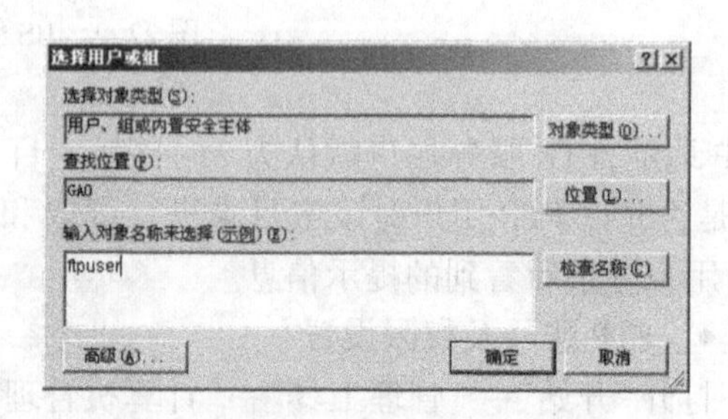

图 22.5 "选择用户和组"对话框

在 FTP 主目录"安全"对话框中我们会看到新建的 FTP 账号"ftpuser",如图 22.6 所示。选中 ftpuser,并设置该账号对 FTP 主目录的权限,如允许列出文件夹目录、读取、写入等。

到这里，FTP 账号的访问权限已设置完成，但默认的 FTP 站点允许匿名登录，因此还应该在"默认 FTP 站点属性"对话框中，选择如图 22.7 所示的"安全账户"选项卡，将其中的"允许匿名连接"取消，则用户访问 FTP 站点时，只能使用新建的账号"ftpuser"登录。

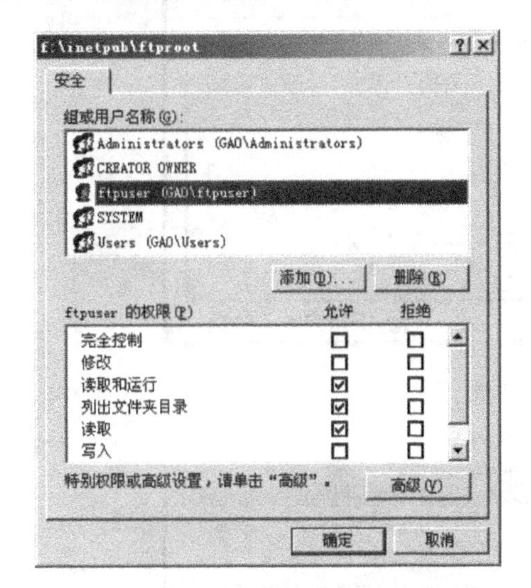

图 22.6　FTP 主目录"安全"对话框

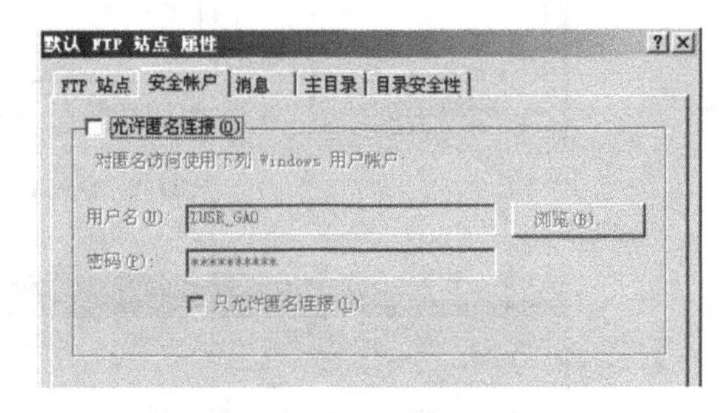

图 22.7　"安全账户"选项卡

- 匿名 FTP 服务设置

如果站点对所有用户开放，允许匿名 FTP 服务，需在如图 22.7 所示的"默认 FTP 站点属性"的"安全账户"选项卡中，选择"允许匿名连接"，则访问 FTP 站点时，用户可匿名连接，无需输入用户名和密码。

(3) FTP 服务的启动和停止

打开"控制面板"→"管理工具"→"Internet 信息服务(IIS)管理器"→"FTP 站点"，选择所操作的 FTP 站点，并单击鼠标右键，在快捷菜单中选择"启动"或"停止"，即可以启动或停止 FTP 服务。

2. 利用 Serv-U 建立 FTP 服务器

(1) Serv-U 软件的安装

Serv-U 软件基于 Windows 操作系统，可从网络下载。下载后，使用默认选项安装，可使用汉化软件汉化。安装完成后，Serv-U 主界面如图 22.8 所示。

(2) Serv-U 软件的主要配置

- 新建域

Serv-U 可用来运行多个虚拟的 FTP 服务器，每个虚拟的 FTP 服务器称为一个"域"，每个域都有各自的用户、组和相关的设置。

① 在如图 22.8 所示的窗口中的"域"上按鼠标右键，选择"新建域"，弹出"添加新建域"对话框，如图 22.9 所示，输入"域 IP 地址"。一般来说，这里不需要输入 IP 地址，Serv-U 会自动绑定本机的 IP 地址。

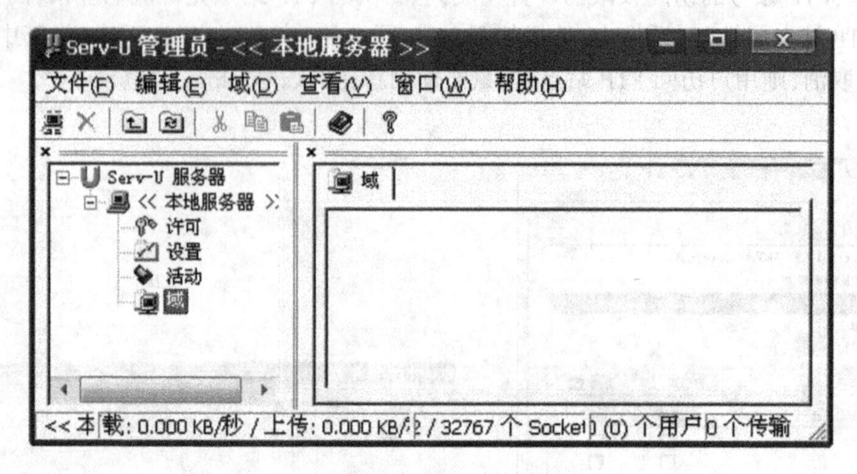

图 22.8　Serv-U 主界面

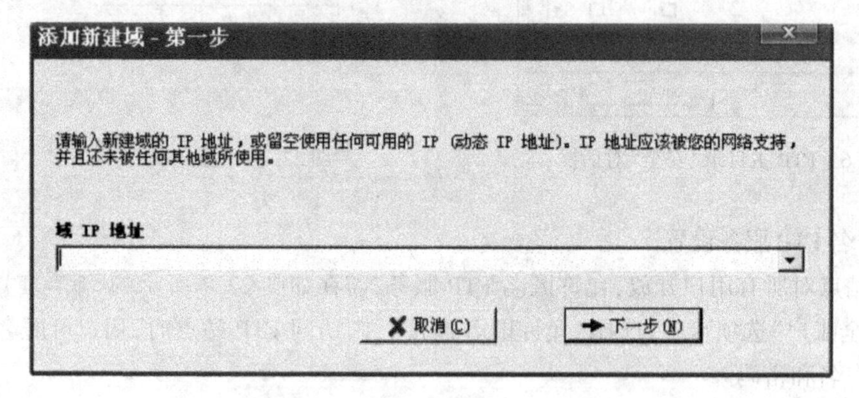

图 22.9　设置 FTP 服务器 IP 地址

② 设置 FTP 服务器域名，如果没有正式域名，可以用 IP 地址或者其他任何描述，如图 22.10 所示。

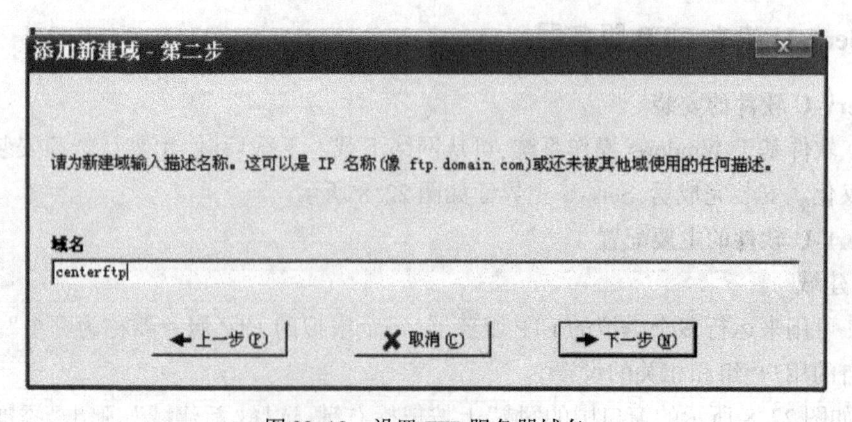

图 22.10　设置 FTP 服务器域名

③ 设置 FTP 服务端口号，默认为 21。

④ 选择域信息的存放位置，用默认值即可，点击“完成”，此时 Serv-U 主界面如图 22.11 所示。

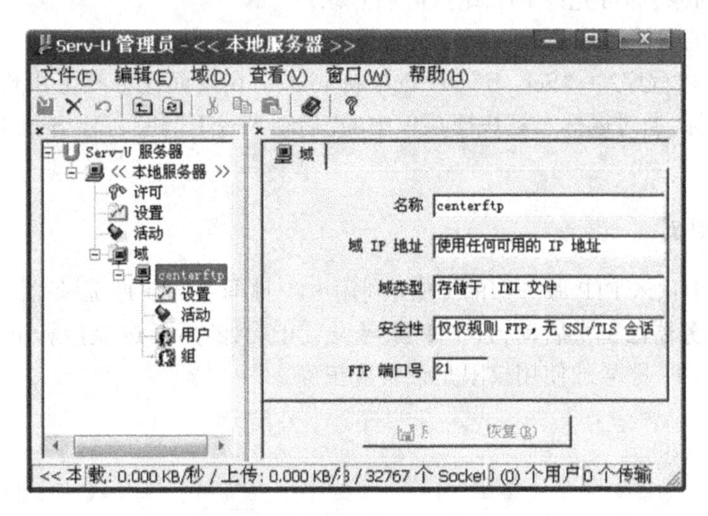

图 22.11　添加域后 Serv-U 主界面

- 添加 FTP 账号并设置账号权限

在如图 22.11 所示的窗口中新建的“centerftp”域中，选中“用户”并单击鼠标右键，选择“新建用户”，添加 FTP 账号，依次设置“用户名”、“密码”、“FTP 主目录”。

建立新用户后，如图 22.12 所示，双击新建的用户，选择“目录访问”选项卡，在“目录访问”选项卡中设置该账号对 FTP 主目录的访问权限。默认的访问权限是读取，即允许浏览文件和下载文件。如果想允许用户上传文件或在 FTP 主目录下新建文件夹，则需选择允许“写入”，目录“创建”，还可以允许用户“删除”、“重命名”、“执行”FTP 服务目录中的文件。

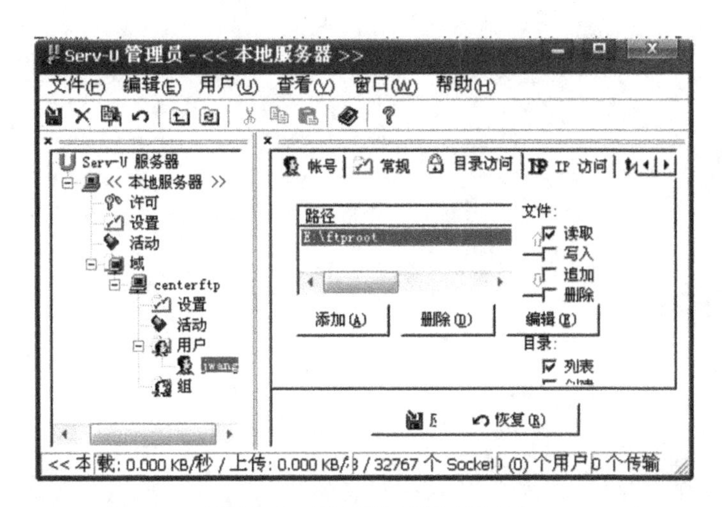

图 22.12　“目录访问”权限设置

设置完毕后，Serv-U 已经可以正常为用户提供 FTP 服务了。使用时，用户可使用刚才设置的账号及权限访问 FTP 服务器。

- 匿名 FTP 服务设置

打开 Serv-U,进入“域”→“用户”,点击鼠标右键,新建一个用户,取名为“anonymous”,设置该用户的 FTP 目录,即可允许 FTP 站点匿名登录。

- FTP 服务的启动和停止

打开“开始”→“程序”→“Serv-U”→“Tray Monitor”,在桌面任务栏上出现 Serv-U 快速启动图标,选中该图标,通过鼠标右键快捷菜单中的“启动 Serv-U”和“停止 Serv-U”,可快速启动或停止 FTP 服务。

3. FTP 服务器测试

在 IE 浏览器中输入 FTP 服务器的 URL,利用 FTP 账号登录 FTP 服务器。如果能够正常登录,说明 FTP 服务器已正常启动,且 FTP 账号设置正确,然后通过上传和下载文件、建立文件夹等操作,检测 FTP 账号的使用权限是否设置正确。

六、实验拓展

(1)通过实验比较 IIS 中的 FTP 账号管理与 Serv-U 中的 FTP 账号管理有何区别。

(2)在一台计算机上如何建立多个 FTP 服务器？请尝试验证。

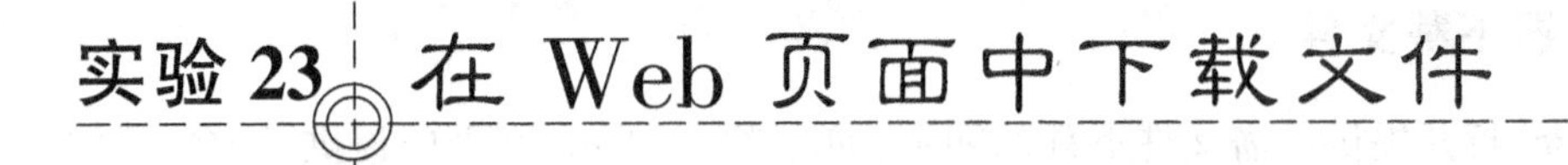

实验23 在Web页面中下载文件

一、实验目的

掌握在Web页面中下载文件的方法，包括通过IE浏览器下载文件、使用FlashGet下载工具下载单个文件和多个文件。

二、实验条件

(1)安装了IE浏览器软件并接入Internet的PC机一台；
(2)FlashGet软件或其他文件下载工具。

三、实验内容

(1)通过IE浏览器下载文件；
(2)利用FlashGet下载单个文件和多个文件的方法。

四、预备知识

从网络上下载文件时，除使用FTP协议从FTP服务器下载外，也可以基于HTTP协议，从Web服务器下载文件。目前Web页面中提供的文件下载，大部分都是基于HTTP协议。从Web页面中下载文件有两种方式：通过Web浏览器下载和使用专用的文件下载工具下载。

(1)通过Web浏览器下载是指利用浏览器内建的文件下载功能下载。常用的IE浏览器就是具有内建文件下载功能的浏览器。用户只需单击Web页面中文件的下载链接，浏览器就会将文件下载到本机。

(2)为加快下载速度，可以使用一些专用的文件下载工具下载文件，常用的如FlashGet、DLExpert、NETants、迅雷等。这些软件除了通过多线程加快下载速度外，还具有断点续传的功能，即用户与服务器连接中断后，该软件可自动与服务器进行连接，继续下载文件的剩余部分。

网际快车(FlashGet)是目前常用的文件下载工具之一，支持HTTP和FTP方式的断点续传及多线程下载，同一个文件的下载能够划分成多个链接同时下载，极大地加快了下载速度。

五、实验指导

1. 通过 IE 浏览器下载文件

启动 IE 浏览器，打开提供所需文件下载的网页，如图 23.1 所示，网页中提供了教学课件的下载链接。单击“下载”或选中“下载”单击鼠标右键在快捷菜单中选择“目标另存为”，都会弹出如图 23.2 所示的“文件下载”对话框，选择“保存”，即可将远程服务器上的文件下载到本地计算机中。

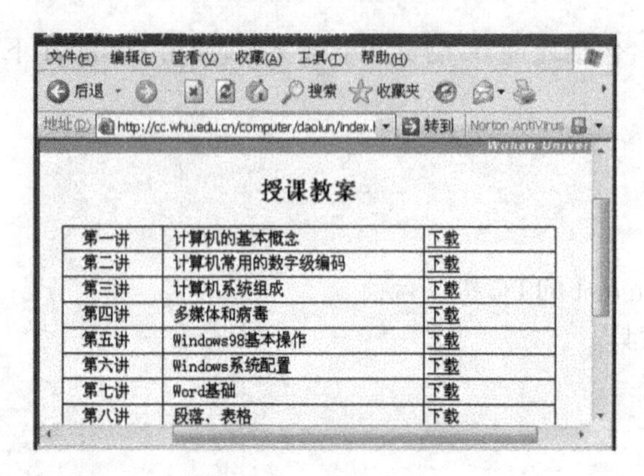

图 23.1 IE 浏览器页面

图 23.2 “文件下载”对话框

2. 利用 FlashGet 下载文件

(1) FlashGet 的安装

FlashGet 软件目前最高版本为 1.80，可通过网络下载。用户可通过 Google 或百度搜索，并下载安装，安装完成后，即可使用 FlashGet 下载 Web 网页中的文件。

(2) 使用 FlashGet 下载文件

① 下载 Web 页中的单个文件。

通过 IE 浏览器打开提供所需文件下载的网页，选择网页中的文件下载链接，然后单击鼠标右键，在弹出的快捷菜单(如图 23.3 所示)中选择“使用快车(FlashGet)下载”，系统会立即启动 FlashGet，弹出“添加新的下载任务对话框”，并将要下载文件的 URL 自动添加到 FlashGet 中，如图 23.4“网址”一栏所示。在该对话框中，用户可通过“另存为”改变下载文件在本机中的保存目录，然后单击“确定”，即可启动下载任务。

下载开始后，可通过任务栏打开 FlashGet 主界面，查看文件下载的进度。

② 下载 Web 页中的所有文件。

如果要下载该网页中所有可下载文件，则选中其中的一个文件，然后单击鼠标右键，在如图 23.3 所示的快捷菜单中选择“使用快车(FlashGet)下载全部链接”，则 FlashGet 会将该网页中可下载的所有文件的 URL 添加到 FlashGet 中，批量下载到本机。

用户还可以使用 FlashGet 的“站点资源搜索器”功能，将要下载的网站域名输入站点资源搜索器中，FlashGet 可以将整个网站的所有文件下载到本机，实现离线浏览。

图23.3　使用FlashGet下载文件

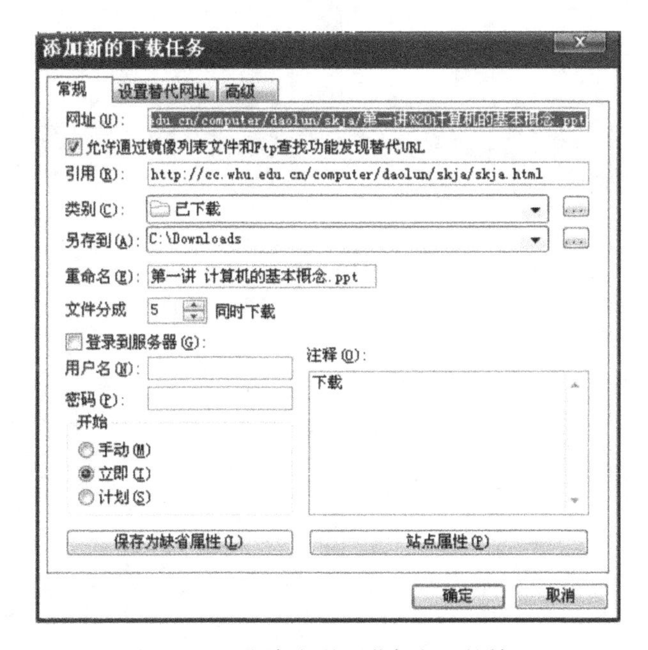

图23.4　“添加新的下载任务”对话框

六、实验拓展

(1)利用文件下载工具下载文件有什么优势?

(2)文件下载可以基于FTP协议,也可以基于HTTP协议,二者有何区别?

第五单元　Web网页制作

实验 24　FrontPage 使用与静态网页制作

一、实验目的

进一步了解 WWW 的基本概念和工作原理,掌握网站设计的相关知识;掌握 FrontPage 2003 软件的常用工具和命令的操作;掌握用 FrontPage 2003 创建网站和制作静态网页的过程。

二、实验条件

(1) PC 机一台;
(2) 操作系统:安装有 IIS 的 Windows XP 或 Windows 2003;
(3) 开发工具:Microsoft Frontpage 2003。

三、实验内容

(1) 使用 FrontPage 2003 设计创作个人网站与静态网页。主要包含的知识点有:
① 建立并管理 Web 站点。
② 在页面中添加文本及图片。
③ 在文本及图片上添加超级链接。
④ 给页面添加背景图片。
⑤ 使用表格定位页面元素,设置表格属性。
⑥ 制作框架型网页,设置框架属性。
(2) 使用浏览器测试网站效果。

四、预备知识

FrontPage 是 Microsoft 公司专门为制作网页而开发的工具软件,目前最新版本为 FrontPage 2003。FrontPage 不仅功能强大,操作方便,而且还可以利用同版本的 Office 套装软件,如 Access 数据库软件、Excel 电子报表软件、Word 文字编辑软件等的功能,使制作网页更加方便快捷。

最新版本的 FrontPage 2003 增加了一系列新功能。例如,它具有经过改进的设计环境、新的布局和设计工具、模板以及改进的主题,这些功能都可以帮助用户在不具备任何 HTML 知识的情况下实现网站创意。FrontPage 2003 集中了所有 Web 设计功能,并让用户可以全景查看整个网站,同时提供更大的设计区域,减少了滚动操作。另外,它具有新的图形功能,强大的编码工具以及帮助用户创建交互式脚本的工具,从而使网站和网页设计比以前更容易。

1. FrontPage 2003 的工作环境

启动 FrontPage 2003 后,出现 FrontPage 2003 的工作界面,可将界面分为菜单栏、工具栏、状态栏、任务窗格和主编辑窗口五大部分(如图 24.1 所示)。

(1)菜单栏是以菜单命令形式为用户提供各种编辑网页和管理网页的功能。

(2)工具栏是以工具按钮的形式为用户提供主要的编辑和管理功能。

(3)状态栏显示编辑网页的实际状态。

(4)任务窗格是 Office 2002 以后新增的功能,Office 的所有套装软件均可显示该窗口,最常用的任务如新建网页或站点等被组织在与 Office 文档一起显示的窗口中。

(5)主编辑窗口是用户主要的工作区域,在不同的任务下,它显示的内容不同。

图 24.1 FrontPage 2003 工作界面

编辑网页时,主编辑窗口有四种显示方式,即视图,分别为设计、拆分、代码和预览。

(1)设计视图是最常用的视图,用来直接编辑设计网页,通常在此方式下工作。

(2)拆分视图用来同时显示设计界面和代码界面,以便对比设计网页的效果和对应的源代码。

(3)代码视图用来直接编辑或者查看网页文件的 HTML 源代码。对于熟练用户,有时直接对网页文件的 HTML 代码进行编辑要比使用普通方式更方便直接。

(4)预览视图用来预览已经编辑好的页面效果。

2. FrontPage 2003 的工具栏

FrontPage 2003 提供的功能非常多,与 Office 其他套装软件类似,为了方便使用,可以将常用的菜单栏命令分类放在工具栏中,用户直接在工具栏上单击按钮即可执行所需的功能。执行"视图"→"工具栏"命令,或者右击菜单栏可以显示或隐藏各个工具栏,其中,"常用"、"格式"、"图片"工具栏是经常用到的。

(1)"常用"工具栏:最常用的工具栏按钮,如图 24.2 所示。

(2)"格式"工具栏:用于设置页面元素的格式,如图 24.3 所示。

(3)"图片"工具栏:用于在页面中插入图片以及对图片属性进行设置,如图 24.4 所示。

(4)"DHTML 效果"工具栏:用于为页面元素选择 DHTML 效果,如图 24.5 所示。

图 24.2　FrontPage 2003“常用”工具栏

图 24.3　FrontPage 2003“格式”工具栏

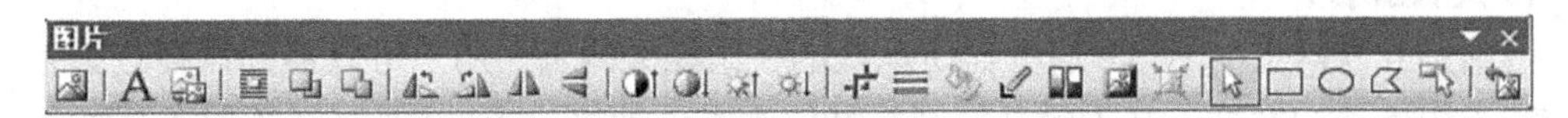

图 24.4　FrontPage 2003“图片”工具栏

图 24.5　FrontPage 2003“DHTML 效果”工具栏

(5)“代码视图”工具栏:切换至代码视图后,该工具栏用于编辑 HTML 源代码,如图 24.6 所示。

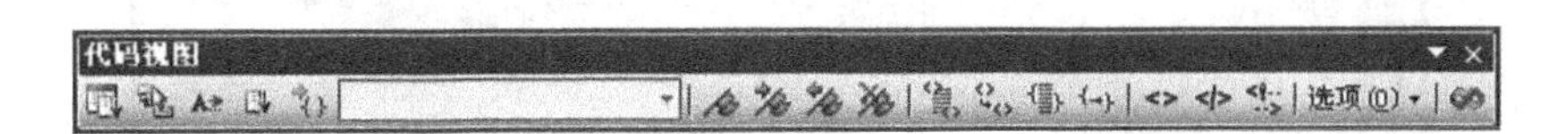

图 24.6　FrontPage 2003“代码视图”工具栏

(6)“定位”工具栏:用于对页面元素进行绝对定位,如图 24.7 所示。

图 24.7　FrontPage 2003“定位”工具栏

(7)“表格”工具栏:用于对表格的一些属性进行设置,如图 24.8 所示。

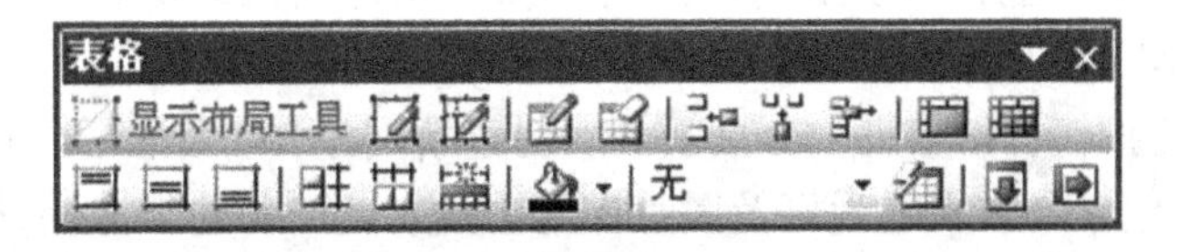

图 24.8　FrontPage 2003“表格”工具栏

五、实验指导

1. 建立 Web 站点

FrontPage 2003 中的 Web 网站是由用户编辑和管理的。如果 Web 服务器与 FrontPage 2003 安装在同一台计算机上,我们则可以直接建立服务器结构的 Web 网站。即使计算机中没有安装 Web 服务器,FrontPage 2003 也可以在文件夹中建立 Web 网站,这些文件默认保存在本地计算机中的“C:\My Documents\My Webs”里。

(1)创建网站

网站是互联网上的 HTTP 服务器所承载的一组相关网页。用户可以根据需要创建基于磁盘或基于服务器的网站。基于磁盘的网站是位于本地计算机上的网站,基于服务器的网站则是由 Web 服务器承载的网站。如果想更快捷地创建网站,可以使用 FrontPage 2003 提供的向导和模板建立各种用户需要的网站。

按照如下步骤创建一个个人网站:

① 在 FrontPage 2003 编辑窗口中,执行“文件”→“新建”命令,在右边的任务窗格中出现“新建”任务窗格,在此窗格中有“新建网页”、“新建网站”等项,如图 24.9 所示。

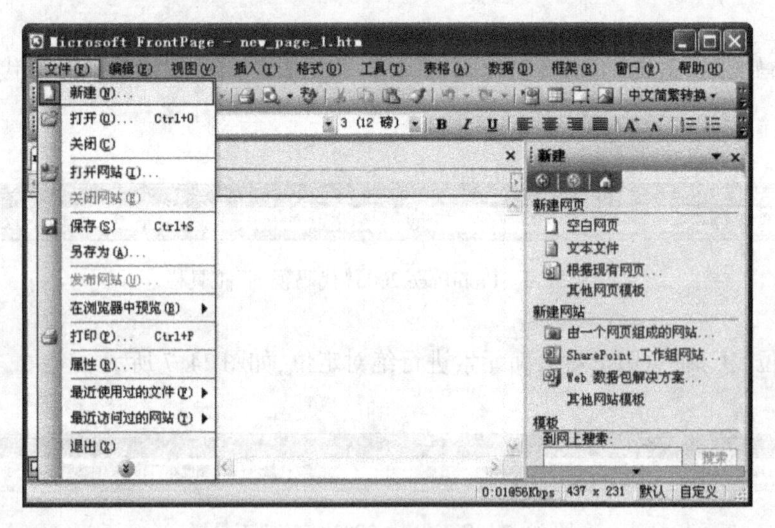

图 24.9 打开新建任务窗格

② 在新建任务窗格中的“新建网站”项中,单击“其他网站模板”,弹出“网站模板”对话框。在“常规”选项卡中选择“个人网站”,在右侧的“指定新网站的位置”文本框中输入新建网站的位置,如图 24.10 所示。

③ 单击“确定”按钮,FrontPage 2003 弹出“创建新网站”对话框,并自动创建新网站。在新建的个人网站中包含个人兴趣爱好及图片库等页面。此时新建个人网站就会以文件视图的形式排列文件,如图 24.11 所示。

④ 个人网站建设成功,打开个人网站主页,即 index. htm,用户可以根据个人喜好进行编辑,如图 24.12 所示。

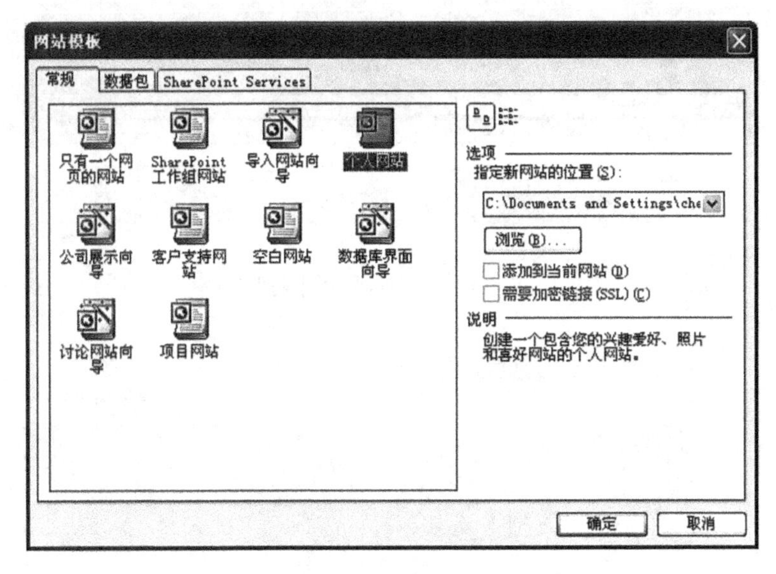

图 24.10　新建个人网站

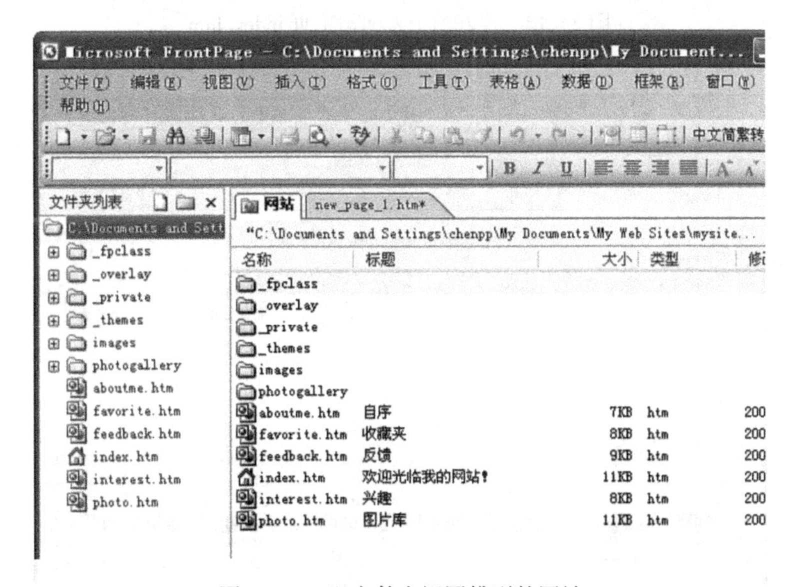

图 24.11　以文件夹视图排列的网站

(2)管理站点

创建站点完成后则需要管理站点。

① 保存站点。在 FrontPage 2003 中建立 Web 站点时会自动保存,不需要执行任何命令就可以保存 Web 站点。

② 打开站点。在 FrontPage 2003 中可以管理和编辑多个 Web 站点,但一次只能打开一个站点。在 FrontPage 2003 中执行"文件"→"打开网站"命令,在弹出的"打开网站"对话框中选择要打开的网站,单击"打开"按钮即可以文件夹视图显示此站点。如图 24.13 所示。

③ 使用新建命令。建立好 Web 网站后,可以在网站中创建空白网页、文本文件、文件夹

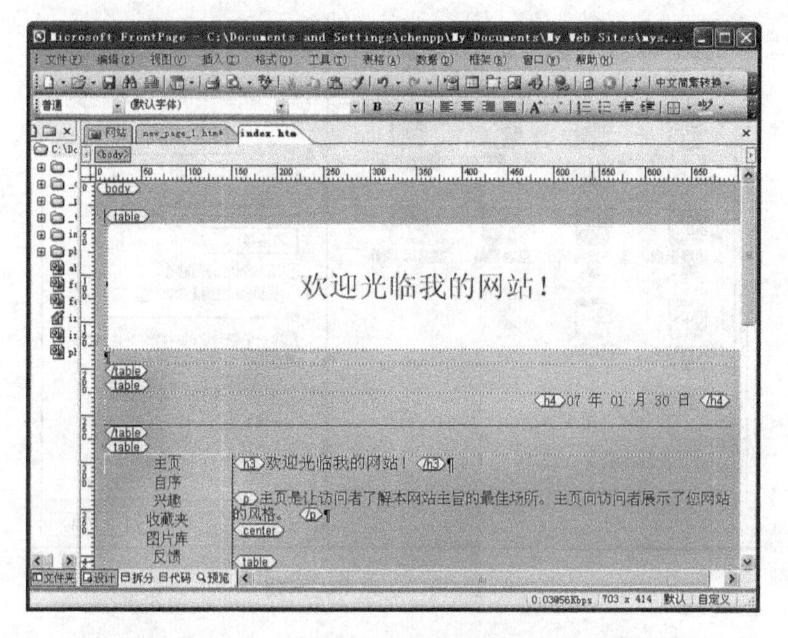

图 24.12　建好的个人网站主页 index. htm

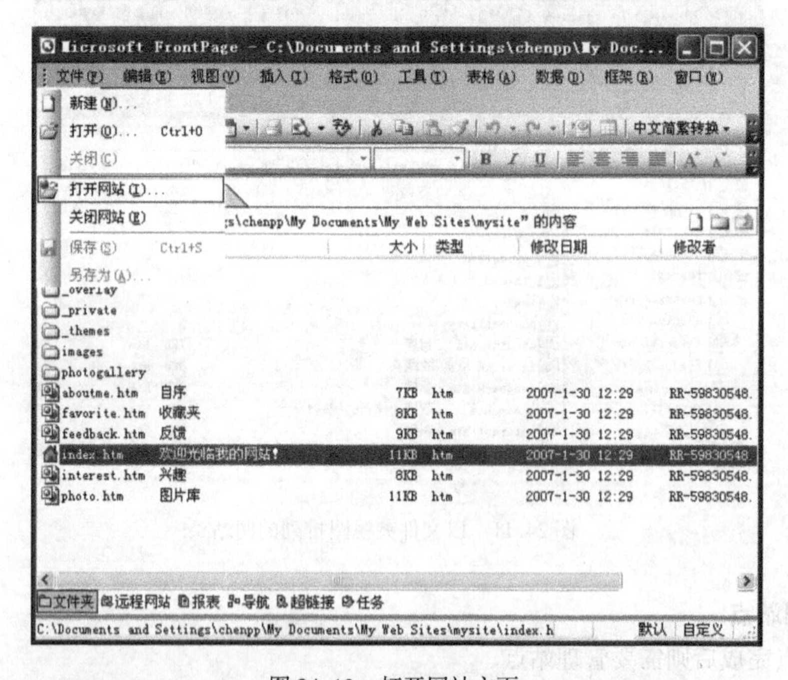

图 24.13　打开网站主页

和子网站等，只要右击文件夹视图中的状态栏，就可以在弹出的快捷菜单中选择相应命令。如图 24.14 所示。

④ 删除网站。要删除不需要的网站，可以在文件夹视图中选中 Web 网站，右击，在弹出的快捷菜单中选择删除命令，在打开的"确认删除"对话框中单击"全部删除"按钮，就可以删

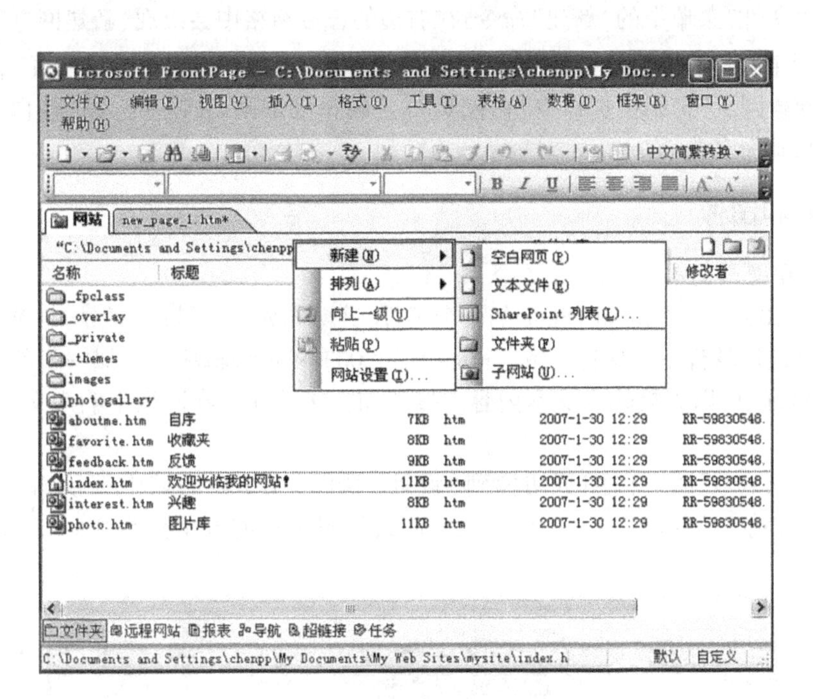

图 24.14　网站中的新建命令

除整个 Web 网站了。如图 24.15 所示。

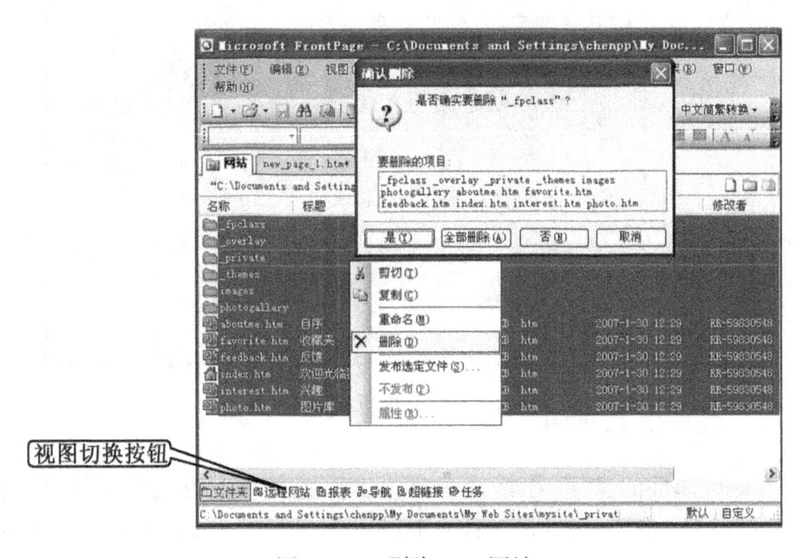

图 24.15　删除 Web 网站

网站的查看、删除和新建等操作是在文件夹视图中进行的，FrontPage 2003 还提供了若干个视图方式，可以直接在窗口下排的视图栏中单击按钮切换不同的视图。

(3)新建网页

站点建立好后，我们就可以开始创建网页了。

① 选择“文件”菜单中的“新建”命令,在右边的任务窗格中会出现“新建网页”窗格(也可以使用工具栏中的按钮,或者按 ctrl + N 快捷键,同样可以新建一个空白网页)。

② 在“新建网页”窗格中选择“空白网页”,主编辑区域则出现一个大片空白区域。新建的网页将被自动命名为 new_page_1. htm。

2. 添加文本和图像

(1)插入和设置文本

FrontPage 2003 是 Microsoft Office 的一个组件,其操作界面和操作过程均与 Windows 操作系统系列及其应用软件系列保持一致。FrontPage 2003 网页编辑功能类似一般的文字处理软件,在编辑窗口就可以直接输入文本内容。按照如下步骤建立在网页中输入文本,并设置属性。

① 将已经建立好的空白网页切换到“设计”视图,在编辑区域中直接输入文字,如图 24. 16 所示。在输入文字时,如果一行的长度超过编辑区域的显示范围,FrontPage 2003 会自动换行。

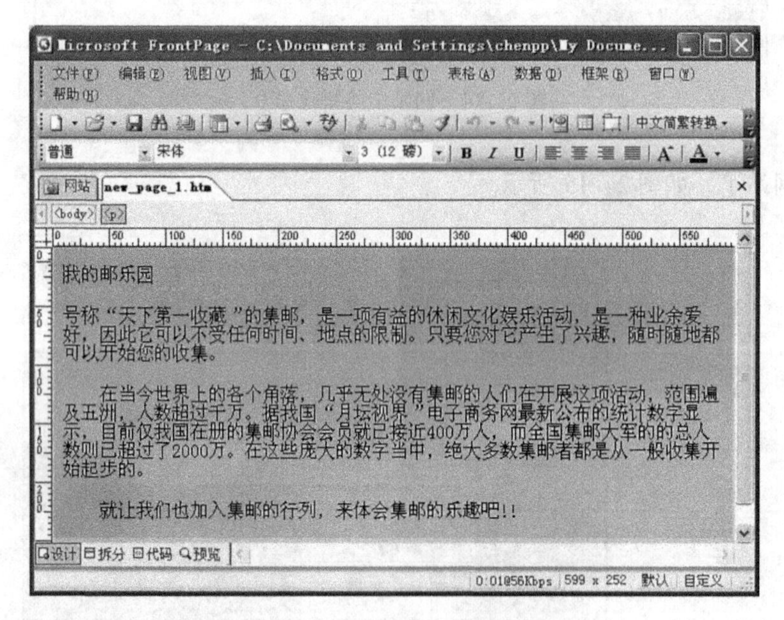

图 24. 16　在网页中直接输入文字

② 选中需要修改属性的文字,在格式工具栏上设置其对齐方式和字体、字号、颜色等属性。例如,选中“我的邮乐园”,在格式工具栏上设置为“居中”、“24 磅”以及“紫红色”。设置操作与 Word 中类似。其他文本均可按照相同操作设置属性。如图 24. 17 所示。

(2)设置段落格式

段落是以段落标记彼此分割的文本块。“视图”菜单中的“显示标记”命令,可以显示或隐藏段落标记及其他 HTML 标记的显示。

段落格式主要包括对齐方式、文本缩进、段间距、行间距和字间距等。设置段落标记时,选中需设置的段落,执行“格式”→“段落”命令,弹出“段落”对话框,设置段落的各种格式,如行

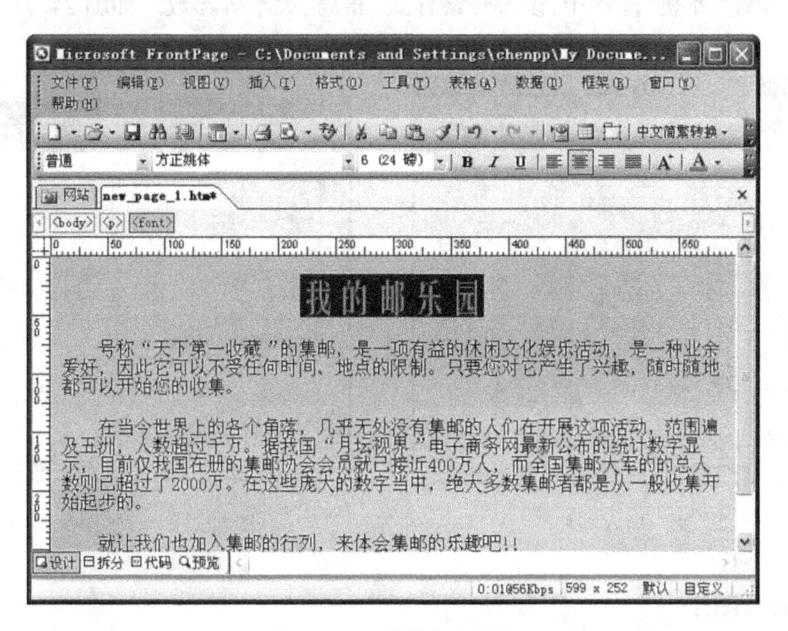

图 24.17　设置文字属性

间距、缩进、编号、项目符号等。如图 24.18 与图 24.19 所示。

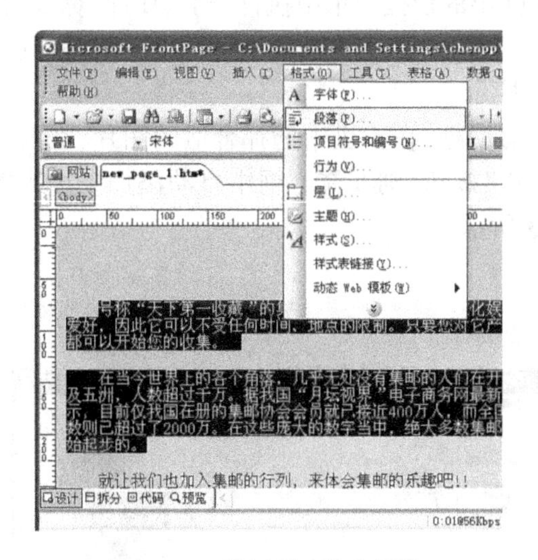

图 24.18　设置所选段落属性

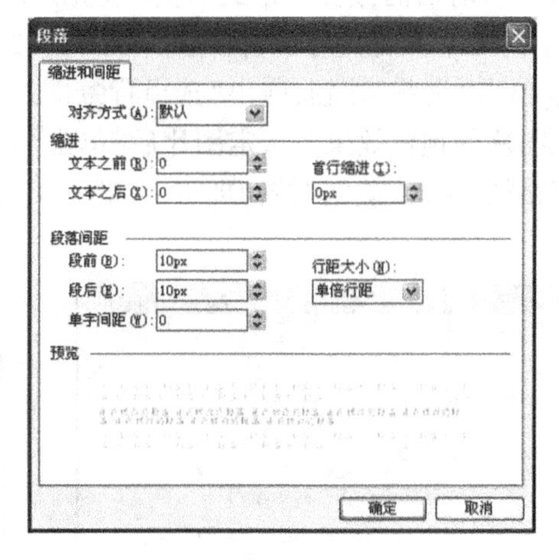

图 24.19　“段落”对话框

(3)插入图像,设置图像属性

一个纯文字的网页,缺乏对浏览者足够的吸引力,通常需要在网页中添加图片。按照下列步骤在文本网页中添加图片,并对其属性进行设置。

① 将光标移到标题“我的邮乐园”后,按回车键,换行到下一段落,执行“插入”→“图片”→“来自文件”命令,弹出“图片”对话框。在该对话框中,可以选择本地计算机中某文件夹内的图片,单击“插入”按钮。完成后如图 24.20 所示。

② 将光标移至插入的图片上,右击,在弹出的菜单上执行“图片属性”命令,弹出“图片属

性”对话框，在设置“外观”标签中，设置环绕样式、布局、大小等参数。如图 24.21 所示。

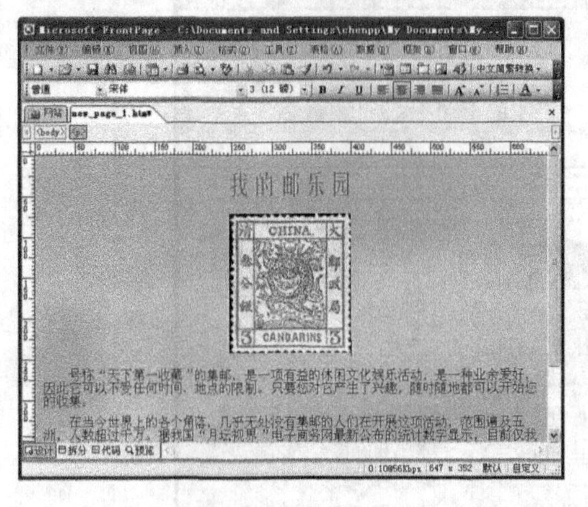

图 24.20　插入图片

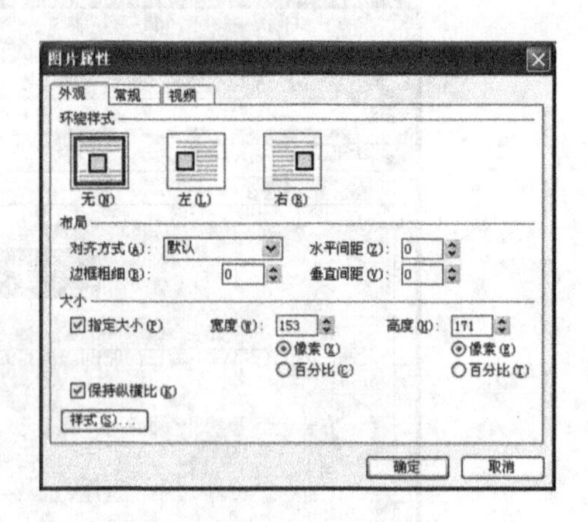

图 24.21　设置图片属性

(4)添加背景图片

选择一幅漂亮且符合主题的图片作为背景图，会为自己的网页增色不少。但是，选择背景图片时，要注意不要选择太鲜艳或繁杂的图片，否则会喧宾夺主，反而影响了网页的效果。按照下列步骤给网页添加背景图片：

① 在网页的任意空白处，单击鼠标右键，在弹出的快捷菜单中执行“网页属性”命令，打开“网页属性”对话框，选择“格式”标签卡，在“背景”栏中选中“背景图片”复选框，则“使其成为水印”下的文本框变为可编辑状态。如图 24.22 所示。

② 单击“浏览”按钮，弹出“选择背景图片”对话框，在本机中选择合适的图片，在右侧可以看见图片的预览效果。选定图片后，单击“打开”按钮，则在文本框中自动添加了加入图片的保存路径，单击“确定”按钮即可。如图 24.23 所示。

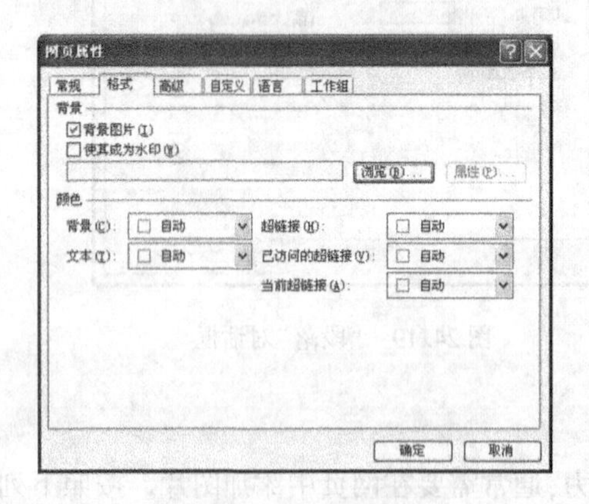

图 24.22　网页属性

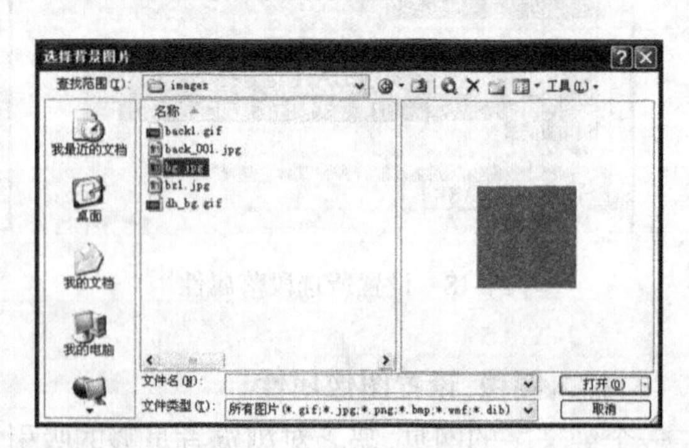

图 24.23　选择背景图片

3. 表格应用

(1)创建与编辑网页表格

FrontPage 中表格的主要作用是存放数据,定位网页元素。

① 插入表格:在网页中插入表格有三种方式,一是使用菜单命令,二是使用“常用”工具栏中的“插入表格”工具,三是使用“表格”工具栏中的手绘表格工具。其中最常用的是第二种。操作方法与 Word 中类似。这里不再赘述。如图 24.24 所示。

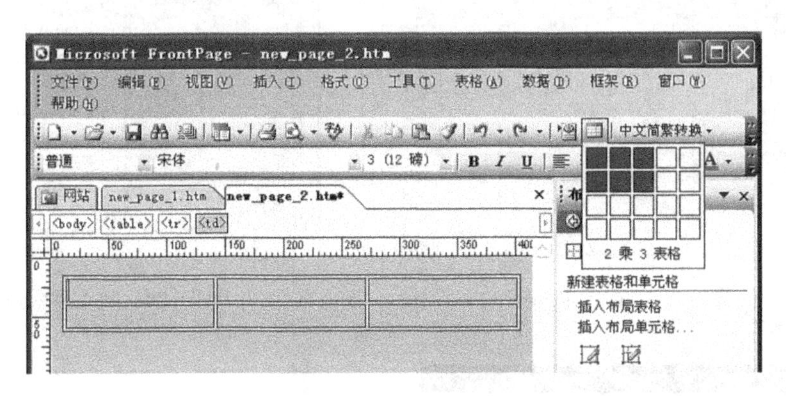

图 24.24　插入表格

② 编辑表格:该步骤涉及选中一个单元格、一行或一列,然后插入行、插入列以及合并和拆分单元格等操作。

若要选中某单元格或行、列以及整个表格,可以先将光标放置于其中一个单元格中,在“标记”标签栏中 < td > 显示选中状态,鼠标指向 < td > 时,单元格边框呈蓝色,此时单击 < td > 即可选中该单元格。如图 24.25 所示。

若要插入行、列或者合并拆分单元格,可以将光标放置于表格中并右击,在弹出的快捷菜单中选择相应的命令。如图 24.26 所示。

(2)设置表格与单元格属性

① 设置表格属性:必须首先打开“表格属性”对话框。在图 24.26 中的快捷菜单中选择“表格属性”命令,即可弹出“表格属性”对话框。在对话框中,可以设置表格的“大小”、“布局”、“边框”、“背景”等项。如图 24.27 所示。

② 设置单元格属性:在已经创建的表格中,选中某一行右击,选择弹出快捷菜单中的“单元格属性”命令,即可弹出“单元格属性”对话框。对话框中的每一项可根据自己需要来设置。如图 24.28 所示。

(3)插入表格元素

表格排版是网页的主要制作形式,创建表格的最终目的就是在表格中插入文本、图片、Flash 等网页元素,让它们在网页中看起来清晰整洁。在制作网页时,表格基本上起到了辅助作用。所以在创建要插入网页元素的表格时,表格的填充、间距和边框一般都是 0 像素,当然也可以根据要求设置表格的边框来区分单元格中的内容。

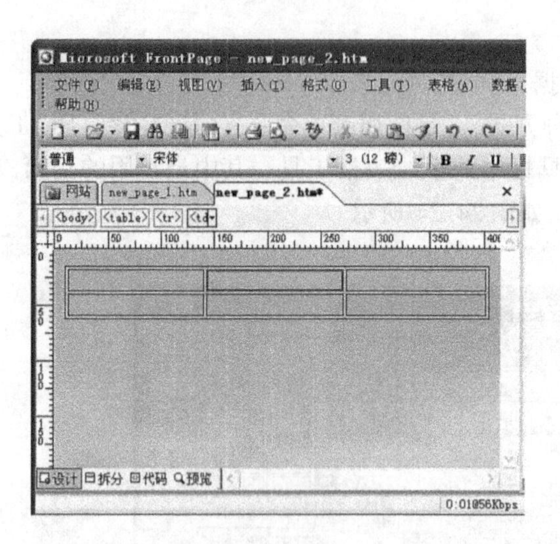

图 24.25　选中单元格

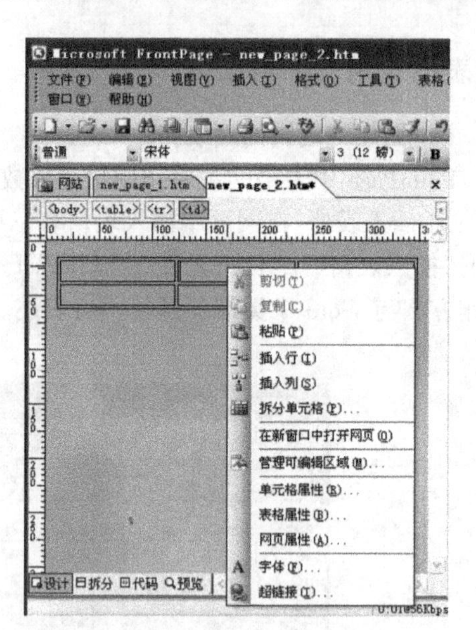

图 24.26　插入行或列

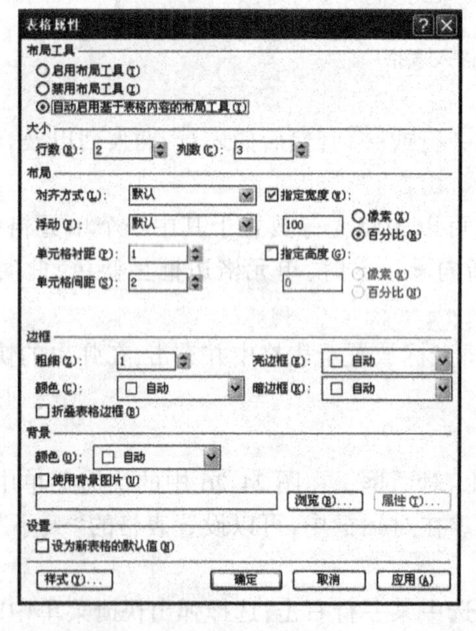

图 24.27　表格属性

图 24.28　单元格属性

① 插入文本：在表格中输入文本，文本可以输入每个单元格内。文本元素在插入表格后还附带自身的属性，也可以为不同表格中的文本设置不同的文本属性。

- 创建如图 24.29 所示的 2 行 3 列表格。
- 在表格属性中设置“单元格衬距”、“单元格间距”以及“边框粗细”均为 0。
- 单击第一行的每个单元格，输入文本。

② 插入图片：在每个单元格中，执行菜单命令“插入”→“图片”→“来自文件”，则可以将存放在本机中的图片插入网页中。如图 24.30 所示。

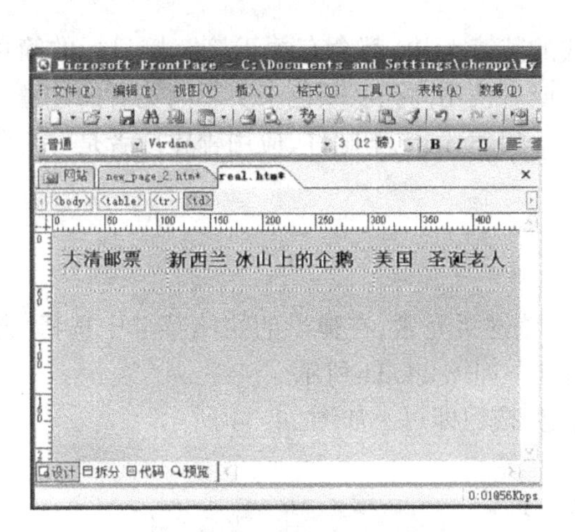

图 24.29　表格中插入文本

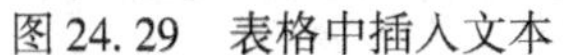

图 24.30　表格中插入图片

③ 插入 Flash 动画：

- 在某单元格内执行“插入”→“图片”→“Flash 影片”命令，即可在页面中插入 Flash 动画影片，则在该单元格中显示 Flash 图标，如图 24.31 所示。
- 右击该 Flash 图标，在弹出快捷菜单中选择“Flash 影片属性”命令，打开“Flash 影片属性”对话框，如图 24.32 所示，设置相关选项。
- 执行“文件”→“保存”命令保存该 HTML 文件，命名为 stamp1. htm。

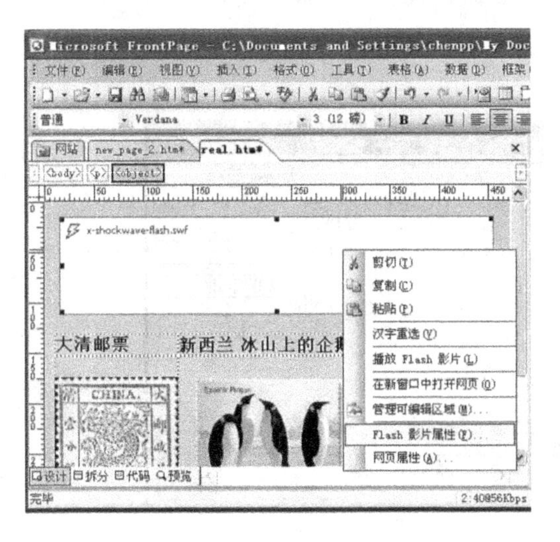

图 24.31　表格中插入 Flash 影片

图 24.32　Flash 属性设置

(4)嵌入式表格：还可以通过在某个单元格内再插入表格，用嵌套表格来进行较复杂的排版和布局。

4. 应用超链接

所谓链接，就是当光标移动到某些文字或图片上时，单击就会跳转到其他页面。这些文字或图片称为热点，跳转到的页面称为链接目标，将热点与链接目标相联系的就是链接路径。

热点可以是文字或图片。一般在图片形式的热点旁边，都会有关于该链接目标的简单介绍；而文字形式的热点下通常会有一条下画线，或者使用高亮度颜色来引起浏览者的注意。链接目标可以是页面的特定位置、一个其他网页、一幅图片、电子邮件、应用程序或者是一个脚本指定动作等。

(1)建立并编辑超链接

- 选中网页元素(文本或图片)。
- 执行"插入"→"超链接"命令，也可右击该网页元素，在弹出的快捷菜单中选择"超链接"命令，都可打开"插入超链接"对话框。如图 24.33 所示。
- 在该对话框中选择链接地址，单击"确定"按钮即可。如图 24.34 所示。

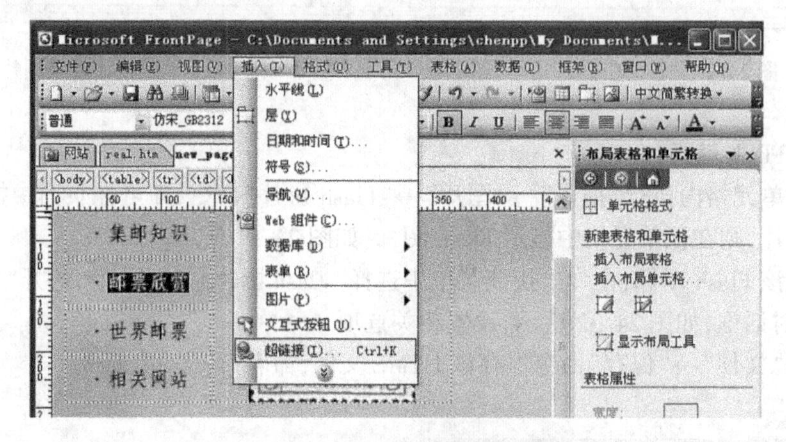

图 24.33　给页面元素插入超链接

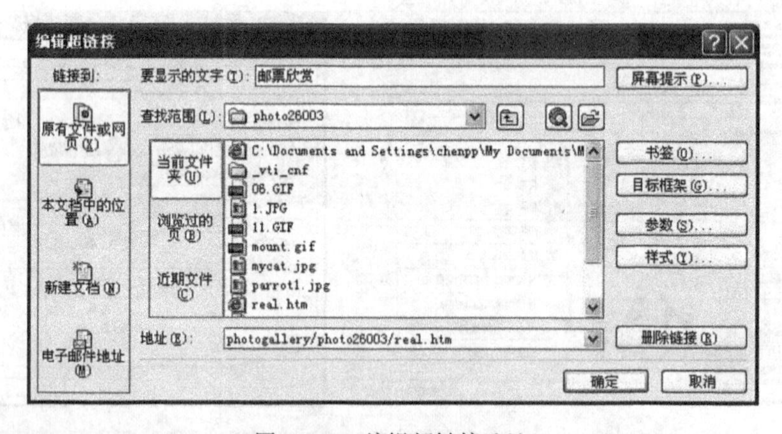

图 24.34　编辑超链接地址

(2)创建与修改书签

FrontPage 2003 的书签既可以看做是页面内的超链接，也可以建立到其他网页的书签，这和网页之间的超链接是一样的效果。特别是当一个网页页面很长时，如果在一定位置添加书签，浏览者只需点击这些书签，就可以很快到达相应的内容。书签能够严格地控制浏览者单击超级链接后到达的网页位置。书签可以是当前广告所在的位置、一个单词、一个字母或一幅图片等。要创建书签，首先在特定的位置插入一个书签，然后再建立到这个书签的链接。按照如

下步骤创建并修改书签：

① 新建一个空白页面，将搜集到的诗词复制到其中，如图24.35所示。

② 选中其中一首诗词名"点绛唇(二)"，执行"插入"→"书签"命令，打开"书签"对话框，如图24.35所示。

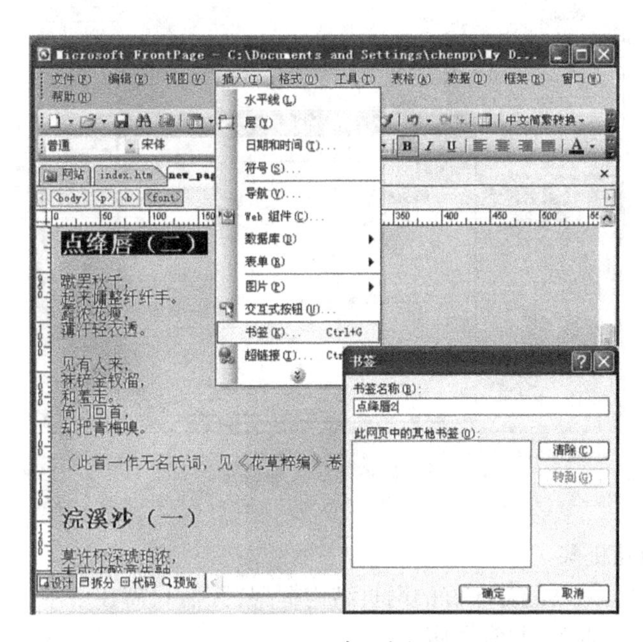

图24.35 建立书签

③ 在对话框中的"书签名称"文本框中输入"点绛唇2"(可以任意设置)，单击"确定"按钮。

④ 在该词结尾处输入"返回目录"字样。

⑤ 同样选中"李清照诗词选集"，执行"插入"→"书签"命令，在打开的"书签名称"文本框中输入"目录"，单击"确定"按钮。

⑥ 选中目录中的"点绛唇(二)"，添加超链接，在"插入超链接"对话框中，单击"书签"按钮，在弹出的"在文档中选择位置"对话框中，选择"点绛唇2"，单击"确定"按钮返回，再单击"确定"按钮完成链接设置。如图24.36所示。

⑦ 用同样的步骤在该首词结尾处的"返回目录"字样上添加超链接，在"在文档中选择位置"对话框中选择"目录"书签。

⑧ 执行"文件"→"保存"命令保存文档，切换到预览视图可以查看诗词效果。

5. 应用框架

框架将浏览器窗口划分为若干个区域，每个区域是一个可以单独滚动的普通网页。当在某个框架中单击一个链接时，链接对应的网页将会在目标框架中打开并显示。因此，在设计网页时，如果网页的内容有某种层次关系，用框架来组织页面比较方便。

在HTML中，框架以<frameset>加以标记。FrontPage 2003的网页模板中有十种框架网页模板。在"新建"任务窗格的"其他网页模板"中可以预览到这些模板。

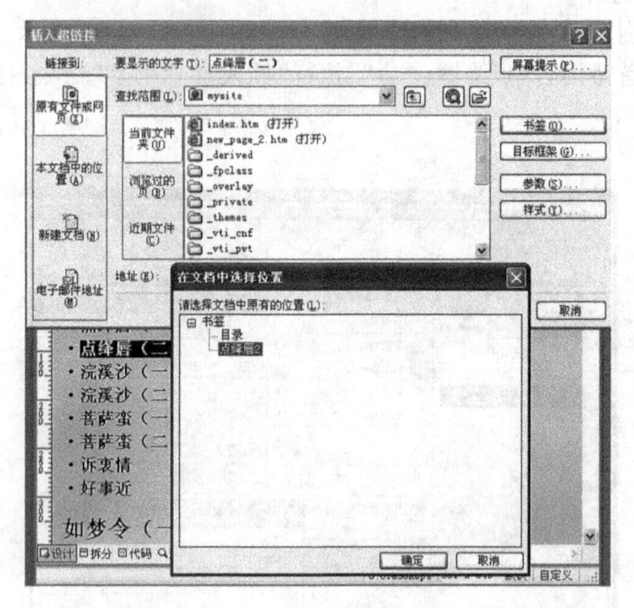

图 24.36　设置超链接

(1)利用模板创建框架

模板中的框架网页是已经分布好的网页结构框架,我们只需在各个框架中新建或者链接网页就可以制作框架网页了,非常方便。

① 在 FrontPage 2003 中执行“文件”→“新建”命令,打开“新建”任务窗格,单击“新建网页”中的“其他网页模板”选项,弹出“网页模板”对话框。切换到“框架网页”标签卡,这里列出了十种可选择的框架结构。如图 24.37 所示。

② 这里我们选择“目录”,单击”确定”按钮。如图 24.38 所示。

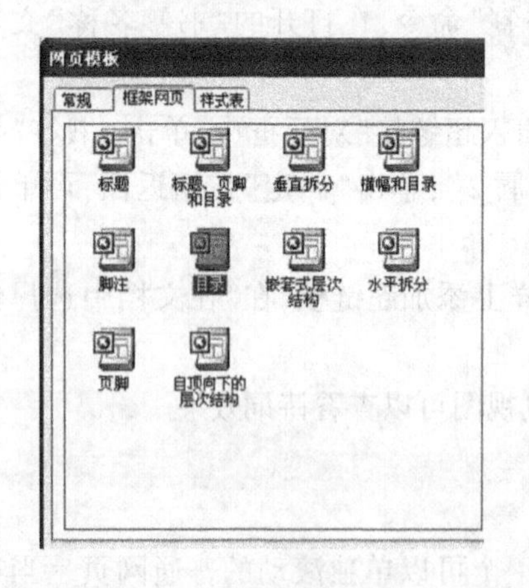

图 24.37　“框架网页”标签卡

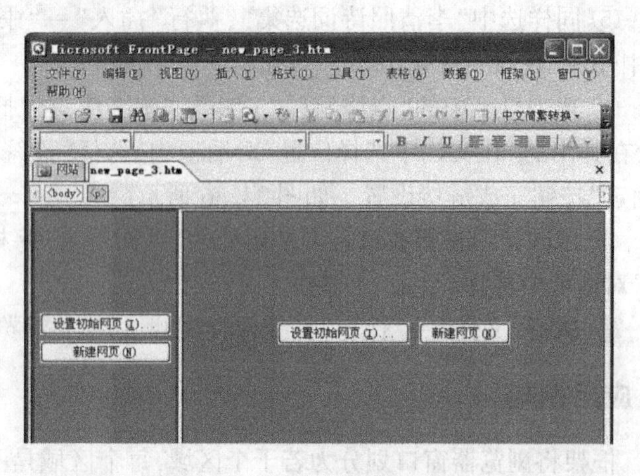

图 24.38　目录型框架网页显示

③ 单击左框架中的“新建网页”按钮,在当前框架中直接建立一个新网页并且作为起始网页,在该网页中输入目录。如图 24.39 所示。

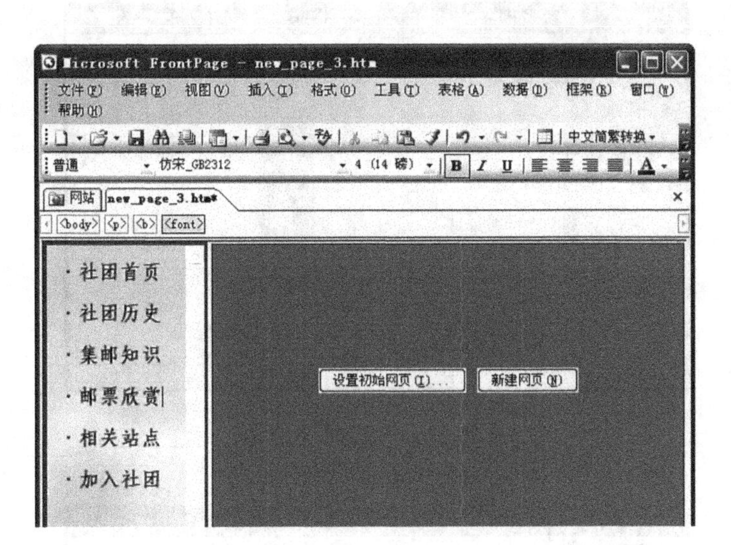

图 24.39　新建网页并输入文本

④ 在右框架中单击“设置初始网页”按钮，弹出“插入超链接”对话框，选择准备好的网页文件，单击“确定”按钮将网页插入框架中，如图 24.40 所示。

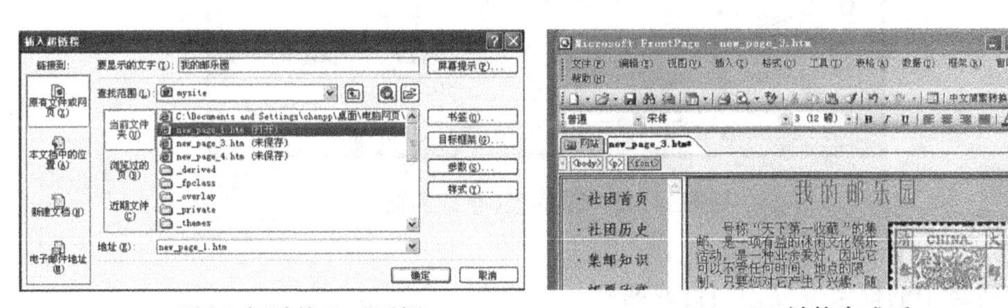

(a) “插入超链接” 对话框　　(b) 链接完成后

图 24.40　链接现有的网页文件

⑤ 执行“文件”→“保存”命令，打开“另存为”对话框，左框架的网页被选中，在“文件名”文本框中输入 mululeft. htm，如图 24.41 所示。

⑥ 单击“保存”按钮将其保存后，对话框中的整个框架被选中，保存文件名为 mulu. htm，如图 24.42 所示。再次单击“保存”按钮，关闭对话框。

⑦ 至此，框架网页制作完毕，按 F12 键打开浏览器可预览网页效果。

(2) 框架拆分

在通过模板新建一个框架网页后，可以使用拆分框架的功能达到所需要的网页布局。拆分框架有两种方式：行拆分和列拆分。行拆分可以将一个框架一次拆成两行，列拆分可以将一个框架一次拆成两列。在实际应用中，用户可以根据自己的需要将一个框架拆分成各种结构。

在框架网页中拆分框架的操作很简单，只需单击要拆分的框架，执行菜单“框架”→“拆分框架”命令，在打开的“拆分框架”对话框中，选择“拆分成行”或“拆分成列”选项，单击“确定”

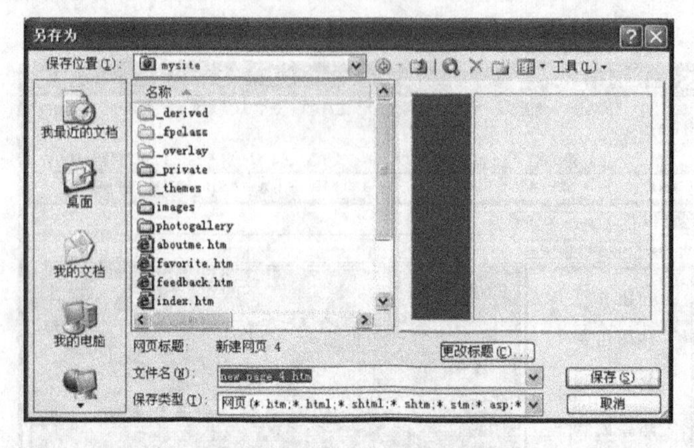

图 24.41　保存左框架网页

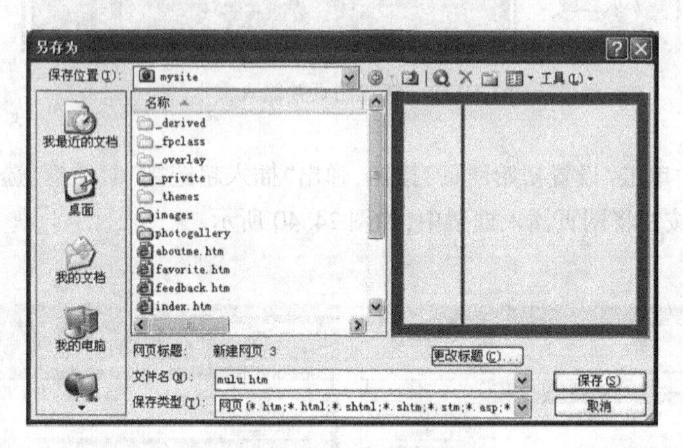

图 24.42　保存整体框架网页

按钮，就会将选中的框架拆分为两行或两列。如图 24.43 所示。

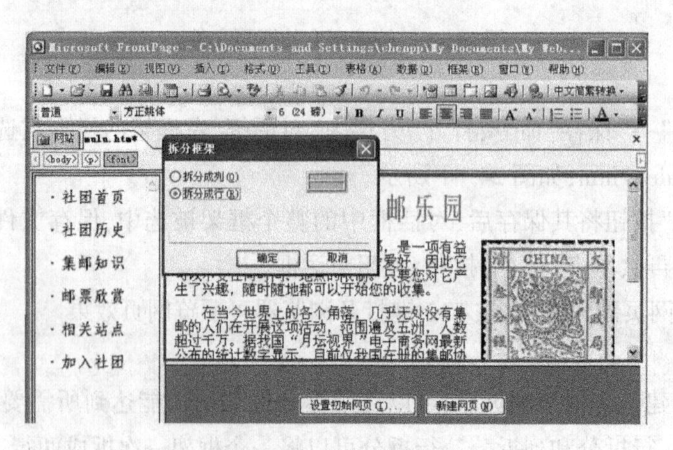

图 24.43　框架拆分成行

(3)框架中的网页替换

目标框架中的网页替换，可以用于设置框架与框架之间的网页替换，是常见的一种使用框

架的方法，也是使用框架最大的优势所在。单击左边的导航按钮，右边的页面则显示不同的内容。这样既可以替换网页中的更新内容，还可以保持网页布局不变，以便提高网页的下载速度。按照下列步骤完成目标框架中的网页替换：

① 在 FrontPage 2003 中，执行“文件”→“打开”命令，打开上例中保存的 mulu. htm 整体框架文件。

② 在左边的目录中选中文字“邮票欣赏”右击，在弹出的快捷菜单中选择“超链接”命令，打开“插入超链接”对话框。

③ 在“查找范围”列表中选择文件 stamp1. htm，单击右边的“目标框架”按钮打开“目标框架”对话框，在“公用的目标区”列表中选择“网页默认值(main)”选项，如图 24. 44 所示。

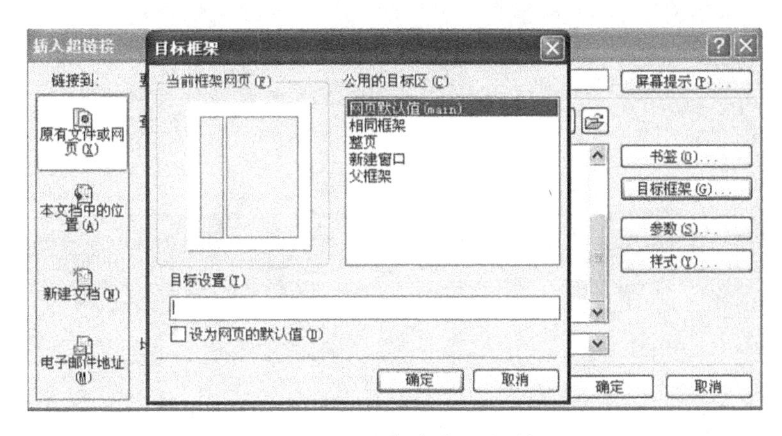

图 24. 44　“目标框架”对话框

④ 按 Ctrl + s 键保存文档后再按 F12 键打开 IE 浏览器，单击带有链接的文本网页右边更换内容，如图 24. 45 所示。

图 24. 45　浏览器预览跳转效果

六、实验拓展

请尝试用本实验学习到的知识制作一个静态网站，内容不限。

实验 25　ASP 动态网页开发

一、实验目的

进一步理解动态网页的基本概念和工作原理；了解 ASP 技术的基本原理，掌握基本的 ASP 语法；掌握使用 FrontPage 2003 开发动态网页的过程。

二、实验条件

(1)PC 机一台；
(2)操作系统：安装有 IIS 的 Windows XP 或 Windows 2003；
(3)开发工具：Microsoft FrontPage 2003。

三、实验内容

(1)使用 FrontPage 2003 制作动态网页。主要包含的知识点有：
① 建立表单；
② 设置表单属性；
③ 表单后台 ASP 处理程序的编写。
(2)设计完成一个简单的联系信息表单及服务器返回个人联系信息的 ASP 程序。

四、预备知识

1. 表单及其基本元素

表单是制作交互页面最常用的方法，站点访问者可以通过它实现填写调查内容、注册信息、发送产品订单等功能。FrontPage 2003 提供了强大的表单编辑功能，初学者也可以利用它制作出功能强大的表单。

表单元素种类很多，主要包括文本框、文本区、复选框、选项按钮、分组框、下拉列表、按钮以及文件上载等。

(1) 文本框

文本框在外形上为一个单行长条形空白区域，主要作用是用来接收网页访问者提交的文本型信息，是表单元素中使用最多的一个。文本框还可以作为密码域，它与普通文本框不同的是在界面中不直接显示，而是用“ * ”代替。

若需插入表单文本框，则执行“插入”→“表单”→“文本框”命令，即可在页面中插入文本框，如图25.1所示。要设置其属性，可在页面中选中该文本框，右击，在弹出的菜单中选择“表单域属性”命令，则弹出“文本框属性”对话框，如图25.2所示。注意：若在该对话框中的“密码域”选择“是”，则文本框可作密码输入用。

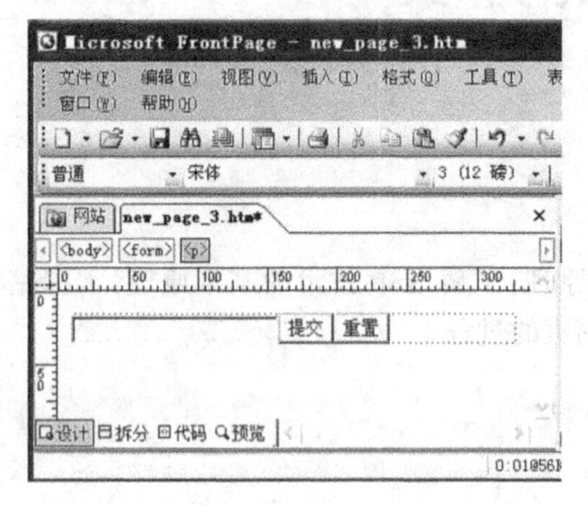

图25.1　插入文本框

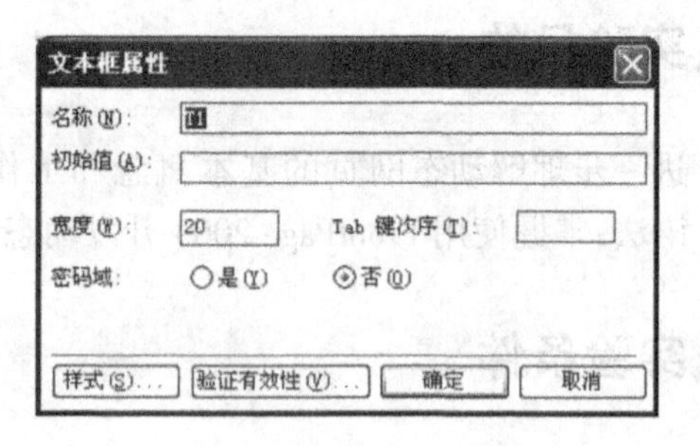

图25.2　设置文本框属性

(2) 文本区

文本区是表单元素中能够提供大量输入信息的表单元素，在文本区中可以输入多行文字。当输入的文字超过文本区显示的数量时，文本区会自动显示滚动条，可以通过滚动来查看文本区中其余的内容。如图25.3所示。

插入文本区可通过执行“插入“→“表单”→“文本区”命令实现。设置属性的操作与设置文本框的属性操作相同。

(3) 复选框

复选框在网页中显示为一个方框，当单击复选框时，方框中显示“√”号，表示选中此项；当再次单击时，“√”号取消，表示未选中此项。如图25.4所示。通常用于可同时选中多个选项。

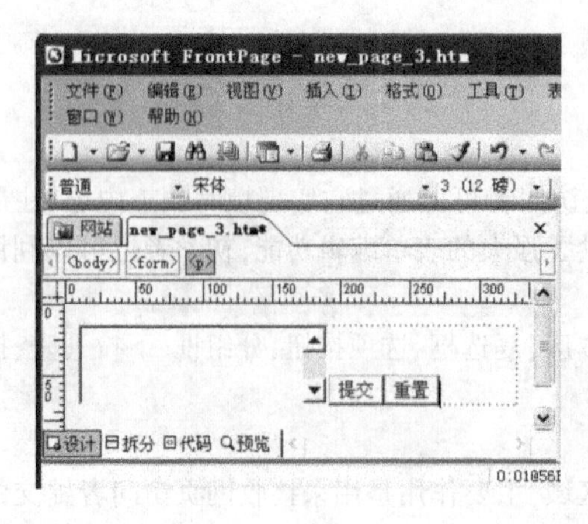

图25.3　插入文本区

图25.4　插入复选框

插入复选框可通过执行“插入”→“表单”→“复选框”命令实现。设置属性的操作与设置文本框的属性操作相同。

(4)选项按钮

选项按钮在网页中显示为一个圆圈，当单击这个圆圈时，在圆圈中会显示有黑点，表示此项被选中；再次单击时黑点取消，表示未被选中。常用于多项中选择其一，如用于选择性别时，如图 25.5 所示。

插入选项按钮可通过执行“插入”→“表单”→“选项按钮”命令实现。设置属性的操作与设置文本框的属性操作相同。

图 25.5　插入选项按钮

(5)下拉框

下拉框也称为下拉列表，是一种较好的存储信息的形式，由各个选项组成，在网页中很常见。如图 25.6 所示。插入下拉框可通过执行“插入”→“表单”→“下拉框”命令实现。

设置下拉框属性的操作与设置文本框的属性操作相同。如图 25.7 所示，在“下拉框属性”对话框中“名称”初始值为 D1，也可以自定义名称，然后单击“添加”按钮添加选项。

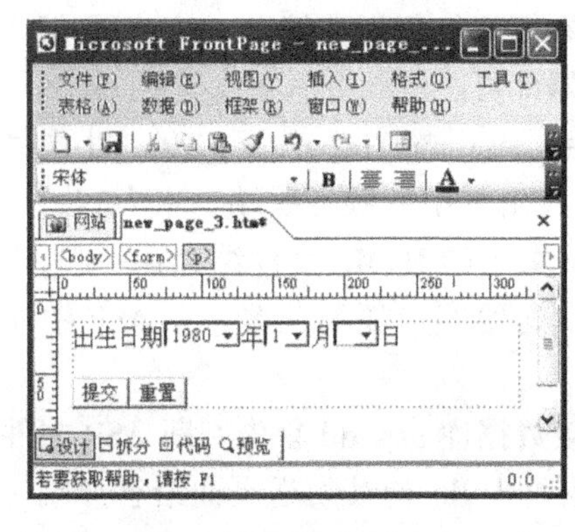

图 25.6　插入下拉框

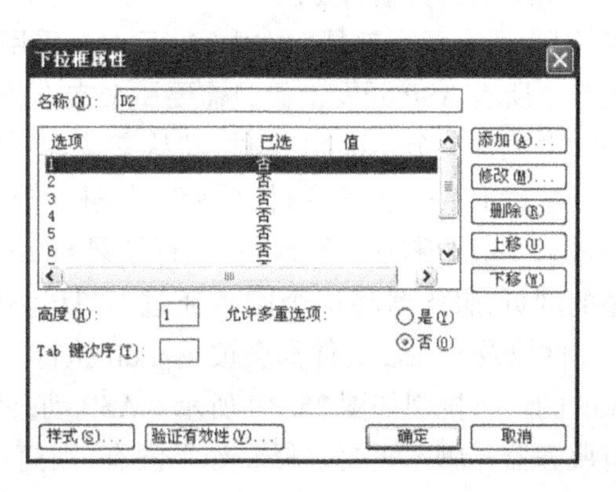

图 25.7　设置下拉框属性

(6)按钮

按钮在表单中是最重要的元素之一。"提交"按钮可以激发表单的动作,"重置"按钮可以在用户需要修改表单内容时,将表单恢复到初始状态。

插入按钮元素可通过执行"插入"→"表单"→"按钮"命令实现。当页面插入一个普通按钮后,双击该按钮,则弹出"按钮属性"对话框,在"按钮属性"对话框中可以把该按钮设置成"提交"按钮或"重置"按钮。如图 25.8 所示。"名称"为按钮的控制名,"值/标签"为显示在按钮上的文字。设置完成后单击"确定"按钮即可。这里插入三个按钮,分别设置为"普通"按钮、"提交"按钮和"重置"按钮。如图 25.9 所示。

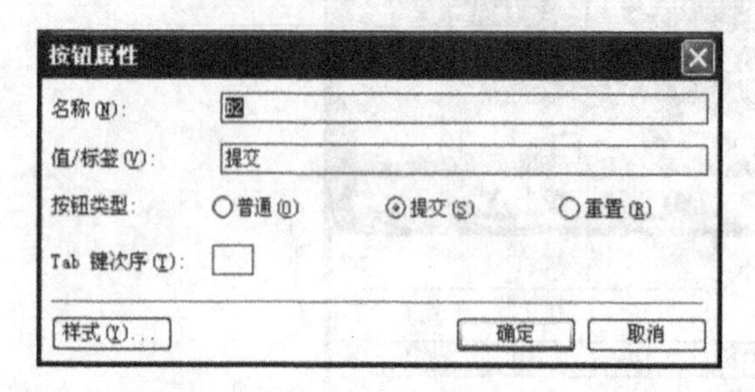

图 25.8　设置"按钮属性"

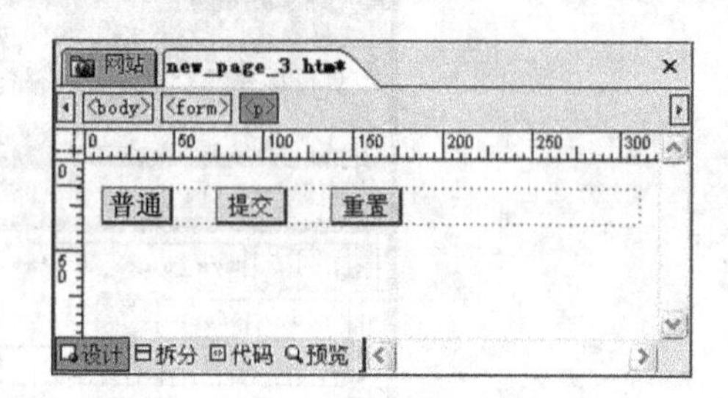

图 25.9　插入的按钮

(7)其他表单元素

表单元素除上述常用的以外,还有文件上载、分组框等。其中文件上载是用来在浏览器中选择文件的功能,主要用来浏览客户端的文件并选择文件上载。分组框可以将表单中的相关域组织为子组,这样更便于编排数据,使表单域看起来直观明了。

2. ASP 基本知识

ASP 是一种服务器端的网页设计技术,可以将 Script 语法直接嵌入 HTML 网页中,从而轻松读取数据库的内容或者用于显示表单提交信息。也可以集成现有的客户端 VBScript 和 DHTML,输出动态、互动的网页,其功能主要用于开发运行于 Windows 服务器平台上的动态网页和网站。

ASP 使用的编程语言是脚本语言,可以使用 VBScript 和 JScript。ASP 对开发工具没有特殊要求,因为所有网页都是文本内容,而 ASP 采用脚本解释执行无需编译,也不需要编译器之类的工具。所有 ASP 开发工具只需要一个文本编辑器即可。

ASP 中包含一个 asp. dll 文件,默认安装在系统目录\system\inetsrv 下。asp. dll 文件负责从服务器端读取 ASP 网页文件,然后对其进行分析,找出其中的服务器端脚本内容。这些脚本被传递给相应的脚本引擎执行,执行结果与 ASP 网页中的 HTML 文件结合在一起,产生一个完整的网页,服务器将这个网页通过 HTTP 协议发送给客户端浏览器。在 ASP 中使用的 *. asp文件以及 *. asa 文件都会被 asp. dll 执行。

ASP 的运行机制如图 25.10 所示。ASP 动态链接数据库 asp. dll 首先判断 ASP 文件中是否还有服务器端脚本需要解释。如果没有,则简单地通知 IIS 让其发送页面给客户端。如果 ASP 从 IIS 接收到含有服务器端脚本的页面,会逐行解释。其中的非服务器端脚本返回给 IIS,

而服务器端脚本则送给脚本引擎执行，脚本引擎执行后的结果被发送回 IIS，这些执行后的内容被插入到网页的相应位置处。

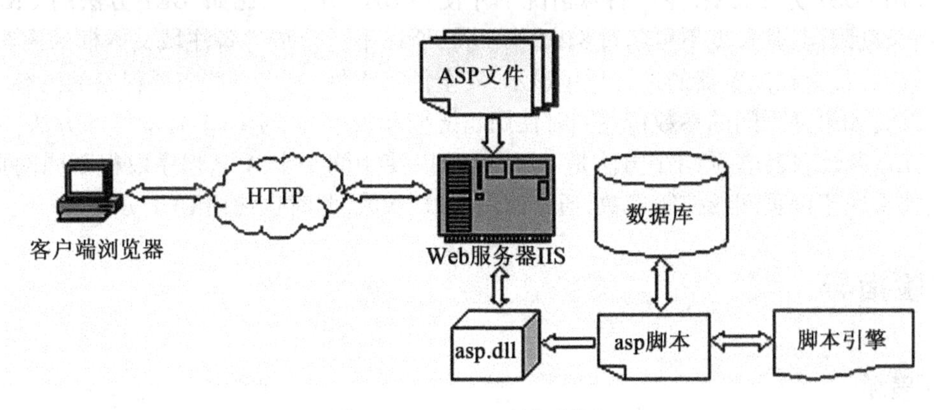

图 25.10　ASP 运行机制图

3. 表单与 ASP

网页表单是 ASP 程序的数据输入界面，即前台显示页面，一个表单就是一个与用户对话的窗口，它只负责获取用户输入的数据，传送到服务器端来处理。真正实现交互作用的是后台的脚本处理程序，即 ASP 程序。因此，如何设计一个令用户愿意输入数据的表单是网页设计的重要工作。而后台 ASP 程序如何正确取得用户表单域输入的数据，则是另一个非常重要的工作。

(1) Form 和 QueryString 数据集合

网页传送到服务器端的数据不论是表单域还是 URL 参数，都是使用 ASP 的 Request 对象的 Form 和 QueryString 数据集合在服务器端接收数据内容的。其中 URL 参数只能使用 QueryString 数据集合，而表单域 Form 和 QueryString 两者都可以使用，但取决于表单传送的方法 POST 或 GET。简单地说，URL 参数和表单的 GET 方法都是使用 QueryString 数据集合。如果表单采用 POST 方法就是使用 Form 集合。

Form 数据集合：当网页表单采用 POST 方法传递数据时，传递的数据进行编码后直接通过 HTTP 协议文件头传送到 Web 服务器，然后在服务器端使用 Form 数据集合取出数据。

语法为：Request. Form("FieldName")。

整个数据集合其实是一个数组，如果表单域名惟一，直接使用域名取出数据即可；如果相同的域名不止一个，此时传送的就是一个数组，需要额外的索引取出数组内容。

QueryString 数据集合：如果网页表单采用 GET 方法传递数据，传递的数据进行编码后，通过 URL 地址后的字符串传送到 Web 服务器，这个字符串在问号之后，若参数不止一个，则使用"&"符号分隔。

在服务器端使用 QueryString 数据集合取出数据，语法为：Request. QueryString("FieldName")。

同样，QueryString 数据集合也是一个数据，如果表单域名惟一，直接使用域名取出数据；如果相同的表单域名不止一个，那就是一个数组。

(2)如何选择网页表单传递方法

使用 POST 和 GET 方法都可以将表单域的内容传送到服务器,大多数情况下传送表单域内容都使用 POST 方法,只在某些特殊情况下才使用 GET 方法。比如,GET 方法的 URL 参数字符串有长度限制,其长度不可超过 8192 个字符,所以不适合传送备注域文本框的内容;GET 方式的域内容都会在浏览器的地址栏里显示,安全性很不好,所以一些需要保密的内容不适合使用此方法;如果网页间的参数传递同时使用超链接和表单,此时 GET 是最好的方法,因为超链接的 URL 参数和表单的 GET 方法是一样的,可以使用同一个 ASP 程序取得不同网页传递的数据;如果属于网页间的控制参数,通常使用 URL 参数,此时也使用 GET 方法。

五、实验指导

1. 建立表单

在前面的"预备知识"里,我们学习了如何采用"插入"菜单的命令来插入需要的表单元素,这里我们使用另一种方法——表单网页向导来创建表单。

在 FrontPage 2003 中,使用表单网页向导创建表单非常方便快捷,用户只要按照表单向导中的提示,即可轻松地制作几种固定格式的表单,如联系信息表单、账户信息表单、产品信息表单、订购信息表单、个人信息表单等。

按照如下步骤使用表单向导创建联系信息表单:

① 在 FrontPage 2003 中,执行"文件"→"新建"菜单命令,在右边的任务窗格中单击"其他网页模板"按钮,在弹出的"网页模板"对话框中,选择"表单网页向导",单击"确定"按钮,会弹出"表单网页向导"说明对话框,如图 25.11 所示。在此对话框中,提示用户使用表单网页向导可以创建一个什么样的表单,以及把此表单保存为何种文档。

② 单击"下一步"按钮,弹出"表单网页向导"的列表显示框,在此对话框中,显示当前为这张表单定义的问题,如图 25.12 所示。

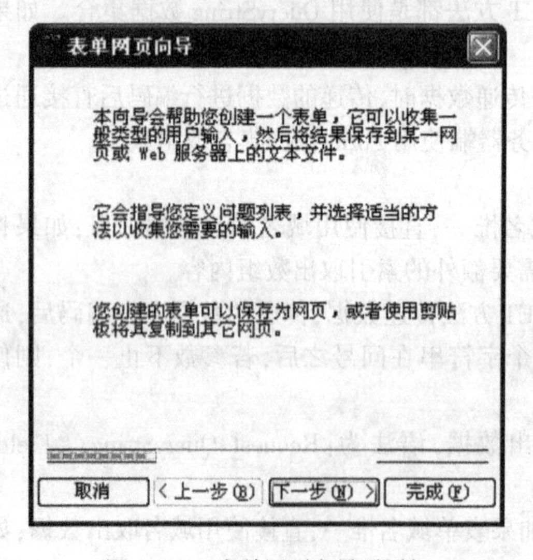

图 25.11 表单网页向导对话框

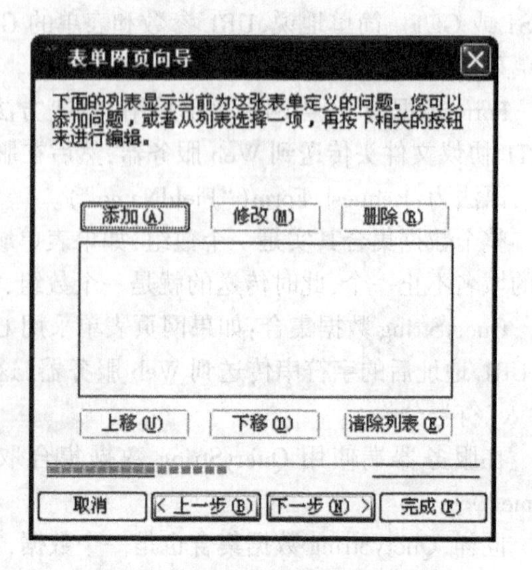

图 25.12 当前为表单定义的问题

③ 单击“添加”按钮，弹出“表单网页向导”的类型对话框，在此对话框中选择所要创建表单的类型，这里选择“联系信息”类型，如图25.13所示。

④ 单击“下一步”按钮，弹出“表单网页向导”的联系信息对话框，在此对话框中可以根据情况选择需要的项目，如图25.14所示。

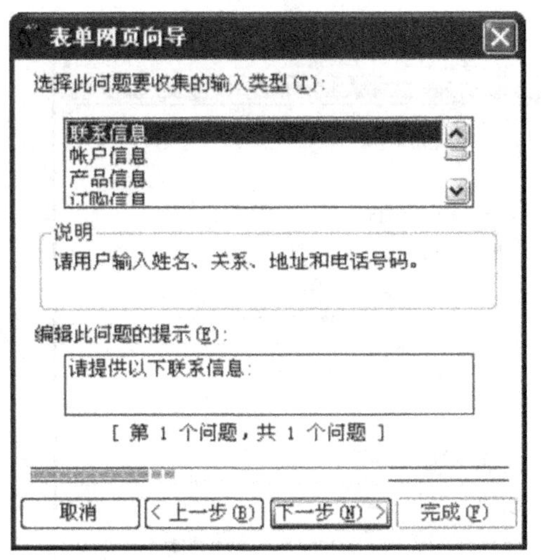

图25.13　选择表单类型

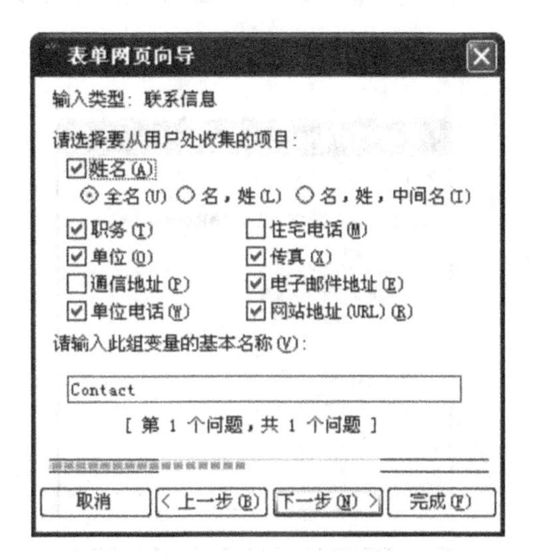

图25.14　定义联系信息项目

⑤ 设置完成后，单击“下一步”按钮，把联系信息类型添加到“表单网页向导”的列表显示对话框中，如果对联系信息不满意，还可以单击“修改”按钮进行修改或单击“删除”按钮进行删除，如图25.15所示。

⑥ 单击“下一步”按钮，弹出“表单网页向导”的显示选项对话框，此对话框可以控制添加的联系信息项目在网页中如何显示，在此选择“显示为普通段落”单选项，在“是否为此网页建立一个目录”项下选择“否”，同时选中“使用表格对齐表单域”复选框，如图25.16所示。

图25.15　列表显示

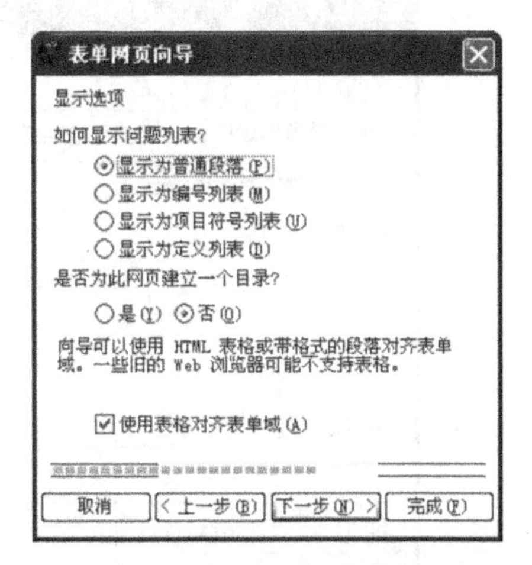

图25.16　设置显示选项

⑦ 单击“下一步”按钮,弹出“表单网页向导”的输出选项对话框,选择“将结果保存到网页”,在“输入结果文件的基本名称”文本框中,输入“联系信息表单”,如图 25.17 所示。

⑧ 单击“下一步”按钮,弹出“表单网页向导”的完成对话框,单击“完成”按钮,在网页中即可出现一个表单网页,在文档中可以将“新建网页 1”改为“联系信息表单”,保存文档,命名为 new_page_form. htm,可单击“预览”按钮切换浏览,如图 25.18 所示。

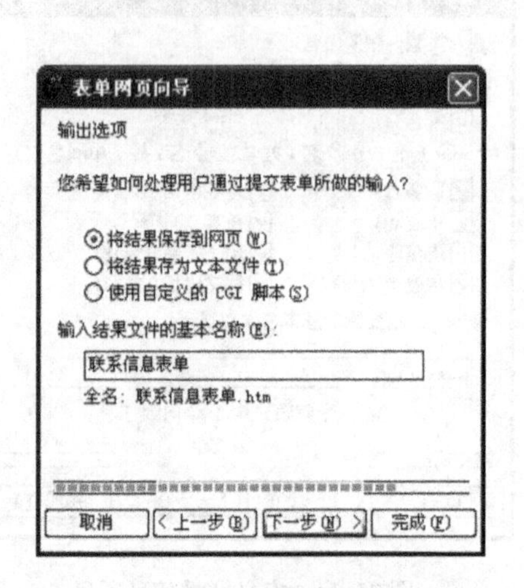

图 25.17　列表显示

图 25.18　联系信息表单效果预览

2. 设置表单属性

在页面中插入表单后,在表单中单击右键,从弹出菜单中选择“表单属性”命令,弹出“表单属性”对话框,在此对话框中可以设置表单的两种属性,一种是保存表单数据的目标对象属性,另一种是表单自身的属性,如图 25.19 所示。

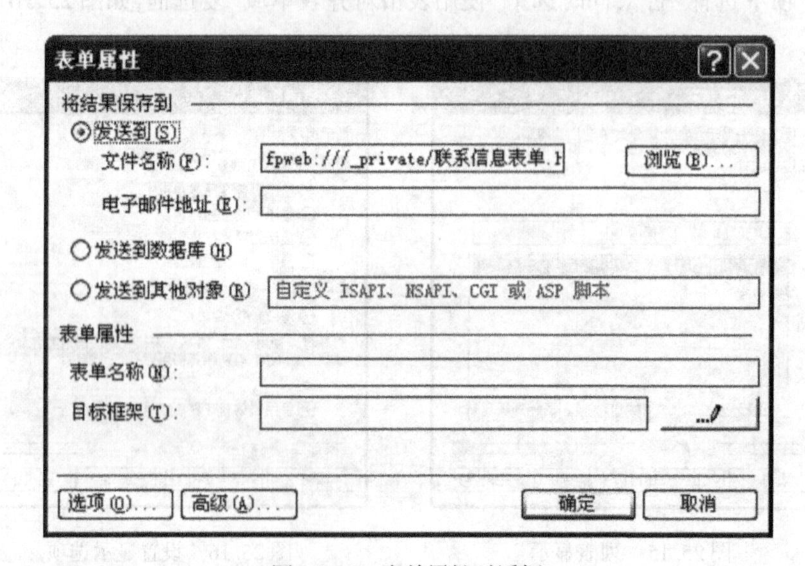

图 25.19　表单属性对话框

表单数据可以发送到四种目标对象中：文件、电子邮件、数据库、脚本处理程序。

如果将表单数据保存到文件中，在“表单属性”对话框中选中“发送到”选项按钮，然后在“文件名称”文本框中输入文件名称，或单击“浏览”按钮在当前网站中选择文件。文件可以是文本文件，也可以是一个 HTML 页面。在默认情况下，FrontPage 2003 将会自动将表单数据保存在站点_private 目录下的 form_results. csv 文件中。设置好这些选项后，单击“选项”按钮，弹出“保存表单结果”对话框，如图 25. 20 所示。

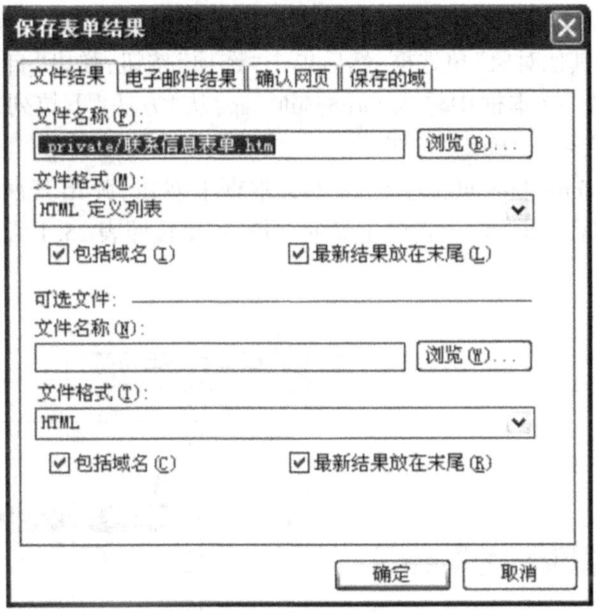

图 25. 20　文件结果选项卡

在该对话框中的“文件结果”选项卡中可以设置以文件形式保存表单数据的各种选项。从“文件格式”下拉列表中选择所要设置的文件格式，共有八种文件格式可供选择。

如果要将表单数据保存到电子邮件中，则在如图 25. 19 所示的“表单属性”对话框中选中“发送到”选项，在“电子邮件地址”文本框中输入用于保存表单数据的电子邮件，这样每当访问者提交表单数据后，就可以在电子邮件中收到被格式化的表单数据。

设置好电子邮件地址后，切换到“电子邮件结果”选项卡，在此卡中可以设置表单数据的保存选项，同样有八种格式供选择。

如果要将表单数据保存到数据库中，在“表单属性”对话框中选择“发送到数据库”选项后，单击“选项”按钮，将弹出“将结果保存在数据库的选项”对话框，可在此对话框中设置数据库的连接或者创建新的数据库。

如果要将表单数据保存到相应的数据处理程序中，则在“表单属性”对话框中选择“发送到其他对象”选项后，单击“选项”按钮，弹出“自定义表单处理程序的选项”对话框。在此对话框中的“动作”文本框中输入指定的脚本处理程序的 URL 地址，然后在“方法”下拉列表中选择发送表单数据的方式。

表单自身属性包括表单名称和目标框架，如图 25. 19 所示。在“表单名称”文本框中输入表单的名称，此名称在需要程序处理表单的时候用到。单击“目标框架”文本框后的按钮，弹出“目标框架”对话框，在此对话框中指定表单的目标框架。

3. 表单域后台处理程序

在插入表单域对象及设置表单属性后，我们就可以编写简单的后台 ASP 程序来获取前面创建好的表单域中的内容了。

按照下列步骤编写名为 formresult. asp 的 ASP 程序来取得表单域文本框中输入的值。

① 在 FrontPage 2003 中，打开刚才创建的表单网页 new_page_form. htm。

② 在表单内部右击，在弹出的快捷菜单中选择“表单属性”命令，弹出“表单属性”对话框，这里选择“发送到其他对象”单选框，然后单击“选项”按钮，弹出“自定义表单处理程序的选项”对话框，在“动作”文本框中输入 formresult. asp，从“方法”下拉列表中选择 POST，如图 25. 21 所示。连续单击两次“确定”按钮。

③ 在 new_page_form. htm 页面上的每个文本框上双击，弹出其属性设置对话框，如图 25. 22 所示。将其“名称”属性输入自己定义的字符，这里按照表 25. 1 设置每个文本框名称。

④ 保存此文档。

图 25. 21　设置“动作”与“方法”

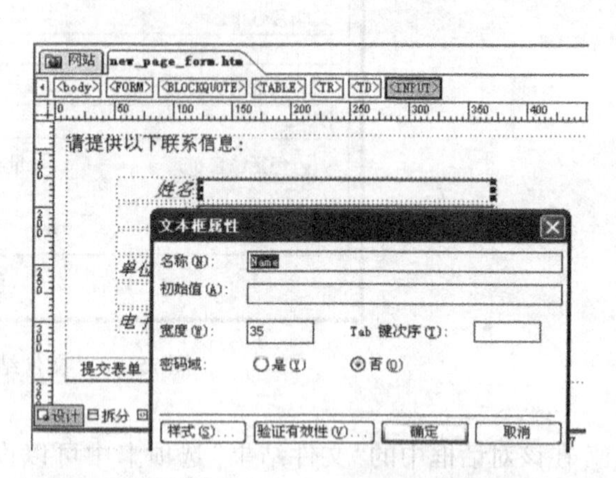

图 25. 22　设置每个文本框的名字属性

表 25. 1　　各“名称属性”参数

字　段	“名称”属性	字　段	“名称”属性
姓名	Name	职务	Duty
单位	Work	单位电话	WorkPhone
传真	Fax	电子邮件	Email

⑤ 在 FrontPage 2003 中新建一个空白页面，单击“代码”按钮切换到代码视图，输入如下源代码并理解其含义。录入完成后把此文档保存为 formresult. asp。

ASP 源代码如下：

```
<%
dim name, duty, work, workphone, fax, email
name = Request. Form("Name");
```

```
duty = Request. Form( "Duty" ) ;
work = Request. Form( "Work" ) ;
workphone = Request. Form( "WorkPhone" ) ;
fax = Request. Form( "Fax" ) ;
email = Reques. Form( "Email" ) ;
% >
 < html >
 < head >
 < meta http-equiv = "Content-Type"  content = "text/html; charset = gb2312" >
 < title >联系信息显示 </title >
 </head >
 < body >
 < table border = "0"  width = "90% "  id = "table1"  bgcolor = #66CCFF cellspacing = "1" >
 < tr >
 < td colspan = "2"  bgcolor = "#66CCFF"  align = "center" >
 < p align = "center" > < font size = "2" >您输入的信息 </font > </p > </td >
 </tr >
 < tr >
 < td width = "27% "  bgcolor = "#FFFFFF"  align = "center" >
 < p align = center > < font size = "2" >姓名: </font > </td >
 < td width = "72% "  bgcolor = "#FFFFFF"  align = "center" > < % = name% > </td >
 </tr >
 < tr >
 < td width = "27% "  bgcolor = "#FFFFFF"  align = "center" >
 < p align = center > < font size = "2" >职务: </font > </td >
 < td width = "72% "  bgcolor = "#FFFFFF"  align = "center" > < % = duty% > </td >
 </tr >
 < tr >
 < td width = "27% "  bgcolor = "#FFFFFF"  align = "center" >
 < p align = center > < font size = "2" >单位: </font > </td >
 < td width = "72% "  bgcolor = "#FFFFFF"  align = "center" > < % = work% > </td >
 </tr >
 < tr >
 < td width = "27% "  bgcolor = "#FFFFFF"  align = "center" >
 < p align = center > < font size = "2" >单位电话: </font > </td >
 < td width = "72% "  bgcolor = "#FFFFFF"  align = "center" > < % = workphone% > </td >
 </tr >
 < tr >
 < td width = "27% "  bgcolor = "#FFFFFF"  align = "center" >
 < p align = center > < font size = "2" >传真: </font > </td >
```

```
<td width="72%" bgcolor="#FFFFFF" align="center"><%=fax%></td>
</tr>
<tr>
<td width="27%" bgcolor="#FFFFFF" align="center">
<p align=center><font size="2">电子邮件:</font></td>
<td width="72%" bgcolor="#FFFFFF" align="center"><%=email%></td>
</tr>
</table>
</body>
</html>
```

至此,一个简单的 ASP 后台处理程序页面制作完成。

⑥ 在浏览器里浏览"new_page_form.htm"页面,并在文本框内输入文字,如图 25.23 所示。

⑦ 单击页面中的"提交表单"按钮,则页面转向 formresult.asp 执行,把在表单域内输入的内容传递给 formresult.asp 页面。效果如图 25.24 所示。

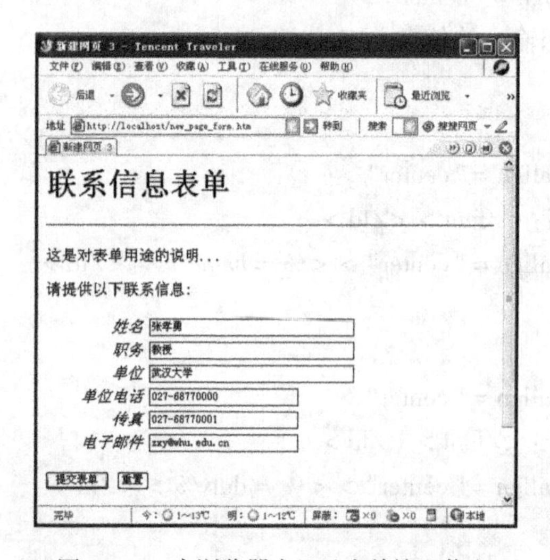

图 25.23 在浏览器中显示表单输入信息

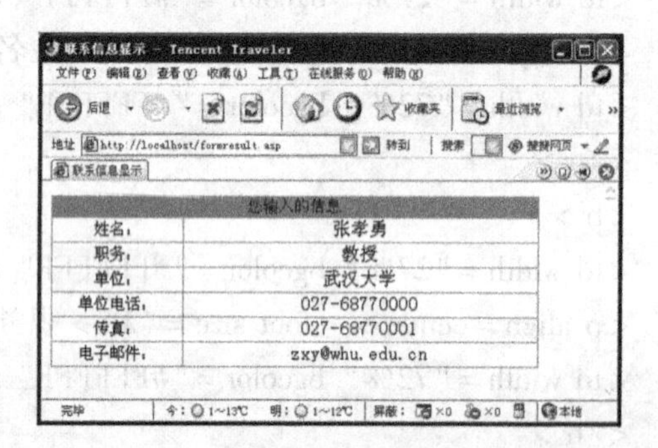

图 25.24 ASP 程序取得表单域内容

六、实验拓展

请尝试用本实验学习到的知识制作一个个人信息表单,包括学号、姓名、性别、所在学院、班级、联系电话、爱好兴趣,格式自行设计,要求设置"提交"和"重置"按钮。可能的话,编写 ASP 代码实现从表单获取信息并显示出来,并设置"修改"和"确定"按钮。

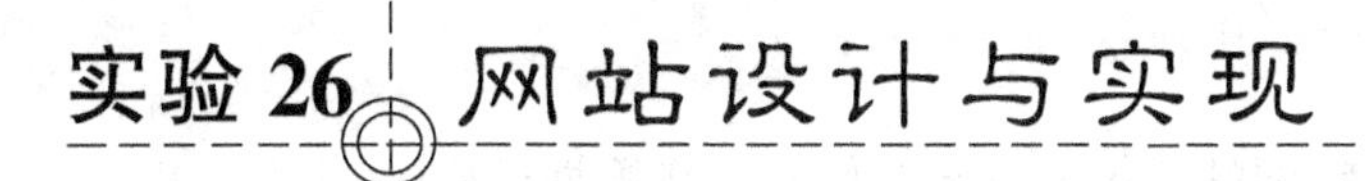

实验 26 网站设计与实现

一、实验目的

通过该实验，了解网站设计和实现的基本过程；学习使用 FrontPage 2003 设计与实现网站的全过程；进一步巩固实验 24 和实验 25 中所学习的知识。要求每位学生独立完成。

二、实验条件

(1) PC 机一台；

(2) 操作系统：安装有 IIS 的 Windows XP 或 Windows Server 2003；

(3) 开发工具：Microsoft FrontPage 2003 和至少一种图像处理软件(如 PhotoShop)。

三、实验内容

综合实验 24 和实验 25 中所学习的 Frontpage 2003 的各种功能、操作方法和技巧，按照要求建立一个简单的个人简介网站，制作包括主页和至少一级链接的 Web 页面。主要用到的知识点有：框架的使用；表格定位；插入文字和图片；插入背景音乐；添加超级链接；表单反馈。设计要求如下：

(1) 网页标题设为“欢迎光临我的个人主页”。

(2) 给主页设置一个合适的背景音乐。

(3) 网页框架选择“横幅和目录”结构，分别制作三个页面作为横幅、目录与 main 页面。

(4) 横幅页面：使用图片或 Flash 制作软件创建一个符合自己要求的图片或 Flash 作为横幅。

(5) 目录页面：制作自选的一些目录选项，如“个人情况”、“专业介绍”、“获奖情况”、“兴趣爱好”、“联系方式”、“给我留言”等。

可以使用图片制作软件自制图片，也可以直接使用文字。

每个选项均应有相应的超链接，并链接到 main 页面。

(6) main 页面：在主页中制作一个介绍自己情况的主页，插入自己的照片或相应图片。

在 main 框架中显示相应的目录选项的一级链接页面，要求：每个 main 页面均使用表格定位文字与图片，做到图文并茂、结构合理、色彩协调、重点突出。

(7) 必须有一个页面使用表单，在一张表单内应至少添加三种表单元素，并设置提交与取消按钮。

四、实验准备

1. 网站内容规划

在正式开始制作网站之前,应该先将网站的策划方案制作好。在策划过程中,主要考虑三个方向:功能、对象和内容。

功能:考虑网站需要具备哪些功能,主要提供哪些信息。功能和主题固定后,才能考虑具体内容。

对象:网站面向的对象是哪一类社会群体。必须确切地了解对象,才能投其所好地做出吸引对象的内容,提供其所需要的服务。

内容:内容是网站最重要的部分。网站没有丰富的内容,即使拥有漂亮的外表也会缺少观众。在规划内容时,设计者可以先列出内容清单,将现有的、能够提供的以及需要提供的内容分别列出,再把网站访问对象可能会喜欢或需要的内容列出,最后考虑实际制作技术能否实现。

2. 网站结构设计

内容规划好后,就可以考虑网站的结构了。设计网站结构可以使用画网站架构图的方法。一张明确的网站架构图可以让制作网页时层次清晰,备感轻松。

网站架构图类似组织结构图,是一种树状图,包含每一页彼此之间的层次关系。首页一般是网站主题的形象或标志,还有到下一级页面的超级链接。如本实验要求的网站,一般包含有个人简介、专业介绍、获奖情况、兴趣爱好、联系方式、给我留言等几个下一级页面。每个次页下面依据内容的多少,可以再设置更多层的页面。有的页面之间是平行关系,有的页面之间是父子关系。

3. 版面设计

当网站结构确定后,就可以设计具体的版面风格了。整体画面的风格和感觉严重影响到浏览该网站的第一印象,因此,应该首先确定网站的风格和色调。

网页的易读性非常重要,这关系到浏览者是不是能很容易找到并阅读自己需要的内容。文字与内容的安排不应太拥挤,也不应太分散。好的版面应该条理分明,即使图片很多,内容繁杂,也应做到乱中有序,让人一目了然。

网站的功能、内容及架构都会影响到页面上放置的元素,因此清楚了解了这些,才有办法进行良好的版面规划。

通常先设计首页,当首页风格、色调和版面确定之后,下一级页面的风格、配色等也大多遵循首页的样式,这样整个网站才能做到风格统一,有整体一致性。

4. 素材准备

当版面结构确定后,需要收集网站内容所依赖的资料,这是一项最耗时的工作。如果网站资料收集不完整,可能会导致网页制作到中途停顿不前。

5. 关于美工制作

美工制作是网站开发中一项重要的工作，可以使用熟悉的图像处理和绘图软件对页面进行整体设计。常用的软件有 Adobe Photoshop 和 Micromedia Fireworks。Adobe Photoshop 是专业的图像处理软件，功能非常强大。Micromedia Fireworks 常用来与 Dreamweaver 配合制作 Web 页面图片，可以在设计绘制好图形之后，再分割转存成 GIF 或 JPEG 文件，在 Dreamweaver 中编辑网页时使用。用户可以根据自己的需要选择。

五、实验指导

前期工作完成后，就可以开始制作每一个 Web 页面了。做好每一个页面后，再依据架构图中的页面关系把它们用超链接连在一起，整个网站就制作完成了。方法步骤如下：

(1)在 FrontPage 2003 中新建一个网站。

(2)新建一个框架网页，选择“横幅和目录”结构。分别在横幅、目录和主页面点击“新建网页”，制作每一个 HTML 页面。

(3)图片制作：使用 Fireworks 或者 Photoshop 制作一个横幅图片以及几个目录选项图片，包括个人简介、专业介绍、获奖情况、兴趣爱好、联系方式、给我留言等。

(4)制作横幅页面：选择插入命令，插入自己制作的图片或者 Flash 对象。

在页面空白处右击，在弹出的快捷菜单中选择“网页属性”，在网页属性中添加适当的背景音乐和背景图片。

(5)制作目录页面：

① 在“网页属性”中添加合适的背景图片。

② 使用插入命令，插入自己制作的各个目录选项图片。

③ 在每个目录选项图片上添加超链接，链接的目的地址为每一个相应的下一级页面。

(6)制作第一个 main 页面：

① 第一个 main 页面是个人情况简介。

② 首先插入表格，采用拆分与合并制作出符合自己条件的表格，使用该表格进行定位。

③ 然后在单元格内插入文字和图片。

(7)制作每一个下一级页面：

① 每一个下一级页面都应该位于 main 页面的位置，并且风格和布局、色调应该与首页保持一致。

② 同样采用表格定位每一个页面元素。

③ 同样在“网页属性”中设置适当的背景图片。

(8)制作表单反馈页面：

① 在页面中选择插入命令，插入表单元素，可选择文本框、下拉列表、单选及复选等表单元素。

② 为了页面整齐，同样可以使用表格定位的方式。

(9)网站测试：网站制作好后，可以在浏览器中显示主页，然后点击每一个链接，查看是否有链接错误的地方。测试完成后，可以根据实际情况在合适的 Web 服务器上进行发布。

六、实验报告

除了完成常规的实验报告内容（实验名称、实验内容、实验方法与步骤、实验总结与心得、所使用的软硬件环境）外，要求同时提交以下附件：

（1）网站规划与设计说明书（网站内容规划、结构设计、版面设计等）和网站使用说明书（Word 电子文档或打印版）；

（2）制作完成的整个网站的 Web 页面电子文档。

第六单元　网络管理与计算机安全

实验 27　网络管理软件及其使用

一、实验目的

掌握网络管理软件的实现原理和基本使用方法;学会利用网络管理软件自动生成网络拓扑结构;掌握通过网络管理软件管理主机、交换机和路由器等网络设备的方法。

二、实验条件

(1)支持 SNMP 管理的路由器和交换机各一台(本实验指导以 Cisco Catalyst 2950 交换机和 Cisco 2811 路由器为例);

(2)PC 机两台(系统环境:Windows 系列操作系统,其中一台安装了 CiscoWorks 2000);

(3)Console 口配置电缆线 1 ~2 根(可选),网线 3 ~5 根。

三、实验内容

(1)CiscoWorks 2000 基本操作。

① 了解相关配置参数;

② 登录与注销。

(2)配置被管设备上的 SNMP 代理服务。

① 搭建实验拓扑环境;

② 配置主机 SNMP 代理服务;

③ 配置路由器和交换机的 SNMP 代理服务。

(3)利用拓扑服务自动发现和映射网络设备。

(4)通过 CiscoWorks 2000 管理网络设备。

四、预备知识

网络管理系统提供了一组管理网络的工具,并提供图形化用户界面,可以帮助网络管理员对网络进行有效的管理。

针对网络管理的需求,许多厂商开发了自己的网络管理产品,并有一些产品形成了一定的规模,占有了大部分的市场。它们通常采用标准的网络管理协议 SNMP,提供了通用的解决方案,形成了一个网络管理系统平台,网络设备生产厂商在这些平台的基础上又提供了各种管理工具。

目前,著名的大型网络管理平台有 HP OpenView、Sun NetManager 和 IBM NetView 等。此

外,还有一个十分活跃的适用于中小企业的网络管理软件 CiscoWorks。本实验以 CiscoWorks 2000(具体环境为 CiscoWorks SNMS 1.5)为例介绍网络管理软件的使用方法。

1. CiscoWorks 2000 简介

CiscoWorks 2000 为 Cisco 的网络产品提供了统一的管理界面,将传统的路由器、交换机的管理功能与 Web 浏览技术相结合,提供了新一代的网络管理工具。

CiscoWorks 2000 产品提供了一组用于企业网络管理的解决方案。这些解决方案重点针对网络管理中的关键领域,具体如下:

- LAN 管理解决方案(LMS):基于交换机的 LAN 管理方案;
- 路由 WAN 管理解决方案(RWAN):可实现 WAN 的优化,体现了 WAN 的需要;
- 服务管理解决方案(SMS):为定义和管理服务级协议提供了一种集中管理方法;
- VPN/安全性管理解决方案(VMS):保护远程和本地虚拟专网的安全,它将 Web 应用集成起来,有助于安装和监控 VPN 及其安全设备;
- QoS 策略管理器解决方案:根据应用通信流的相对重要性提供网络资源占用的保障方式。

CiscoWorks 2000 的上列解决方案共享重要的公共组件,每种解决方案既可独立安装,也可与现有的网络管理系统(NMS)共同安装,以便与流行 NMS 产品集成,而不必捆绑到专用的应用编程接口。

总之,CiscoWorks 2000 系列产品为管理 Cisco 的重要业务网络提供了具有领先水平的解决方案。CiscoWorks 2000 通过系列的解决方案强化了网络管理,可以实现客户的多种网络管理需求,适应各种管理模式、业务发展、技术发展的需要。在安全性方面,稳定可靠,保障了传输安全控制和访问安全控制。网络管理采用网络中心管理模式,便于集中监控和管理。这种多供应商并存与链接能力代表了 Cisco 一贯追求生态体系的方针:即采用基于浏览器的访问性和集成技术,为用户提供一种端到端的 Intranet 管理形式。

2. Cisco LAN 管理解决方案(LMS)

Cisco 局域网管理解决方案(LMS)是 CiscoWorks 2000 网络管理系列产品之一。它为园区网提供了配置、管理、监控、故障检测与维修工具,同时还包括了用于管理局域网交换和路由环境的应用软件。局域网管理解决方案具体包括以下组件:

- 园区管理器:用于新一代 CWSI 园区网,是为管理 Cisco 交换网而设计的基于 Web 的新型应用工具套件。主要工具包括第 2 层设备和连接探测、工作流应用服务器探测和管理、详细的拓扑检查、虚拟局域网/LANE 和异步传输模式配置、终端站追踪、第 2 层/第 3 层路径分析工具、IP 电话用户与路径信息等。
- 设备故障管理器:为 Cisco 设备提供实时故障分析能力。它利用多种数据收集与分析手段生成了"智能 Cisco 陷阱"。这些陷阱能够在当地显示,或者用 E-mail 的方式传递给其他常用的事件管理系统。
- 内容流量监视器:Cisco 内容流量结构优化了基于链接等待时间、地域相邻情况和服务器负载可用性的全球服务器负载分配能力。监视与管理内容传输的设备如 Local-Director 或 Catalyst 4840G 等是了解并维护网络中关键任务应用与服务的内容流量的关键。内容流量监视器为 Cisco 服务器负载平衡设备提供了实时性能监视应用工具。
- NGenius 实时监视器:是一种新型的多用户传输管理工具包,能够为监控网络、故障排

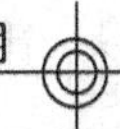

除和维护网络可用性提供全网络、实时远程监视信息，其图形应用报告和分析设备、链接和端口级远程监视能够从 Catalyst 交换机、内部网络分析模块和外部交换机探测器收集传输数据。

- 资源管理器要件：具有网络库存和设备更换管理能力、网络配置与软件图像管理能力、网络可用性和系统记录分析能力。它还提供了强大的与 Cisco 在线连接相集成的功能。
- CiscoView：这种最广泛使用的 Cisco 图形设备管理应用工具现已具备 Web 能力。通过浏览器，局域网管理器能够实时获取设备状态、运行与配置功能方面的信息。
- CiscoWorks 2000 管理服务器：CiscoWorks 2000 系列解决方案提供了基本的管理构件、服务和安全性，它也是与其他 Cisco 产品及第三方应用相集成的基础。

3. Cisco 小型网络管理解决方案(SNMS)

Cisco 小型网络管理解决方案(SNMS)是一种全面的、基于 Web 的网络管理解决方案，可以提供一组强大的监控、配置和管理工具，能够简化对于中小型企业网络和工作组的管理。对于那些需要从单一的应用监控服务器和管理网络优化性能和提高网络工作效率的企业来说，CiscoWorks SNMS 是一种非常理想的解决方案。利用 CiscoWorks SNMS，Cisco 提供了一种成本低廉的、界面优化的解决方案，帮助 Cisco 的用户以最佳的方式使用他们的资源。该解决方案可以提供下列功能：

- 面向所有应用的 Web 接口，CiscoWorks SNMS 可供网络中任何通过相应的用户身份认证的浏览器使用。
- 利用 SNMP 进行简单的集成化安装、自动发现和自动导入服务等，可以降低网络管理的复杂性和整体安装时间。
- CiscoWorks SNMS 可以提供基于标准的多厂商管理。CiscoWorks SNMPS 中的 WhatsUp Gold 应用允许管理员查看实时的网络信息，包括所有主机、服务器、工作站、路由器、其他设备和服务的状态。
- CiscoWorks SNMS 可以在一个动态网络中适应设备的变化，并相应地扩大规模。常规的设备升级可以由从 Cisco. com 下载的文件提供，这种方式可以确保用户无需等待新版本的 CiscoWorks SNMPS 发布就可以管理最新推出的 Cisco 设备。

CiscoWorks SNMS 1. 5 版本有一个新的易于理解的用户界面，新的工作流程提供了一个访问所有应用的单一窗口。用户可以一个接一个地启动所有的应用如 Essentials、CiscoView 和 WhatsUp Gold。SNMS 1. 5 推出了两个强大的观念："设备表盘"(提供给用户当前设备状态的快照)和"配置基线"(通过 Cisco 设备上的模板给出不符的配置)。用户可以使用这两个创新的概念来加强设备管理的能力。该版本具有以下新的组件：

- CiscoView 6. 0：全新的基于 HTML 的 CiscoView 提供了 Cisco 设备的后视图和前面板，同时还通过动态的彩色代码图形显示来简化设备状态监视、测试设备特定的构成部分以及设备配置。
- Ipswitch，Inc. 公司的 WhatsUp Gold 8. 0：提供了网络发现、映射、监视和报警跟踪的功能。WUG 8. 0 有一个加强的允许用户节省来自不同设备和性能相关的数据的发现机制。另外，应用中也提供了短消息系统以加强提醒机制的特性。
- Resource Manager Essentials(RME) 3. 5：RME 是一个强大的基于浏览器的应用，它使

网络管理的任务变得顺畅。这些任务包括建立和管理网络的详细目录、配置结构和软件影像的改变、配置归档、提供网络变化的审计追踪等。RME 3.5 版本同时介绍了“配置基线”这样一个新的特性，它可以根据实际应用通过模板提出配置建议。

五、实验指导

1. CiscoWorks 2000 基本操作

(1) 了解相关配置参数

从实验指导老师处了解实验环境中 CiscoWorks 2000 工作站的相关信息，并记录如下：

网管工作站主机名：____________

网管工作站 IP 地址：____________

网管系统端口［默认 1741］：____________

网管系统管理用户名及密码：____________；____________

只读 SNMP 共同体名［默认 public］：____________

读写 SNMP 共同体名［默认 private］：____________

Telnet 密码：____________

Enable Secret：____________

种子设备地址：________________________________

拓扑搜索范围：____________________（IP 地址范围）

(2) 登录与注销

打开浏览器，输入工作站 IP 网址：http://__________：__________，输入正确的用户名和密码（默认用户名为 admin，密码为 cisco），点击“Connect”按钮，登录网管系统，如图 27.1 所示。

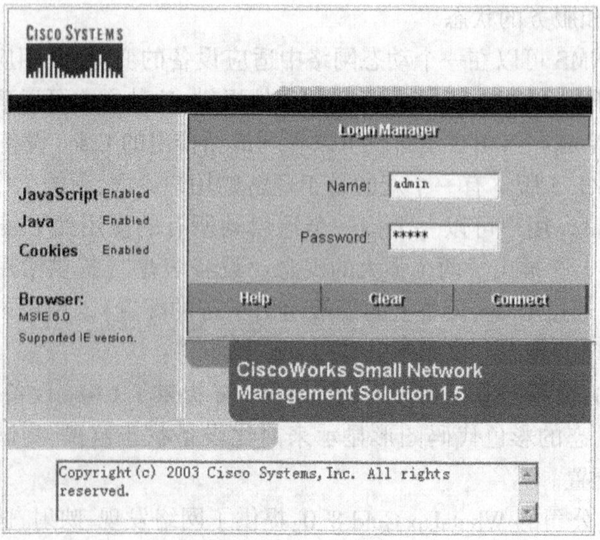

图 27.1　登录界面

在完成全部管理操作之后，应从系统中正确注销。方法为用鼠标点击网管画面右上角的“LOGOUT”链接即可。

2. 配置被管设备上的 SNMP 代理服务

因为 CiscoWorks 2000 是基于 SNMP 协议的网络管理软件，所以它的大部分功能的实现需要被管设备上 SNMP 代理服务的支持。

（1）按照如图 27.2 所示的结构搭建实验拓扑环境，PC1、PC2 主机和路由器（Cisco 2811）分别通过网线连接到交换机（Cisco Catalyst 2950）的快速以太网口，其中 PC1 主机上安装了网络管理软件 CiscoWorks 2000，并可以访问主机 PC2、交换机和路由器。

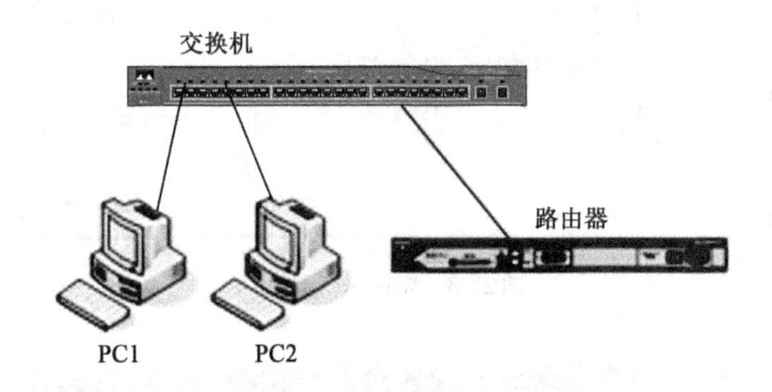

图 27.2　网络管理实验拓扑图

将上述设备配置成 C 类地址，且 IP 地址在同一个网段内。

PC1：IP = ________________ 子网掩码 = ________________

PC2：IP = ________________ 子网掩码 = ________________

交换机：IP = ________________ 子网掩码 = ________________

路由器：IP = ________________ 子网掩码 = ________________

（2）配置主机 SNMP 代理服务。

默认安装情况下 Windows XP/2003 没有安装 SNMP 代理服务，因此首先需要在主机 PC2 上安装该项服务。

① 以管理员身份登录 Windows XP/2003，打开“控制面板”，然后选择“添加/删除程序”→“添加/删除 Windows 组件”，出现如图 27.3 所示的“Windows 组件向导”对话框。

② 在“Windows 组件向导”中选择“管理和监视工具”，点击下面的“详细信息”按钮，弹出如图 27.4 所示的“管理和监视工具”对话框。

③ 选中“简单网络管理协议（SNMP）”子组件，然后单击“确定”按钮，向导会自动从 Windows XP/2003 安装光盘中添加相关文件到系统目录，完成 SNMP 服务的安装。

④ 启动和停止 SNMP 服务。SNMP 组件安装成功后，在“控制面板”→“管理工具”→“服务”中可以看到“SNMP Service”和“SNMP Trap Service”服务已经启动，如图 27.5 所示。

网络管理员可以使用“服务”管理控制台中的工具栏按钮来启动/停止 SNMP 服务和 SNMP Trap 服务，如图 27.6 所示。

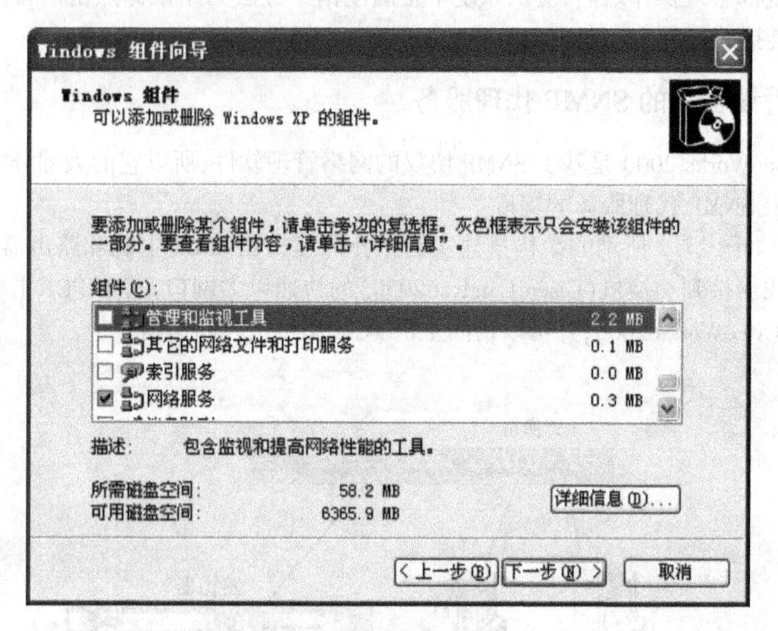

图 27.3 Windows 组件向导

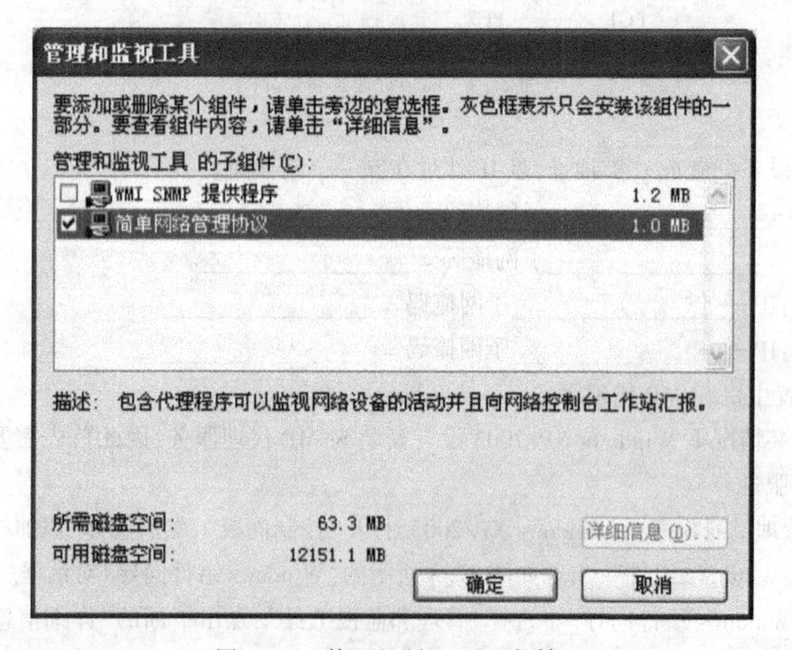

图 27.4 "管理和监视工具"对话框

⑤ 在"服务"管理控制台中选中"SNMP Service"，右击弹出其快捷菜单并选择"属性"菜单项(也可双击 SNMP Service)，弹出"SNMP Service 的属性"对话框，如图 27.7 所示。与 SNMP 服务相关的重要参数，如共同体名、Trap 相关参数均可在此窗口中进行设置。

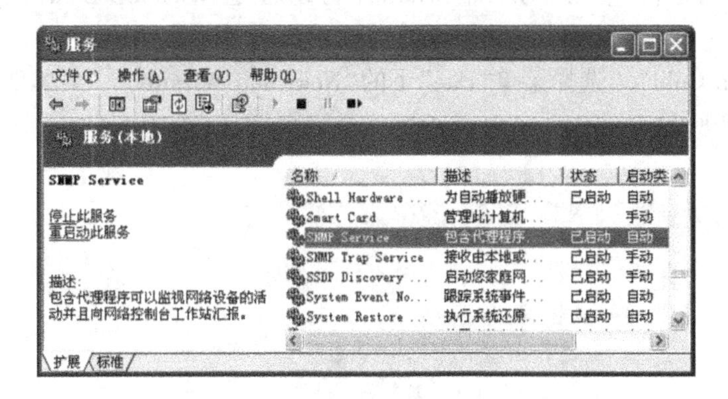

图 27.5　Windows XP 服务控制台

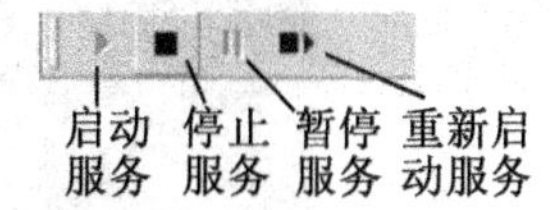

图 27.6　“服务”控制台工具含义

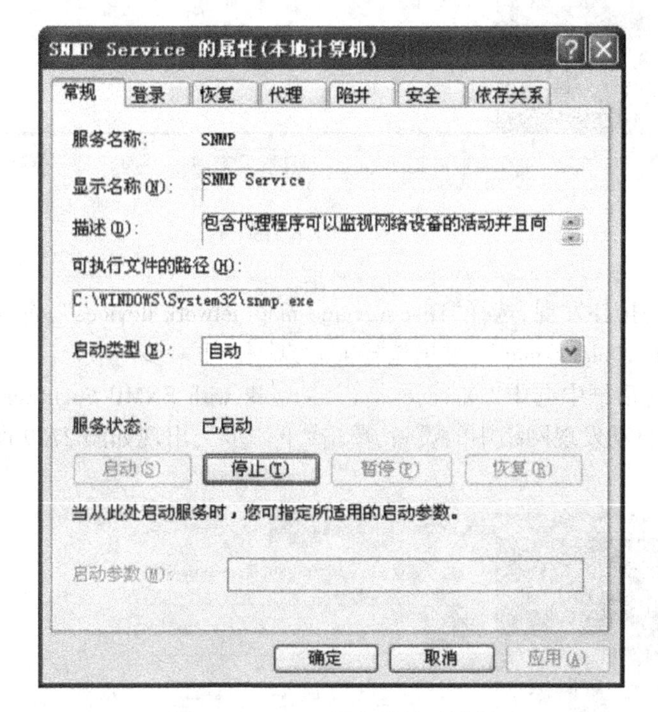

图 27.7　SNMP 服务属性对话框

(3)配置路由器和交换机的 SNMP 代理服务。

Lab# configure terminal

Lab (config)# snmp-server community public ro(只读);配置只读共同体名为“public”

Lab (config)# snmp-server community secret rw(读写);配置读写共同体名为“secret”

Lab (config)# snmp-server enable traps;配置网管 SNMP TRAP

Lab (config)# snmp-server host ip_address rw;配置网管工作站地址 ip_address

3. 利用拓扑服务自动发现和映射网络设备

拓扑服务通过 SNMP 协议自动收集 Cisco 网络设备上的信息,利用图形化的界面来展示网络结构。因此为了数据收集过程的正确完成,各网络设备必须正确地配置 SNMP 参数,允许运行 CDP(Cisco 设备发现协议,默认已运行)。CiscoWorks SNMS 中可以通过“WhatsUp Gold”组件自动发现和映射网络设备。

(1)从开始菜单启动“WhatsUp Gold”。选择菜单“File”下的“New Map Wizard...”菜单项启动自动拓扑服务向导,如图 27.8 所示。

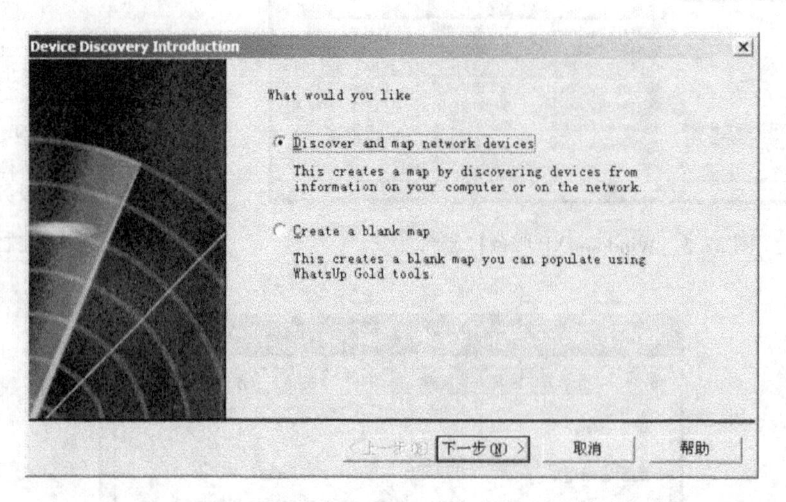

图 27.8　自动拓扑向导

(2)要进行自动拓扑发现,选择“Discover and map network devices”,否则,如果要新建空的拓扑图,选择“Create a blank map”,这里选择前者,单击“下一步”。

(3)在出现的对话框中选中“Discover your network with SNMP SmartScan”复选框,表示要利用 SNMP 协议来自动发现网络中的设备,单击“下一步”,出现如图 27.9 所示的对话框。

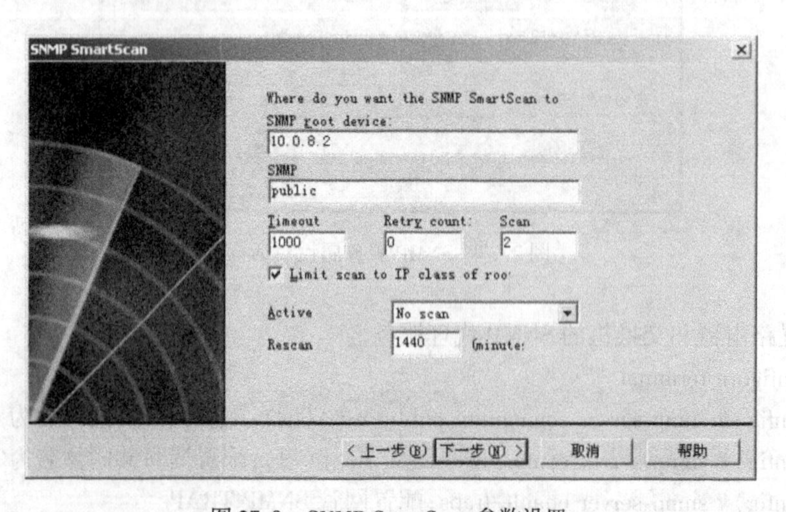

图 27.9　SNMP SmartScan 参数设置

(4)在图 27.9 的 SNMP SmartScan 参数设置对话框中设置相应参数,如 SNMP 的根设备(通常为交换机或路由器)、SNMP 的只读共同体名、超时、重试次数等。通常只需要设置前两项,其他项选择默认设置即可,单击“下一步”。

(5)在出现的对话框中选择要扫描的设备类型,可根据实际实验环境进行相应的设置,也可保持默认设置不变,单击"下一步",系统将出现如图 27.10 所示的扫描进度框,表示系统开始自动发现网络拓扑。

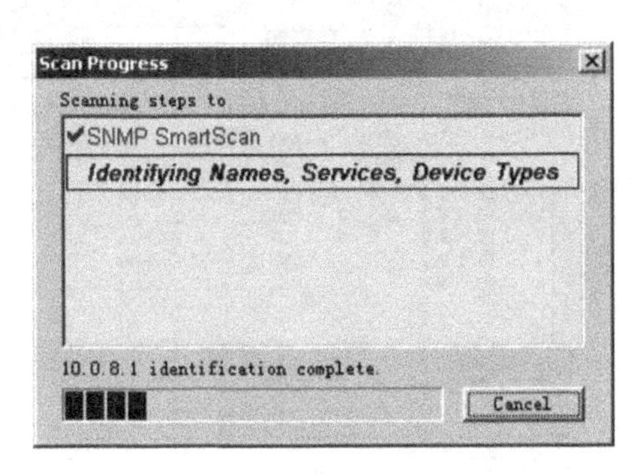

图 27.10　自动扫描进度框

(6)扫描结束后,系统将给出找到的设备列表,包括其主机名、IP 地址、所在子网地址以及服务等信息,选中需要进行管理设备前的复选框,单击"完成",出现如图 27.11 所示的网络拓扑图,则表示自动拓扑成功。

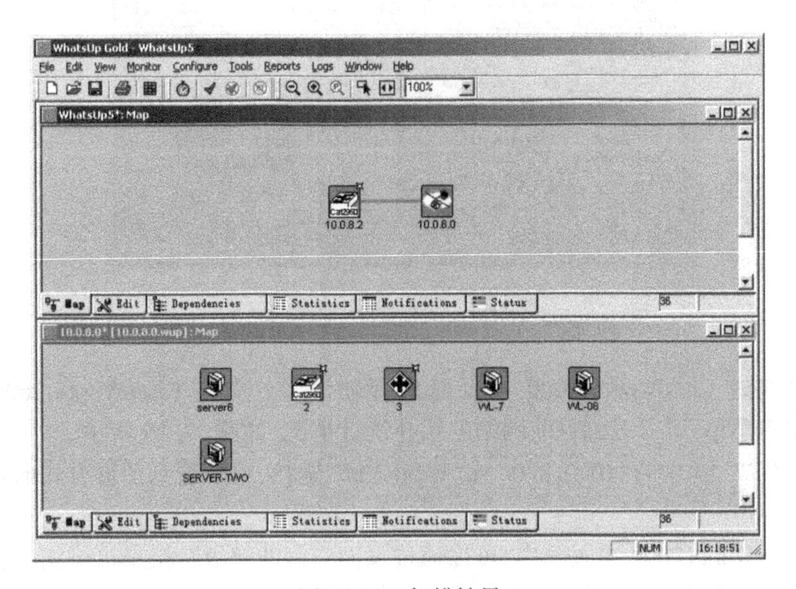

图 27.11　扫描结果

(7)通过拓扑服务所得到的拓扑图可能与实际网络结构有些差别,可通过拓扑图下的"Edit"选项卡对自动生成的拓扑图进行修改。

4. 管理网络设备

(1)获得网络设备拓扑图后,右击被管设备的图标,通过弹出的快捷菜单上的各种管理命令就可以对设备进行较全面的管理,如图 27.12 所示。

(2)选择快捷菜单上的"Check Now",可查询该设备此时的状态,选择"Ping"则可测试管理工作站与该设备的连通性,如图 27.13 所示。

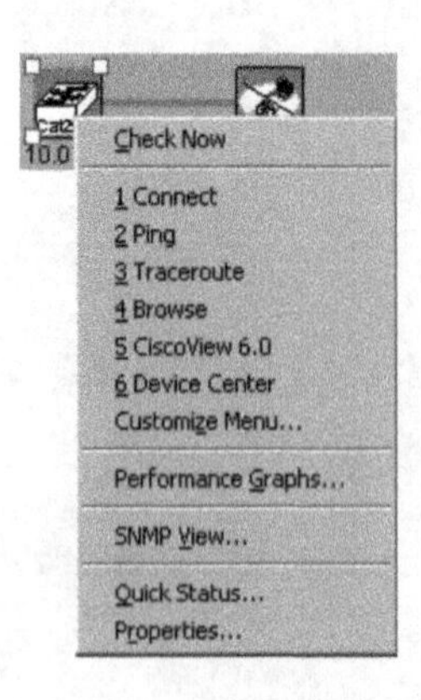

图 27.12　管理快捷菜单

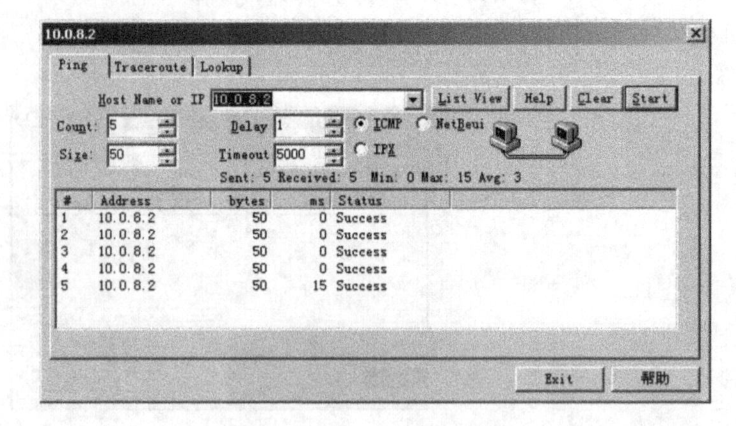

图 27.13　Ping 命令对话框

(3)选择快捷菜单上的“SNMP View”,系统将弹出设备接口示意图,选中某接口图标,点击右键,可以对该接口进行更详细的 SNMP 管理,如图 27.14 所示。

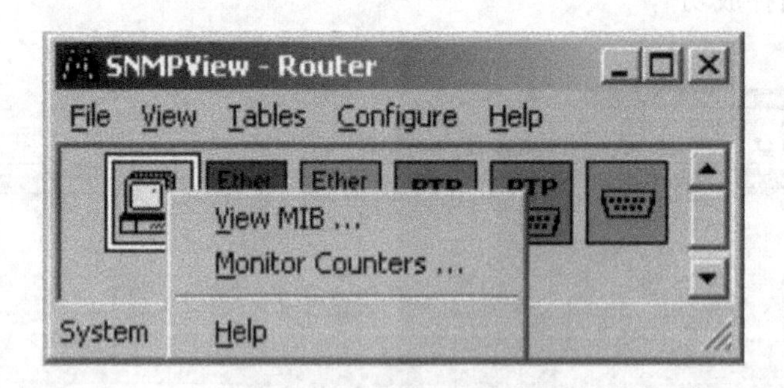

图 27.14　设备接口示意图

(4)也可通过 CiscoWorks 2000 主页面来管理设备。点击 CiscoWorks 2000 主页面的“WhatsUp Gold”菜单,可以看到目前网络的拓扑统计情况,如图 27.15 所示。

(5)点击图 27.15 中的“10.0.8.0”或“WhatsUp5”链接,可以看到图形方式的拓扑结构,如图 27.16 所示。

(6)在 CiscoWorks 2000 主页面中,可以通过页面右侧的超级链接来执行相关管理命令,也可点击拓扑图中被管设备的图标,查看该设备的相关信息,如图 27.17 所示。

(7)在 CiscoWorks 2000 主页面中,点击页面右侧的“CiscoView”超级链接启动 CiscoView,出现如图 27.18 所示的页面。CiscoView 提供图形化的前后面板的视图,能够以各种颜色动态地显示设备的状态,并提供对某一特定设备组件的诊断和配置功能。

使用 CiscoView 能够监视设备的性能并提供多方面的信息,并以丰富的图表种类来显示设备的性能信息,包括饼图、条形图、坐标图及直方图等,如图 27.19 所示。

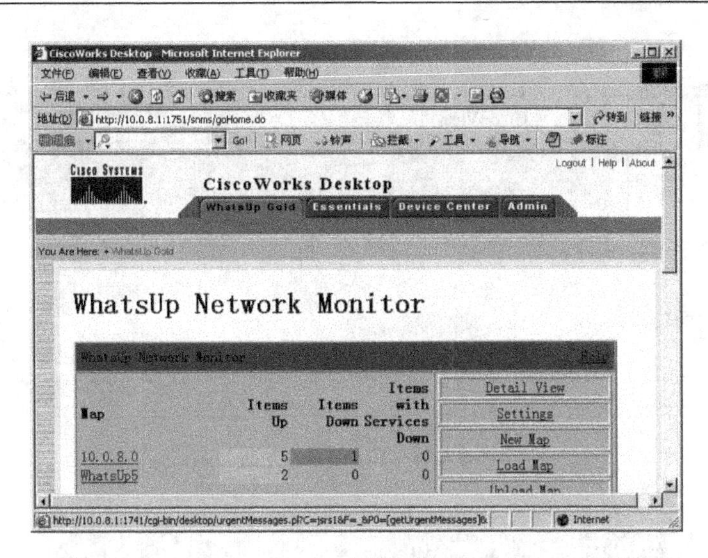

图 27.15　CiscoWorks 2000 主页面的“WhatsUp Gold”页面

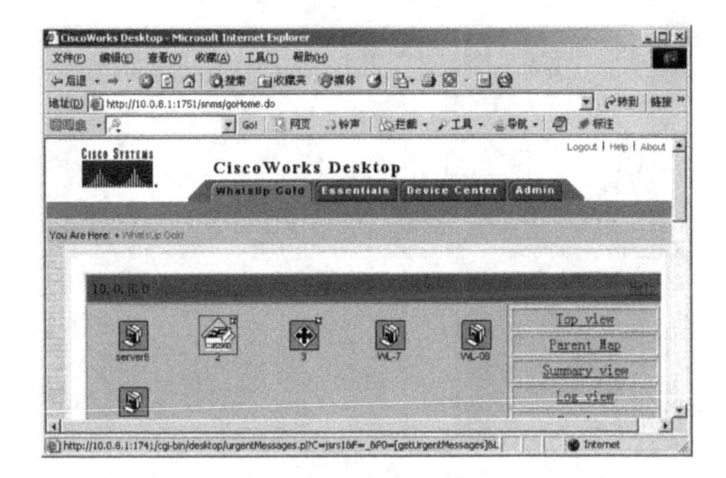

图 27.16　网络拓扑结构图

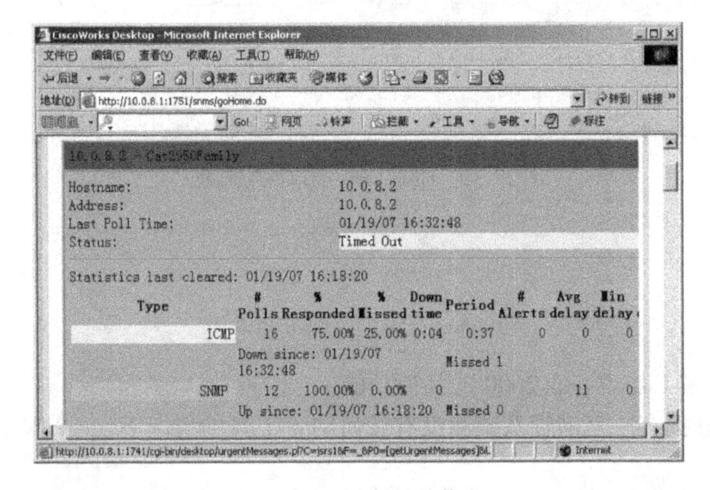

图 27.17　设备相关信息

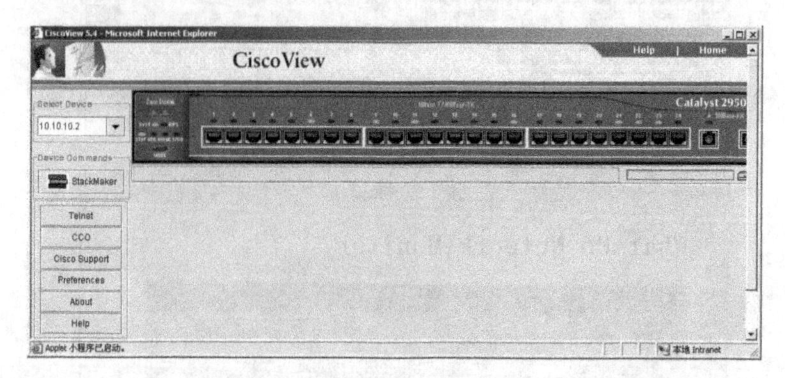

图 27.18 CiscoView 界面

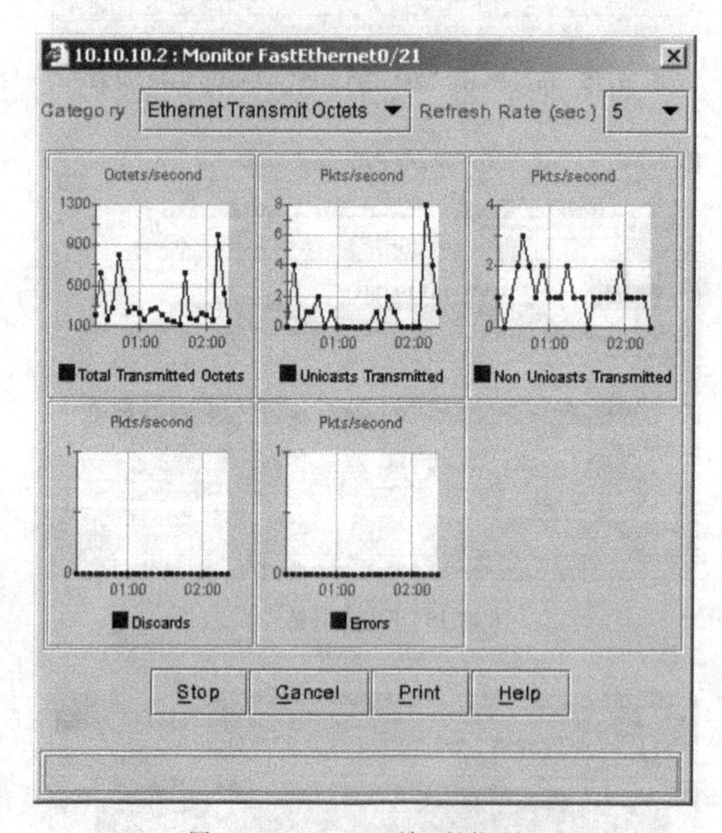

图 27.19 CiscoView 端口性能监视

六、实验拓展

(1)请尝试了解 CiscoWorks 2000 的其他功能。

(2)想一想,在拥有一套网管系统和没有任何网管工具的情况下,一个网络管理员在工作中会有什么不同?

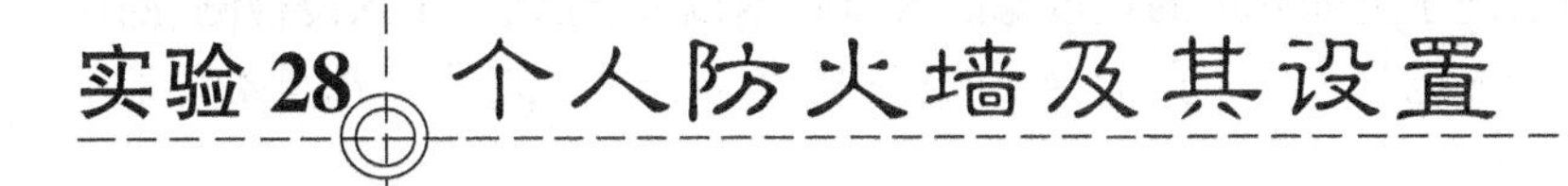

实验 28　个人防火墙及其设置

一、实验目的

了解网络环境下个人计算机面临的主要安全威胁;了解个人防火墙的主要功能及原理;理解包过滤的基本原理及实现方法;掌握个人防火墙安全规则的设置方法。

二、实验条件

(1)安装 Windows 操作系统的 PC 机;
(2)瑞星个人防火墙软件(或其他个人防火墙软件)。

三、实验内容

(1)了解个人防火墙的主要功能。
(2)防火墙设置。
① 使用内置安全级别;
② 自定义安全规则;
③ 使用内置模式。

四、预备知识

在网络环境下,个人计算机面临着计算机病毒、黑客恶意入侵等安全威胁。针对这些安全威胁,目前个人计算机用户可以采取的主要安全防御办法有:及时下载补丁程序对操作系统进行升级,以修复系统漏洞;安装杀毒软件,实施监测并清除病毒以防御病毒破坏;安装防火墙软件,阻止恶意入侵,保护个人计算机安全。其中,防火墙作为一种有效保护个人计算机安全的工具,被称为计算机安全之盾,而防火墙的合理配置是发挥防火墙作用的关键。

个人防火墙安装在个人计算机上,可监控从外部网络发送给本机和本机发送给外部网络的所有通信数据,阻止未经授权允许的数据访问,防御对本机的网络安全威胁。个人防火墙可以是硬件设备,也可以是软件程序。由于软件防火墙的成本较低及易用性,因此目前的个人防火墙多为软件程序。

个人防火墙主要基于数据包过滤技术。数据包过滤技术的原理是捕获从外部网络发送给本机和本机发送给外部网络的 IP 数据包,然后依据系统内预先设置的过滤规则,通过检查数据流中每个数据包的源地址、目的地址、协议类型、使用的端口号等字段,或它们的组合来确定是否允许该数据包通过。

1. 个人防火墙的主要功能及原理

目前的个人防火墙除实现了上面介绍的包过滤防火墙技术以外,还结合了入侵检测、漏洞扫描、病毒检测等技术,为个人电脑提供了更加全面的保护。大部分个人防火墙都具备以下功能:

(1)数据包源或目的 IP 地址过滤

捕获进入和流出本机的 IP 数据包,根据 IP 包头部信息的源地址和目的地址进行过滤。用户需要在防火墙中设置 IP 地址过滤规则,指定禁止访问的 IP 范围,防火墙根据这个规则阻止来自被禁止 IP 的访问数据。

(2)端口过滤

根据 TCP/UDP 数据包的端口号制定过滤策略。例如,Telnet 服务器在 TCP 的 23 号端口上监听远程连接,为了阻塞所有进入本机的 Telnet 连接,防火墙只需简单地丢弃所有 TCP 端口号等于 23 的流入数据包。从本机到外部主机的 TCP/UDP 连接中,内部主机的源端口号一般采用大于1 024的随机端口,为此在设定过滤策略时也可以针对本机的源端口号进行限制。例如,对端口号大于1 024的所有返回到本机的 TCP 数据报(即 TCP 数据报中标志位为 ACK)都允许。

(3)应用程序访问限制

对本机中访问网络的程序进行控制,可以禁止或允许程序向外发送数据和接收数据。在瑞星防火墙中还可以对程序是否能够发送邮件进行限制,以控制部分病毒利用系统进程自动发送邮件来传播。

(4)系统状态监测

监测本机网络活动以及系统进程的相关信息。可显示系统中当前访问网络的活动进程,以及活动进程使用的 TCP/UDP 端口、网络连接状态、DLL 调用等信息。用户可通过监测系统状态来判断是否可能存在恶意程序入侵。

(5)系统漏洞扫描

漏洞是系统所存在的安全缺陷或薄弱环节。入侵者通过扫描发现可以利用的漏洞,并进一步通过漏洞收集有用信息或直接对系统实施威胁。个人防火墙的漏洞扫描功能可扫描操作系统对外开放的端口、提供的服务、错误的配置、已知的安全漏洞等。发现系统漏洞后,通常会提示用户对安全漏洞进行修复。

(6)木马病毒检测和防御

特洛伊木马是一种伪装潜伏的恶意程序。它的传播方式主要有两种:一种是通过 E-mail,控制端将木马程序以附件的形式夹在邮件中发送出去,收信人只要打开附件系统就会感染木马;另一种是软件下载,即一些非正规的网站以提供软件下载为名,将木马捆绑在软件安装程序上,用户下载后,只要一运行这些程序,木马就会自动安装。进驻目标机器后,木马病毒就会搜集各种敏感信息,如 QQ 密码、游戏账号、网络银行密码等,并通过网络向外发送搜集到的敏感信息。同时木马还可以接受外部指令,控制用户计算机,进行文件删除、拷贝、修改密码等非法操作。

目前对于木马病毒的检测,一种是针对留下明显踪迹、具有明显特征的木马,主要采用木马特征库匹配的方式来进行检测。而对于隐藏木马,主要采用对系统资源进行监控、分析网络

数据包以及分析 DLL 文件内容的方式来检测。大部分个人防火墙除了具有木马病毒检测功能外，还针对木马窃取用户密码的问题，提供了密码保护功能。用户可以将自己的网上银行账号、密码等重要隐私信息输入到密码保护专区中，密码保护专区中的信息只允许发送到用户指定的特定站点，这样无论是木马还是从本机以其他形式，如邮件、网页等，非授权发送包含受密码保护的信息时，个人防火墙都会拦截并报警。

(7) 日志记录

防火墙会把所有不符合规则的数据包拦截，并将数据包的源 IP 地址、目的 IP 地址、协议、端口号、本机发起连接的应用程序等信息记录到日志中，用户可根据日志中的信息分析计算机是否受到安全威胁。

2. 瑞星个人防火墙

目前，国内常用的个人防火墙有天网个人防火墙、瑞星个人防火墙、金山网镖、Norton Internet Security 等。此外，Windows XP 操作系统中也自带了一个简单的 Windows 个人防火墙软件。瑞星个人防火墙是目前使用较普遍的一款个人防火墙软件，它除了具有上述个人防火墙的七大主要功能外，还具有可疑文件定位、IP 攻击追踪、家长保护、网络游戏账号保护等功能，能为个人计算机上网提供较全面的安全保护。

五、实验指导

1. 认识瑞星个人防火墙

瑞星个人防火墙运行在 Windows 操作系统上，用户下载后可直接安装。安装成功后启动瑞星个人防火墙（以 2006 版为例），进入如图 28.1 所示的防火墙主界面。

防火墙主界面中的“工作状态”选项卡显示了当前系统的部分工作状态，包括防火墙系统工作模式、系统受到的攻击、操作系统当前活动进程、网络流量。

“系统状态”选项卡列出了操作系统中与外部网络进行交互的活动进程及其使用的传输协议。当应用程序发起连接或接收外部数据时，用户可监控这些进程的 TCP、UDP 连接状态，一旦发现异常，可在“进程信息”窗口中关闭此进程。单击“系统状态”选项卡下方的“进程信息”，可显示进程间的隶属关系，双击某进程，可查看该进程调用的所有 DLL（动态连接库）。

“启动选项”显示系统启动和登录时自动运行的程序的信息。用户可在防火墙中方便地禁止某些程序开机时自动启动。

“游戏保护”功能能够在用户上网玩游戏的时候，自动阻止其他程序对网络的访问，最大限度地保护用户的游戏账号的安全，使盗窃账号的木马程序无从下手。使用方法是在“游戏保护”选项卡中，单击“增加游戏”，填写游戏名称、版本号，通过“浏览”对话框找到该游戏的快捷方式，单击“增加”按钮，即可将游戏加入到游戏保护中，如图 28.2“编辑游戏规则属性”对话框所示。

“漏洞扫描”功能可对操作系统部分常见漏洞进行扫描，并提示用户对这些漏洞进行修复。

2. 安全级别设置

瑞星个人防火墙的安全级别为普通、中级、高级三个等级，默认的安全级别为高级。用户

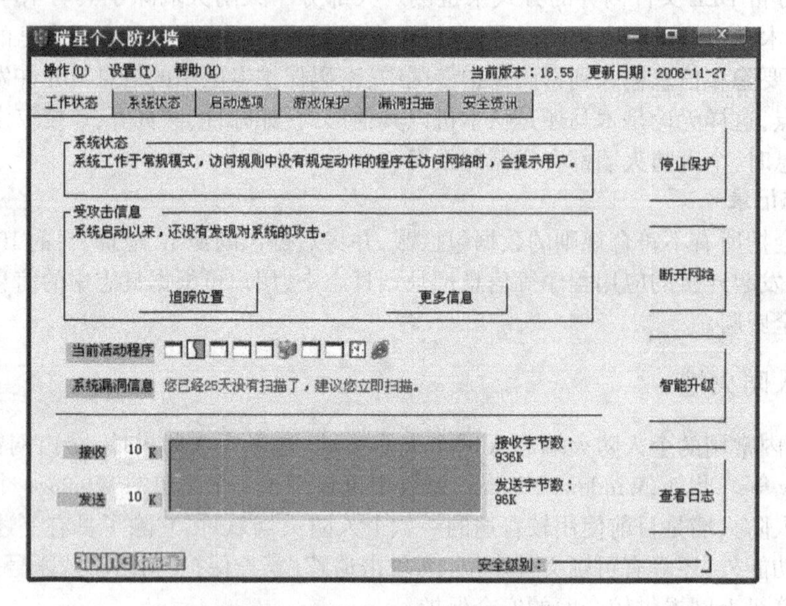

图 28.1 瑞星个人防火墙主界面

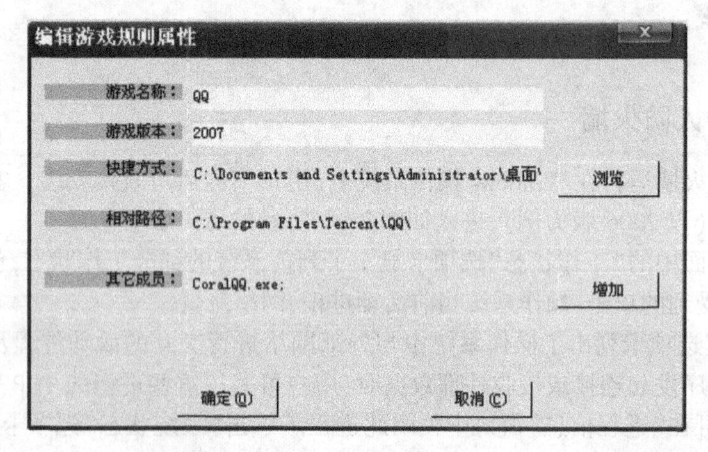

图 28.2 “编辑游戏规则属性”对话框

可根据本机的网络环境重新设置安全级别。

瑞星防火墙关于安全级别的定义及规则如下：

- 普通：系统在信任的网络中，除非规则禁止的，否则全部放过。安全级别最低，一般用于局域网中只与可信主机相连，并且没有连入 Internet 的计算机。
- 中级：系统在局域网中，默认允许共享，但是禁止一些较危险的端口。允许局域网中的所有主机访问本机，用于没有连入 Internet 的计算机。
- 高级：系统直接连接 Internet，除非规则放行，否则全部拦截。

启动瑞星个人防火墙后，在“工作状态”选项卡右下方可设置防火墙的安全级别。

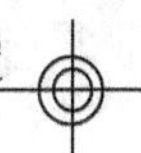

3. 自定义安全规则

在瑞星防火墙中，用户可根据实际情况自定义防火墙的过滤规则，这些过滤规则包括IP规则、端口开关、访问规则、可信区、黑名单、白名单、网站访问规则。

（1）IP规则设置

IP规则设置是指设置防火墙IP数据包过滤的规则。单击主菜单“设置”→“详细设置”→“IP规则”，进入“IP规则”选项卡，该选项卡中给出了系统默认定义的主要IP规则。规则中可定义规则名称、协议、对方端口、本地端口、本机IP地址、目的IP地址、TCP标志。设定了IP规则后，系统会根据这些过滤规则对流入流出本机的数据包进行过滤，丢弃那些规则禁止的数据包。

以瑞星防火墙中的Ping规则为例。Ping命令是测试两台计算机之间通信路径是否畅通的常用方法。Ping命令基于ICMP协议，源主机向目的主机发送ICMP请求报文，目的主机收到该请求报文之后，向源主机发送请求应答报文，源主机收到请求应答报文，则说明两台计算机之间的通信路径是畅通的。此外，通过Ping命令还可以查看源主机到达目的主机间的路由信息。因此，Ping也是黑客常用的探测主机信息的一种方法。瑞星防火墙的Ping规则是允许Ping出，禁止Ping入，即允许本机Ping其他主机，但不允许其他主机Ping自己。允许Ping出与禁止Ping入规则的设置方法类似，以禁止Ping入为例，禁止Ping入规则的设置如下：

- 规则名称：禁止Ping入。
- IP地址：本地地址即本机地址，对方地址设置为任何地址，即除本机外的任何主机。
- 协议类型：ICMP；ICMP类型：对ICMP数据包的详细设置，如图28.3“选择允许的ICMP类型”对话框所示，ICMP设置中允许本机接收“ICMP请求”报文，但不允许发送“ICMP应答”报文，所以向本主机发送Ping命令的计算机无法收到应答消息，也就收集不到本主机的相关信息。
- 规则匹配成功后的动作：禁止数据包通过。

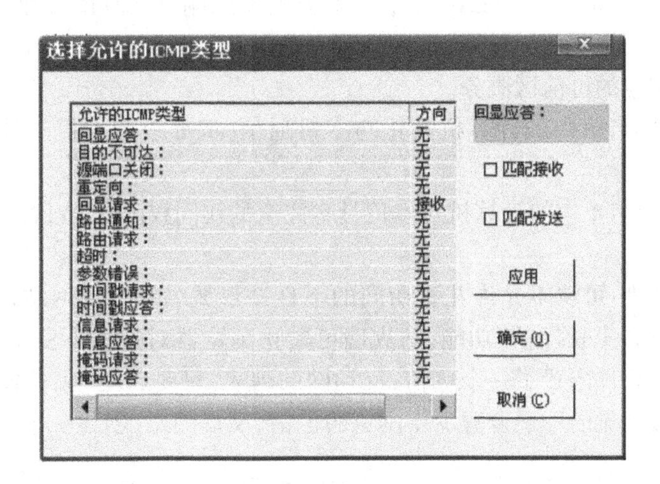

图28.3 “选择允许的ICMP类型”对话框

（2）端口开关设置

端口开关实际上是基于TCP、UDP端口的过滤。可关闭本机或远程计算机的某些通信端

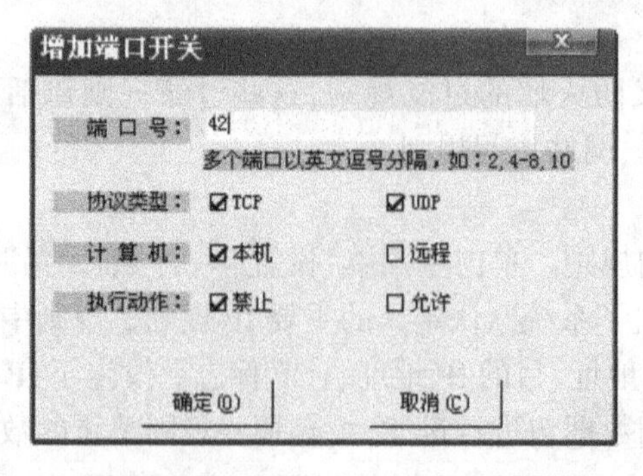

图 28.4 "增加端口开关"对话框

口，以禁止通过这些端口进行的连接和通信。

例如，Windows 系统的 WINS 服务存在远程安全漏洞，入侵者可以利用该漏洞完全控制运行着 WINS 服务的系统。解决该问题的一种方法就是关闭系统 TCP、UDP 的 42 号端口。在瑞星防火墙中，用户可以利用端口开关禁止远程计算机向本机 TCP、UDP 的 42 号端口发起的连接。操作步骤如下：单击"设置"→"详细设置"→"端口开关"→"增加规则"按钮，在如图 28.4 所示的"增加端口开关"对话窗口中，"端口号"填写 42，"协议类型"选中"TCP"和"UDP"，"计算机"设为"本机"，"执行动作"设为"禁止"，即可禁止与本机 42 号端口的通信。

(3)其他设置内容

- 访问规则：对本机中访问网络的程序进行控制，可以禁止或允许程序向外发送数据和接收数据。瑞星防火墙访问规则列表中已列出了防火墙可检测到的应用程序的默认访问规则。每条访问规则的内容包括程序名、程序文件路径、是否允许访问网络、是否允许收发邮件等。用户可根据实际情况，对应用程序的访问规则重新进行定义，以阻止部分程序或恶意程序向外发送数据。
- 可信区：通过可信区的设置，可以把局域网和互联网区分对待。点击可信区选项卡，可以进行可信区列表和可信区服务的设置。可信区一般应用在局域网环境。对于可以完全信任的局域网用户，为了避免防火墙带来的操作不便，可以将这些用户的 IP 地址加入本机的可信区中。一旦将局域网用户加入到可信区，就意味着完全信任这些用户，防火墙将不对这些机器发来的数据包进行检查，即使是病毒数据包。可信区服务包括：允许 Ping 入/出；LAN 下放行对方的敏感端口，即可以访问对方的共享文件；LAN 下放行自己的敏感端口，即可以让对方访问自己的共享文件。用户可为每个可信区选择相应的可信区服务。
- 黑名单：在黑名单中的计算机禁止与本机通信，例如攻击本机的计算机可加入此区域。
- 白名单：在白名单中的计算机对本机具有完全的访问权限，如 VPN 服务器可加入此区域。
- 网站访问规则：可将不允许儿童访问的不良站点域名添加到网站访问规则的黑名单中，然后启动"家长保护"功能，防火墙可禁止浏览器对这些不良站点的访问。此外，瑞星防火墙软件内置了一个色情、反动网站列表，只要启动"家长保护"功能，防火墙可自动屏蔽常见的不适合青少年浏览的色情、反动网站，创建一个绿色健康的上网环境。

4. 不在访问规则中的程序访问网络的默认动作

瑞星防火墙"访问规则"中用户已设置了本机中访问网络的大部分程序的过滤规则，但还有一些程序，如木马及蠕虫等病毒程序、实时的下载程序在访问规则窗口中是无法显示的。防

火墙对于这些程序定义了三种默认动作、六种模式，根据不同模式执行不同规则。

三种默认动作：

- 自动拒绝：不提示用户，自动拒绝应用程序对网络的访问请求。
- 自动放行：不提示用户，自动放行应用程序对网络的访问请求。
- 询问用户：提示用户，由用户选择是否允许放行。

六种模式：

- 屏保模式：在屏保模式下对于应用程序网络访问请求的策略，默认是自动拒绝。
- 锁定模式：在屏幕锁定状态下对于应用程序网络访问请求的策略，默认是自动拒绝。
- 游戏模式：在游戏保护状态下对于应用程序网络访问请求的策略，默认是自动拒绝。即只有该游戏程序能访问网络，其他所有程序都禁止访问网络。
- 交易模式：用户通过网络银行等方式进行交易时，防火墙对应用程序网络访问请求的策略，默认是自动拒绝。
- 未登录模式：指用户启动计算机，但还没有登录进入操作系统的情况下防火墙对应用程序网络访问请求的策略，默认是放行。
- 静默模式：不与用户交互的模式。静默模式下，防火墙完全按规则执行，所有事件都不会提示用户，对于应用程序网络访问请求的默认策略是自动拒绝。

上列六种模式中，屏保模式、未登录模式、锁定模式和游戏模式可根据计算机状态自动切换，其他三种模式为手工切换。用户可单击“设置”→“详细设置”→“普通”，在如图 28.5 所示的“详细设置”对话框的“普通”选项中，修改各种模式下不在访问规则中的程序访问网络的默认动作。

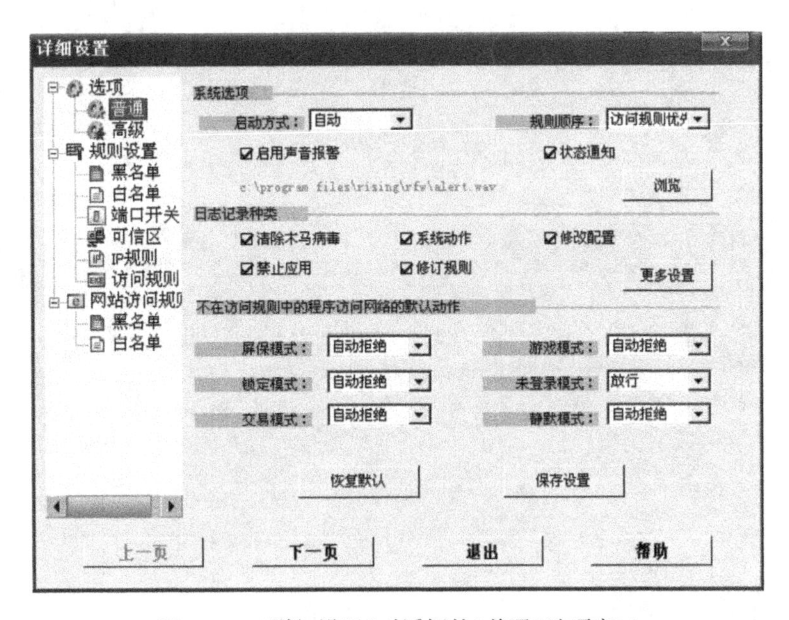

图 28.5　“详细设置”对话框的“普通”选项窗口

六、实验拓展

（1）查阅相关资料，分析在网络环境下个人计算机面临的主要安全威胁，以及应采取的安全措施。

(2)借用一定工具,分析你所使用的计算机存在的安全漏洞,并对其设法修补。

(3)结合本实验中防火墙的相关知识和操作步骤,为你所使用的防火墙系统制定安全规则,并实施之。

附　录　Boson NetSim 使用简介

Boson NetSim 是 Boson 公司推出的一款 Cisco 路由器、交换机配置模拟程序,可以让使用者在没有真实实验条件下学习 Cisco 网络设备的配置命令和使用方法。与真实实验相比,使用 Boson NetSim 省去了制作网线设备连接线、频繁变换 Console 线、不停地往返于设备之间的烦琐环节。同时,Boson NetSim 的命令也和最新的 Cisco 的 IOS 保持一致,它可以模拟出 Cisco 大部分低端产品和部分中端产品如 35 系列交换机和 45 系列路由器。它的出现给那些正在准备 CCNA、CCNP 考试却苦于没有实验设备、实验环境的备考者提供了实践练习的有效环境。

Boson NetSim 由两部分组成:Boson Network Designer(网络拓扑图设计软件)和 Boson NetSim(实验环境模拟器)。其中 Boson Network Designer 用来绘制网络拓扑图,Boson NetSim 用来进行设备配置练习。

一、Boson Network Designer

Boson Network Designer(网络拓扑图设计软件)用来绘制实验所用到的网络拓扑图。Boson NetSim不但提供了一些定制好的网络拓扑环境,同时还允许用户自己定制网络拓扑图,从而大大扩展了 Boson NetSim 的应用。

1. 主界面

Boson Network Designer 的主界面可以分为四个部分:菜单栏、设备列表、设备信息、绘图区,如图 1 所示。

(1)菜单栏

菜单栏主要提供了一些和文件、设备连线有关的操作。以下介绍菜单栏中的一些常用菜单项。

① 文件(File)菜单中的常用菜单项包括:

- 新建(new):重新绘制一个拓扑图。
- 打开(Open):打开一个已存盘的拓扑图文件。
- 保存/另存为(Save/Save As):将当前的拓扑图存盘(以 . top 为文件扩展名)。
- 加载拓扑图到实验模拟器(Load NetMap into the Simulator):将拓扑图载入实验模拟器准备实验(如果 Boson NetSim 没有运行,Network Designer 会自动加载该程序)。
- 打印(Print):打印当前拓扑图。
- 退出(Exit):退出网络拓扑图设计软件 Boson Network Designer。

② 向导(Wizard)菜单中的常用菜单项包括:

- 布线向导(Make Connection Wizard):以向导的形式给设备布线。
- 添加设备向导(Add Device Wizard):以向导的形式添加一个新的设备。

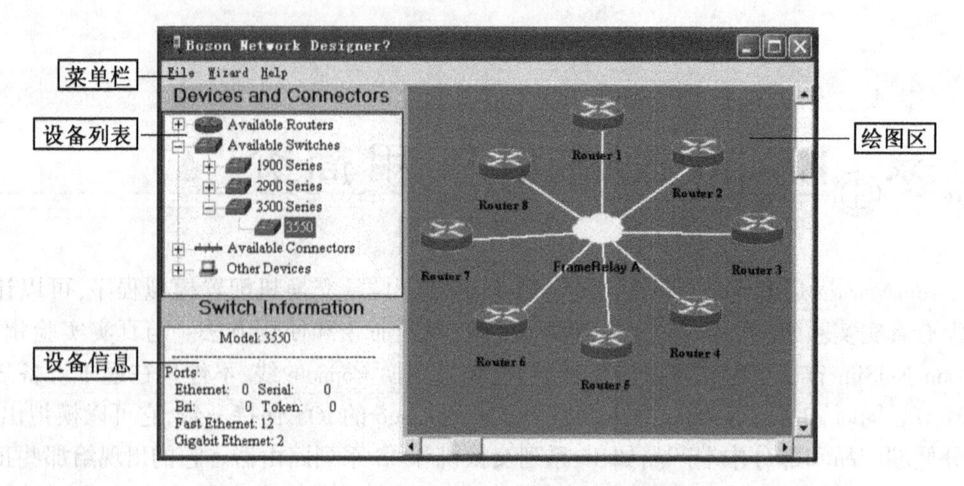

图 1 Boson Network Designer 的主界面

③ 帮助(Help)菜单则用来提供相关帮助信息。

(2)设备列表

设备列表主要提供了一些 Cisco 设备供绘图使用,包括路由器(Routers)、交换机(Switches)、布线元件(Connectors)以及其他设备(Other Devices)。

在进行 Boson 的模拟实验时,对于不同型号的路由器、交换机来说其功能和性能是完全相同的,所不同的是使用固定配置(例如通过 ethernet 0 引用接口)还是模块化配置(例如通过 ethernet 0/0 引用接口),是使用普通以太网(ethernet)还是快速以太网(fastethernet)来组网的区别,以及不同系列的路由器所提供的接口的类型、数量的不同。

因此,只要满足实验的需求,任何设备均可。不过,为了实现清晰的配置过程和配置效果,一个原则是以够用为度,即尽量选择一个简单的、接口数较少的设备。

(3)设备信息

当在设备列表区选定了一个具体的设备型号以后,在 Boson Network Designer 的主界面设备信息区会列出所选设备的参数,包括接口的类型和数量,这些信息对于用户衡量一个设备是否满足实验要求是非常必要的。有的设备会有可选的(Options)接口,用户可以在将这些设备添加到绘图区的时候,决定是否使用可选接口。

(4)绘图区

绘图区提供了放置各种实验设备的平台。在绘图区可以添加/删除设备和设备间连线。

2. 绘制网络拓扑图

(1)添加/删除设备

有两种方法可以向绘图区内添加设备:通过设备列表和通过向导来添加设备。

① 通过设备列表添加设备

首先在设备列表区选择一个设备,将其拖动到绘图区,将会弹出类似图 2 所示的对话框。

添加的设备不同,对话框的内容也会相应有所区别。图 2 所添加的设备是一个模块化的设备,系统要求选择广域网卡的类型,任何一个 WAN 选项都不能为空(没有模块应选择"none")。除此之外,对于每种设备都可以在对话框中设置设备名,或使用系统默认的设备名

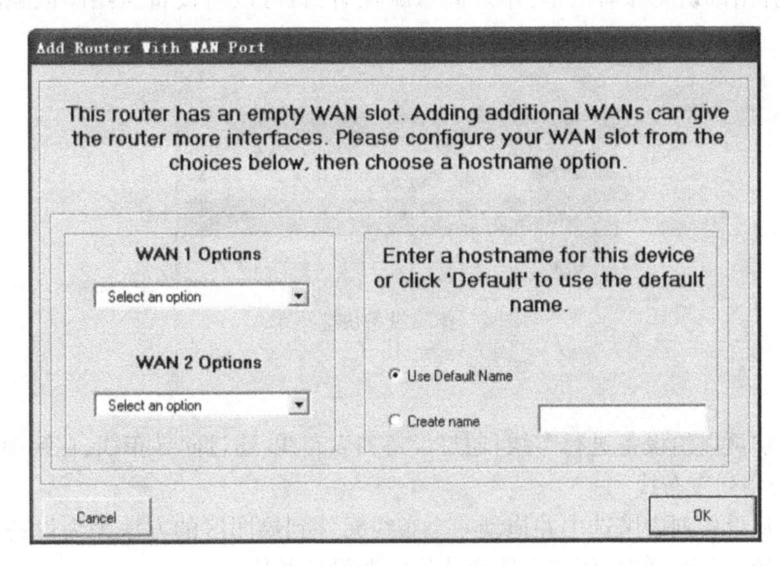

图 2　添加设备对话框

(路由器:Router n;交换机:Switch n;PC 机:PC n)。

② 通过向导添加设备

通过选择菜单栏的"Wizard"|"Add Device Wizard"菜单项,可以以向导的形式添加设备,如图 3 所示。

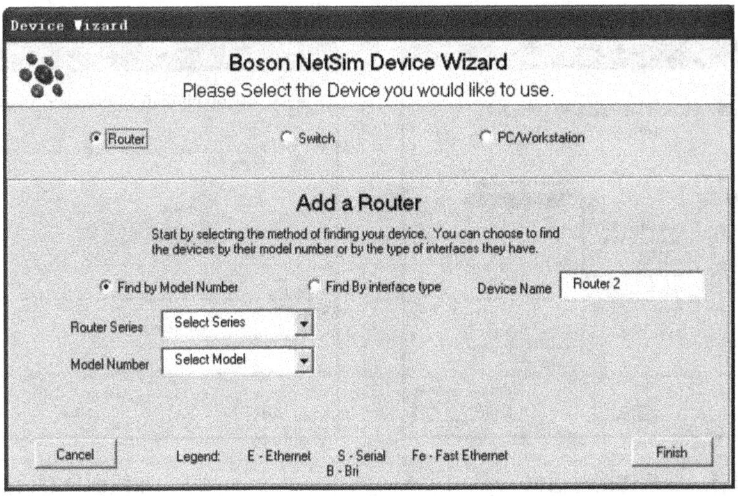

图 3　添加设备向导对话框

可以按照设备的型号(Find by Model Number)来选择所需设备,也可以按照设备的接口类型(Find By interface type)来选择,根据实验要求定制所需的接口类型,系统会自动列出符合要求的路由器(交换机)型号,只要在设备过滤表中选择一个接口数量满足要求的设备即可。

(2)删除设备

想要删除一个已添加的设备,惟一的方法是在待删设备上单击鼠标右键,选择"Delete Device”,系统会弹出确认删除对话框,用户同意删除后,就可以将设备从绘图区删除,如图 4 所示。

图 4　删除设备快捷菜单

(3) 布线

有三种方法可以给设备进行布线:通过设备列表布线、通过向导布线、在绘图区直接布线。

① 通过设备列表布线

可以通过从设备列表区选中并拖动一个布线元件到绘图区的方法来为设备布线,系统将会弹出如图 5 所示的对话框,用来设置要连接的源设备及接口。

选择好源设备及其接口后,单击“Next”按钮,系统将弹出与图 5 类似的对话框,用来设置要连接的目的设备及接口,设置好后,单击“Finish”按钮就可以在源设备和目的设备的相应接口建立连接。

② 通过向导布线

通过选择菜单栏的“Wizard”|“Connection Wizard”菜单项,可以使用布线向导为设备布线,系统将弹出如图 6 所示的对话框。

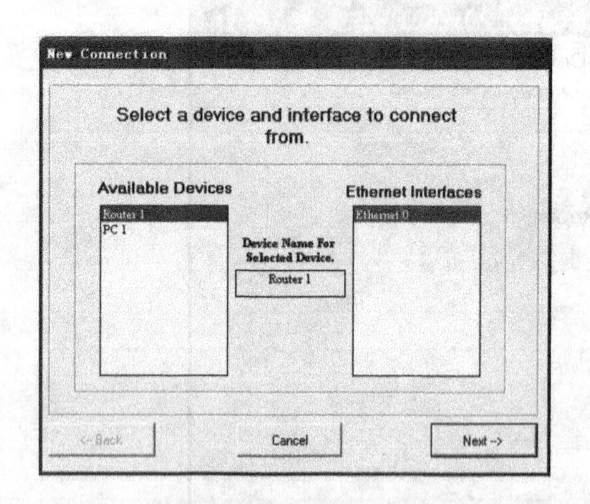

图 5　新建连接对话框

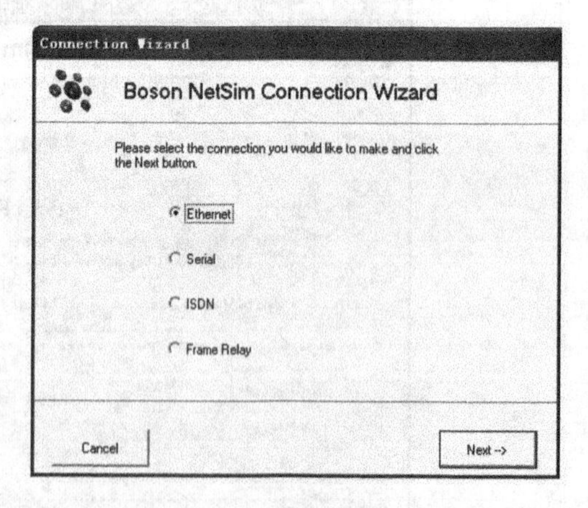

图 6　布线向导对话框

在图 6 中选择需要建立连接的类型,单击“Next”按钮,接下来的设置将与方法一“通过设备列表布线”完全相同,在此不作赘述。

③ 在绘图区直接布线

在绘图区直接布线更加方便、快捷。可以通过右击源设备的方法为设备布线,如图 7 所示。

在选择了源接口后将弹出类似图 5 的对话框,只需选择目标设备及其接口并单击

“Finish”按钮即可完成布线。

另外在绘图区可以通过双击设备的方法进行布线。双击要布线的设备,系统将弹出“Device Statistics”对话框,如图8所示。

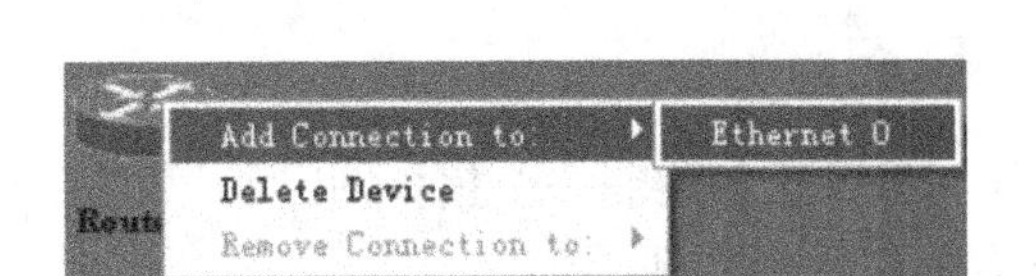

图7 布线快捷菜单

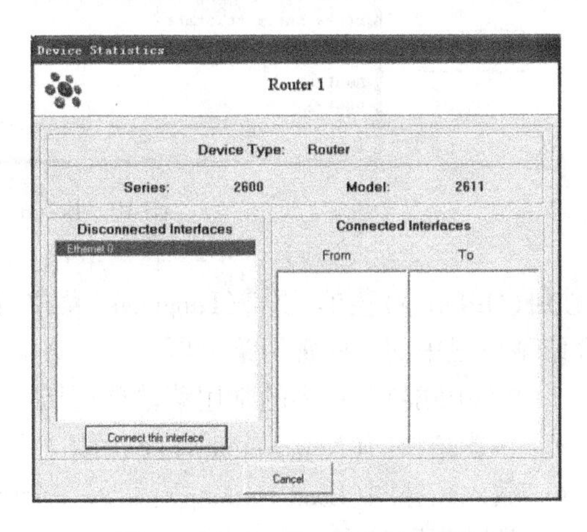

图8 “Device Statistics”对话框

在图8中首先选择待布线的接口,然后选择“Connect this interface”按钮,系统将弹出类似图5的对话框,只需选择目标设备及其接口并单击“Finish”按钮即可完成布线。

(4)删除布线

要删除设备间的布线,惟一的方法是在待删布线设备上单击鼠标右键,选择“Remove Connection to”,然后选择待删除的布线即可,如图9所示。

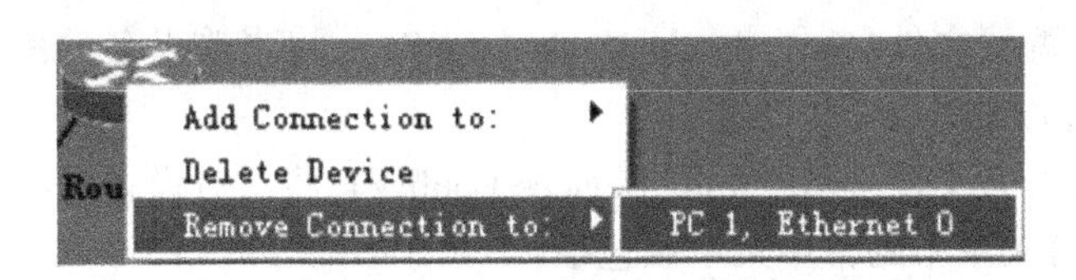

图9 删除布线快捷菜单

二、Boson NetSim

Boson NetSim(实验环境模拟器)用来模拟由各种路由器、交换机搭建起来的实验环境。通过Boson NetSim,用户可以配置路由器、交换机设备,观察实验结果,对其上运行的协议进行诊断等。

1. 主界面

Boson NetSim的主界面可以分为三个部分:菜单栏、工具栏、路由器(交换机)配置界面,如图10所示。

(1)菜单栏

菜单栏主要包括文件(File)菜单、模式(Modes)菜单、设备(Devices)菜单、工具(Tools)菜

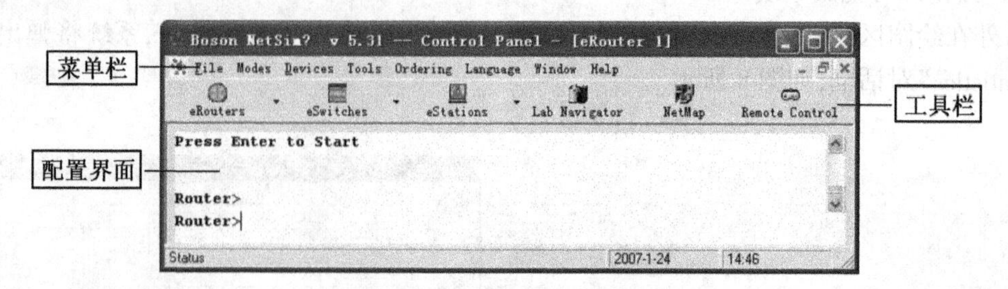

图 10　Boson NetSim 主界面

单、注册(Ordering)菜单、语言(Language)菜单、窗口(Windows)菜单以及帮助(Help)菜单。以下介绍菜单栏中的一些常用菜单项。

① 文件(File)菜单中的常用菜单项包括：

- 新建拓扑图(New NetMap)：调用拓扑图绘制软件重新绘制一个拓扑图。
- 载入拓扑图(Load NetMap)：载入一个已有的拓扑图文件。
- 粘贴配置(Paste Real Router Configs)：粘贴一个来自真实路由器(交换机)的配置文件。
- 载入单设备配置文件(合并方式)(Load Single Device Config(merge))：将以前保存的单个设备配置文件载入到当前实验环境中，以合并方式进行。
- 载入单设备配置文件(覆盖方式)(Load Single Device Config(overwrite))：将以前保存的单个设备配置文件载入到当前实验环境中，以覆盖方式进行。
- 载入多设备配置文件(Load Multi Devices Configs)：将以前保存的所有设备的配置文件载入到当前实验环境中。
- 保存单设备配置文件(Save Single Device Config)：将当前设备的配置存盘(以 .rtr 为文件扩展名)。
- 保存多设备配置文件(Save Multi Devices Configs)：将所有设备的配置存盘。

② 模式(Modes)菜单中的常用菜单项包括：

- 入门模式(Beginner Mode(WiW))：以默认的配置窗口方式显示用户配置界面。
- 高级模式(Advanced Mode(Telnet))：显示"远程控制面板"，并切换到 Telnet 的方式访问用户配置界面。
- 工具条(Toolbars)：用来显示/隐藏"远程控制面板"。

③ 设备(Devices)菜单中列出了拓扑图中的所有设备，用户可通过该菜单切换到不同的设备进行配置。

④ 工具(Tools)菜单中的常用菜单项包括：

- 检查更新(Check For Updates)：检查 Boson NetSim 的最新版本更新。
- 更新 Web 页面(Updates Web Page)：将启动 IE 浏览器并显示："http://www.boson.com/netsim/"页面供查询 Boson NetSim 的最新版本。
- 可用命令(Available Commands)：检查当前版本的路由器(交换机)可以使用的各种命令(各种配置模式)。
- 定义实验室等级(Grade my lab)：设置实验室的等级。
- 改变默认的 telnet 程序(Change default telnet)：改变默认的 telnet 客户端程序。

⑤ 注册(Ordering)菜单:主要用来对 Boson NetSim 软件进行注册。

⑥ 语言(Language)菜单:可设置 Boson NetSim 软件的界面语言。

⑦ 窗口(Windows)菜单:用来对当前所有窗口进行布局重排。

⑧ 帮助(Help)菜单:主要提供到帮助主题、帮助文档的链接,还提供一些解决无法使用“高级配置模式”问题的向导工具。

(2)工具栏

工具栏的前三个按钮(eRouters、eSwitches、eStations)用来快速切换待配置的设备(路由器、交换机、工作站 PC),如图 11 所示。

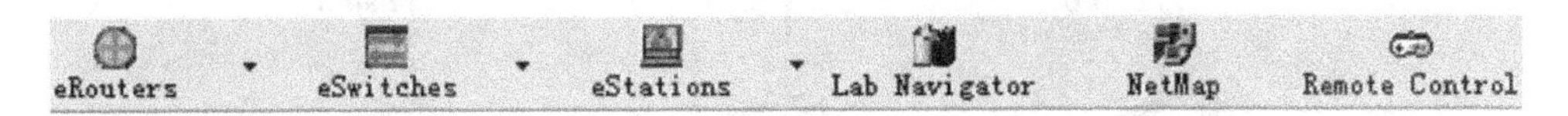

图 11 Boson NetSim 工具栏

“Lab Navigator”按钮用来打开实验导航器,“NetMap”按钮用来重现当前实验的网络拓扑图,“Remote Control”按钮则用来打开远程控制面板。

(3)配置界面

配置界面是用户输入路由器、交换机配置命令的地方,也是用户观察路由器、交换机信息输出的地方,其使用方法和在“超级终端”下完全相同。

2. 实验导航器(Lab Navigator)

Boson 公司为 Boson NetSim 软件定制了一些现成的软件实验包(Package),这些实验包已经内置了实验拓扑图以及部分正确配置的配置文件。通过 Boson NetSim 的实验导航器(Lab Navigator),用户可以有计划、循序渐进地进行实验练习。Lab Navigator 的主界面如图 12 所示。

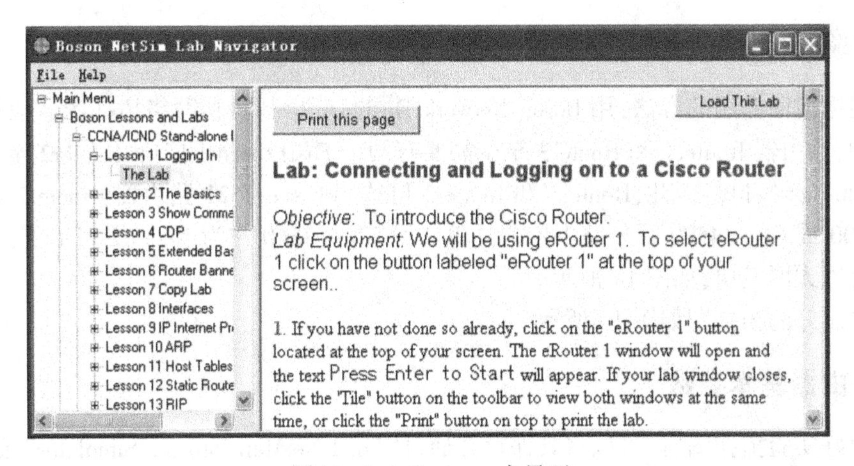

图 12 Lab Navigator 主界面

通过图 12 中左边窗格的实验列表来选择要进行的实验,选定相应实验后,点击右上角的“Load This Lab”可以将该实验的拓扑图直接载入 Boson NetSim,用户可根据在右窗格中显示的对该实验的描述(要求)以及实验命令提示,在 Boson NetSim 下进行实验。

三、应用实例

以下以配置路由器静态路由实验为例介绍 Boson NetSim 的使用方法,该实验的拓扑结构如图 13 所示。

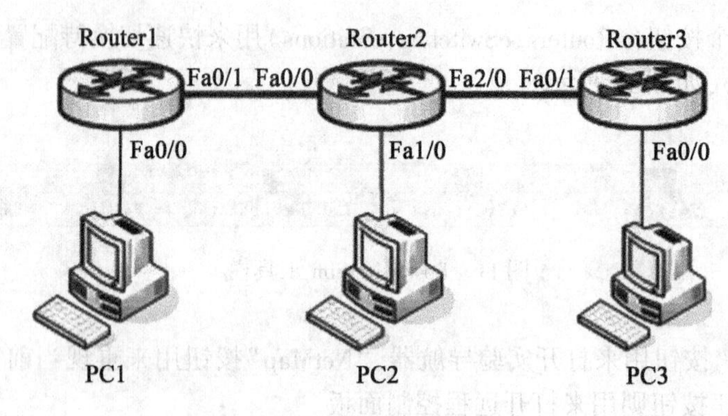

图 13 实验拓扑图

网络设备的接口 IP 地址规划如下:

Router 1:Fa0/0 = 192.168.1.1/24　　Fa0/1 = 202.114.65.1/24

Router 2:Fa0/0 = 202.114.65.2/24　　Fa1/0 = 192.168.2.1/24　　Fa2/0 = 202.114.88.1/24

Router 3:Fa0/0 = 192.168.3.1/24　　Fa0/1 = 202.114.88.2/24

PC1:IP = 192.168.1.11/24　　网关 = 192.168.1.1

PC2:IP = 192.168.2.22/24　　网关 = 192.168.2.1

PC3:IP = 192.168.3.33/24　　网关 = 192.168.3.1

1. 绘制实验拓扑图

首先根据前面介绍的方法,用 Boson Network Designer 绘制实验网络拓扑图。根据拓扑图的要求可知,路由器 Router1 和 Router3 至少需要有两个 FastEthernet 接口,Router2 至少需要有三个 FastEthernet 接口。因此,Router1 和 Router3 可选用 Cisco 2621 路由器,Router2 则只能选用 Cisco 3600 或 Cisco 4500 系列路由器。这里选用 Cisco 3640 作为 Router2 路由器,并为其配备三个快速以太网模块,如图 14 所示。

最终绘制好的拓扑图如图 15 所示。

2. 配置路由器基本参数

在构建好实验拓扑图后,可以将其保存并通过"Load NetMap into the Simulator"菜单项,将其载入 Boson NetSim 中开始实验配置。

(1)单击 Boson NetSim 中的工具栏按钮"eRouters",选择"Router 1",并按照下面的命令进行路由器基本参数的配置。

```
Router > enable
Router# configure terminal
```

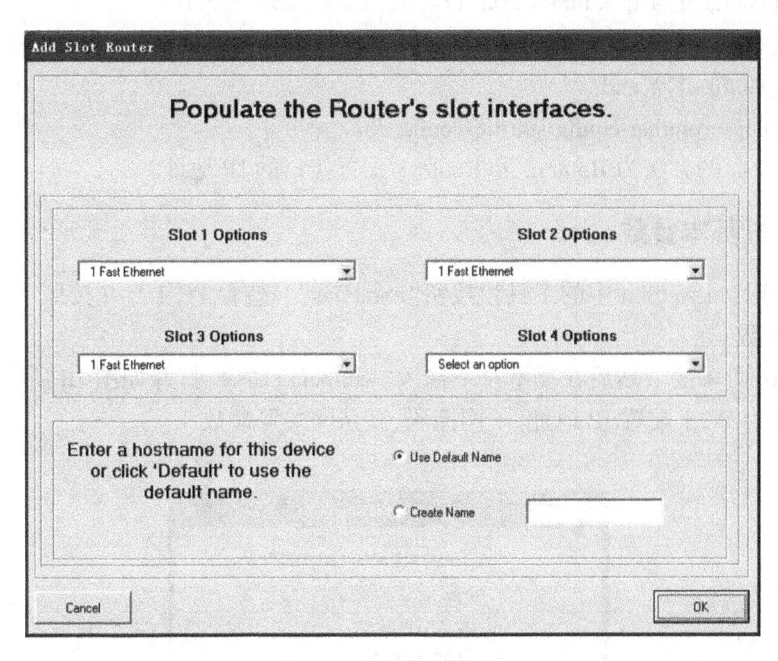

图 14 添加接口模块

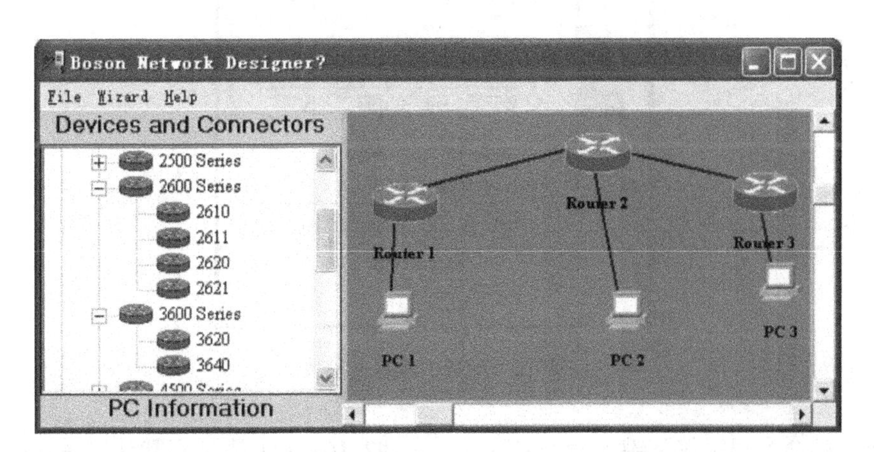

图 15 Boson Network Designer 中的拓扑图

```
Router(config)# hostname Router1
Router1(config)# enable secret cisco
Router1 (config)# line vty 0 5
Router1 (config-line)# password cisco
Router1 (config-line)# login
Router1 (config-line)# exit
Router1 (config)# interface Fastethernet 0/0
Router1 (config-if)# ip address 192.168.1.1 255.255.255.0
Router1 (config-if)# no shutdown
Router1 (config-if)# interface Fastethernet 0/1
```

Router1 (config-if)# ip address 202. 114. 65. 1 255. 255. 255. 0

Router1 (config-if)# no shutdown

Router1 (config-if)# end

Router1# copy running-config startup-config

(2)按照上面的方法为 Router2 和 Router3 配置接口的 IP 地址。

3. 配置 PC 机基本参数

(1)单击 Boson NetSim 中的工具栏按钮“eStations”,选择“PC 1”,并按照下面的步骤配置 PC 1 的相关参数。

首先键入“回车键”,然后在提示符下输入“winipcfg”命令,打开如图 16 所示的对话框,以图形化的方式为 PC 1 配置 IP 地址、子网掩码、默认网关等参数。

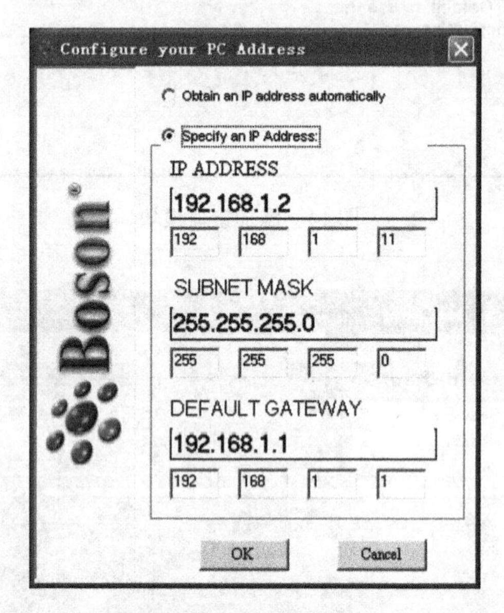

图 16 配置主机基本参数

在 PC1 的命令提示符下键入命令 C:\ >ping 192. 168. 1. 1 测试到默认网关(Router1 的接口 Fastethernet 0/0)的连通性。

(2)单击 Boson NetSim 中的工具栏按钮“eStations”,选择“PC 2”,并按照上面介绍的图形方式配置 PC 2 的相关参数,或者按照下面介绍的字符界面配置 PC 2 的相关参数。

首先键入“回车键”,然后在提示符下输入以下命令为 PC2 设置 IP 地址、子网掩码和默认网关。

ipconfig/ip 192. 168. 2. 22 255. 255. 255. 0

ipconfig/dg 192. 168. 2. 1

在 PC2 的命令提示符下键入 C:\ >ping 192. 168. 2. 1 测试到默认网关(Router2 的接口 Fastethernet 1/0)的连通性。

(3)按上述方式为 PC3 配置 IP 地址、子网掩码和默认网关。

4. 配置、测试静态路由

(1)选择路由器 Router 1 并配置相关的静态路由信息,相关命令如下所示:

Router1# configure terminal

Router1(config)# ip route 192.168.2.0 255.255.255.0 202.114.65.2

Router1(config)# ip route 192.168.3.0 255.255.255.0 202.114.65.2

Router1(config)# ip route 202.114.88.0 255.255.255.0 202.114.65.2

Router1(config)# end

Router1# copy running-config startup-config

观察以上路由配置会发现,到达三个不同网络的下一跳路由器都是 Router2,因此最好的方法是配置一条缺省路由。

Router1# configure terminal

Router1(config)# ip route 0.0.0.0 0.0.0.0 202.114.65.2

Router1(config)# end

(2)选择路由器 Router 2 并配置相关的静态路由信息,相关命令如下所示:

Router2# configure terminal

Router2(config)# ip route 192.168.1.0 255.255.255.0 202.114.65.1

Router2(config)# ip route 192.168.3.0 255.255.255.0 202.114.88.2

Router2(config)# end

Router2# copy running-config startup-config

(3)选择路由器 Router 3 并配置相关的静态路由信息,相关命令如下所示:

Router3# configure terminal

Router3(config)# ip route 192.168.1.0 255.255.255.0 202.114.88.1

Router3(config)# ip route 192.168.2.0 255.255.255.0 202.114.88.1

Router3(config)# ip route 202.114.65.0 255.255.255.0 202.114.88.1

Router3(config)# end

Router3# copy running-config startup-config

观察以上路由配置会发现,到达三个不同网络的下一跳路由器都是 Router2,因此最好的方法是配置一条缺省路由。

Router1# configure terminal

Router1(config)# ip route 0.0.0.0 0.0.0.0 202.114.88.1

Router1(config)# end

(4)依次选择路由器 Router1、Router2 和 Router3,查看路由器中的路由表,其中 Router1 的路由表如图 17 所示。

(5)选择 PC 1,测试静态路由配置结果。

C:\>Ping 192.168.2.22

C:\>tracert 192.168.3.33

(6)按照上述方法,在 PC2 和 PC3 主机上测试与其他主机间的连通性。

Boson NetSim 为用户提供了一个练习 Cisco 路由器、交换机配置的模拟环境。但它毕竟不是真实设备,有一些 Cisco IOS 命令尚不被 Boson Netsim 支持。不过,在缺乏真实实验环境下,

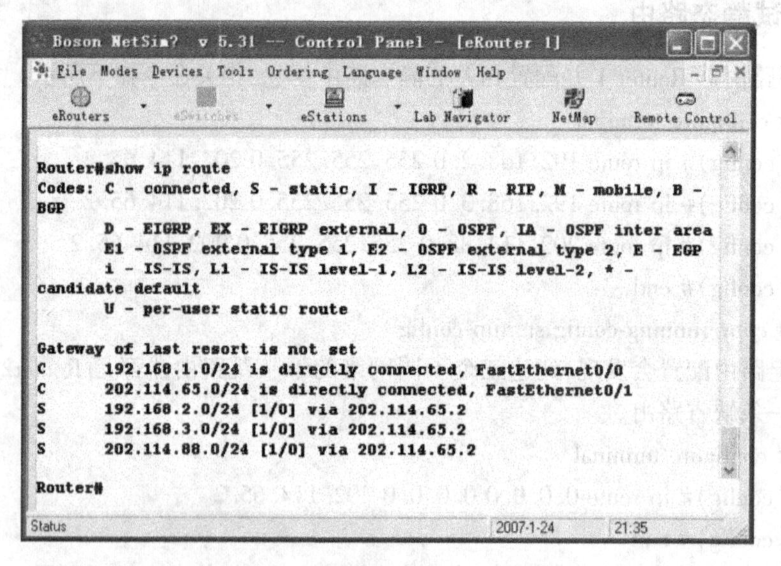

图 17　路由器 Router1 的路由表

它是用户熟悉网络设备和练习网络配置的有效方法。

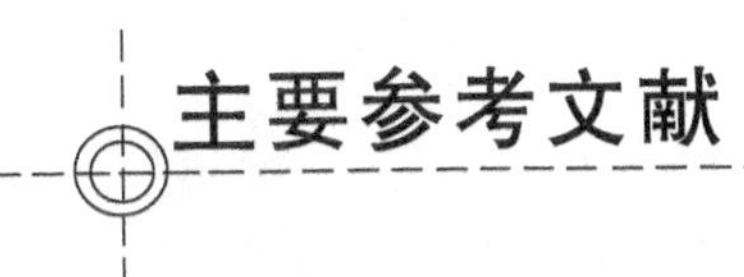

主要参考文献

1. 李俊娥主编．计算机网络基础．武汉:武汉大学出版社,2006.
2. Andrew S. Tanenbaum 著,潘爱民译．计算机网络(第 4 版),北京:清华大学出版社,2004.
3. Douglas E. Comer 著,林瑶、蒋慧、杜蔚轩等译．用 TCP/IP 进行网际互连　第一卷:原理、协议与结构(第四版). 北京:电子工业出版社,2001.
4. 于明,李琦．计算机网络与数据通信实验教程．北京:中国水利水电出版社,2004.
5. 王建珍,韩雅鸣．计算机网络应用基础实验指导．北京:人民邮电出版社,2004.
6. 李名世主编．计算机网络实验教程．北京:机械工业出版社,2003.
7. 刘兵,左爱群．计算机网络基础与 Internet 应用(第三版). 北京:中国水利水电出版社,2006.
8. 苏英如．局域网技术与组网工程．北京:中国水利水电出版社,2005.
9. 甘刚,孙继军．网络设备配置与管理．北京:中国水利水电出版社,2006.
10. 李成忠,张新有,贾真．计算机网络应用与实验教程(第 2 版). 北京:电子工业出版社,2007.
11. 陈明．网络实验教程．北京:清华大学出版社,2005.
12. 钱德沛．计算机网络实验教程．北京:高等教育出版社．2005.
13. 张建忠,徐敬东．计算机网络实验指导书．北京:清华大学出版社,2005.
14. 张新有．网络工程技术与实验教程．北京:清华大学出版社,2005.
15. 金舒原,段海新．计算机网络与 Internet. 北京:清华大学出版社,2002.
16. 吴黎兵,罗云芳等．网页设计教程．武汉:武汉大学出版社,2006.
17. 吴涛,姜骅．网站全程设计技术．北京:清华大学出版社,北方交通大学出版社,2003.
18. 李晓黎,张巍．ASP + SQL Server 网络应用系统开发与实例．北京:人民邮电出版社,2004.
19. 龚燕平．FrontPage 2003 中文版典型实例教程．北京:中国水利水电出版社,2005.
20. 贺晓霞,曲思伟．FrontPage 2003 网页制作．北京:清华大学出版社,2006.
21. 张基温．信息安全实验与实践教程．北京:清华大学出版社,2005.